FLY ASH-BASED COMPOSITE MICROWAVE ABSORBING MATERIALS

粉煤灰基复合微波吸收材料

朱保顺◎著

化学工业出版社

·北京·

内 容 简 介

本书基于作者团队在固体废物资源化与功能材料领域的多年研究积累，并结合国内外最新研究进展编撰而成。全书聚焦利用工业固废粉煤灰开发高效微波吸收材料的创新方向，系统介绍基于化学方法的磁性金属/合金（Fe、Co、Ni、FeCo、FeNi、CoNi）负载粉煤灰复合材料的设计与制备技术。主要内容包括：粉煤灰特性与微波吸收基础原理概述；材料制备的核心方法（如造粒成球工艺、湿化学浸渍法、原位碳热还原法）；重点阐述不同负载体系（单体系金属 Fe_3O_4/Fe、Co、Ni 及双体系金属合金 FeCo、FeNi、CoNi）的成核生长调控、物相结构演变、磁性能与电磁参数特性；深入分析材料的微波吸收性能与机理（如磁损耗、界面极化）；并介绍面向军事隐身与民用电磁防护的应用潜力及规模化生产的挑战。

本书旨在为初学者提供固废高值化与吸波材料的基础认知，同时为专业科研人员与工程师在材料设计、工艺优化及性能提升方面提供系统参考，推动粉煤灰资源化利用与高性能吸波材料的创新发展。

图书在版编目（CIP）数据

粉煤灰基复合微波吸收材料 / 朱保顺著. -- 北京 : 化学工业出版社, 2026. 1. -- ISBN 978-7-122-49720-8

Ⅰ. TM25

中国国家版本馆 CIP 数据核字第 2026WK1753 号

责任编辑：韩霄翠　仇志刚　　　装帧设计：王晓宇

责任校对：王鹏飞

出版发行：化学工业出版社

（北京市东城区青年湖南街 13 号　邮政编码 100011）

印　　装：北京建宏印刷有限公司

710mm×1000mm　1/16　印张 10½　彩插 10　字数 200 千字

2025 年 12 月北京第 1 版第 1 次印刷

购书咨询：010-64518888　　　售后服务：010-64518899

网　　址：http://www.cip.com.cn

凡购买本书，如有缺损质量问题，本社销售中心负责调换。

定　　价：118.00 元

版权所有　违者必究

前言

PREFACE

在信息技术蓬勃发展的浪潮中，电磁波技术在通信、探测、医疗等领域的广泛应用，不可避免地带来了日益严峻的电磁环境污染与电磁信息安全问题。高性能微波吸收材料作为解决这些问题的核心关键材料，已成为材料科学、电磁学、环境工程等多学科交叉融合的前沿研究热点。与此同时，我国作为燃煤大国，粉煤灰等大宗工业固体废物的排放量巨大，其堆存不仅占用宝贵的土地资源，更对生态环境构成潜在威胁。如何实现粉煤灰的高效、高附加值资源化利用，是推动循环经济发展和建设“无废城市”的重要课题。将粉煤灰转化为功能性微波吸收材料，既可为电磁污染治理提供新方案，又可为固废资源化开辟创新途径，具有显著的环境、经济和社会效益。

《粉煤灰基复合微波吸收材料》一书正是在此背景下，系统总结作者及团队多年研究成果，并结合国内外最新进展编著而成。本书聚焦于利用粉煤灰作为基体，通过负载磁性金属（Fe、Co、Ni）及其合金（FeCo、FeNi、Co-Ni）或氧化物（Fe_3O_4），构建一系列新型、高效、低成本的复合微波吸收材料。其核心目标在于深入探索粉煤灰的物化特性与其复合材料的微波吸收性能之间的构效关系，阐明吸波机理，并为规模化应用提供理论基础与技术支撑。

本书首次系统性地提出并深入研究了以粉煤灰为基体负载磁性金属及合金构建复合吸波材料的新策略，为粉煤灰高值化利用开辟全新方向。内容涵盖从粉煤灰概述、吸波原理、材料制备、多种负载体系的物化特性调控、性能评价到机理探讨、应用展望的完整链条。本书不仅关注宏观性能，更紧密结合物相组成、微观结构、电磁参数、静态磁性能等多维度表征，深入揭示各类粉煤灰基复合材料的吸波性能。此外，本书详细阐述的制备工艺参数（如煅烧温度、前驱体浓度对负载量和物相的影响）、性能优化策略（如合金化选择、组分调控）以及构效关系结论，对实际研发和生产具有重要参考价值。

本书的出版，旨在为从事微波吸收材料、功能复合材料、环境功能材料、固体废弃物资源化利用等领域的研究人员、工程技术人员以及高等院校相关专业的师生提供一部系统、前沿的参考著作。我们期望本书能促进粉煤灰基功能材料研究的深入发展，推动高性能、低成本、环境友好型微波吸收材料的开发与应用，为治理电磁污染、保障电磁安全、实现资源循环利用贡献一份力量。

由于编者业务水平有限，书中难免存在疏漏与不足之处，恳请广大读者和专家学者不吝批评指正。

编者

2025年8月

目录
CONTENTS

第 1 章　绪论　001

1.1　粉煤灰概述　001

1.1.1　粉煤灰的矿物组成及特性　001

1.1.2　粉煤灰的综合利用现状　002

1.1.3　粉煤灰利用存在的问题　004

1.2　微波吸收材料概述　004

1.2.1　电磁波的污染与防护　005

1.2.2　微波吸收材料的吸波原理　006

1.2.3　微波吸收材料的损耗机制　008

1.2.4　微波吸收材料的测试评价方法　011

参考文献　014

第 2 章　微波吸收材料的分类及制备方法　021

2.1　微波吸收材料的分类　021

2.1.1　铁氧体基微波吸收材料　022

2.1.2　磁性金属微波吸收材料　023

2.1.3　碳基微波吸收材料　025

2.1.4　导电聚合物微波吸收材料　028

2.1.5　陶瓷基微波吸收材料　029

2.1.6　其他新型吸波材料　031

2.2　微波吸收材料的常用制备方法　031

2.2.1　化学共沉淀法　032

2.2.2　水热法/溶剂热法　033

2.2.3 化学气相沉积法 034
2.2.4 高温热解法 035
2.2.5 溶胶-凝胶法 036
2.2.6 模板法 036
2.2.7 球磨法 038
2.2.8 静电纺丝法 039
参考文献 040

第3章 负载 Fe_3O_4/Fe 粉煤灰基复合材料 046

3.1 引言 046
3.2 负载 Fe_3O_4/Fe 粉煤灰基复合材料的制备 047
3.3 不同煅烧温度下 FeFA 物相及形貌演变 049
3.3.1 粉煤灰预处理前后的物相和形貌表征 049
3.3.2 不同煅烧温度下 FeFA 的物相演变 050
3.3.3 不同煅烧温度下 FeFA 的微观结构 055
3.4 FeFA 的静态磁性能 056
3.5 FeFA 复合材料的微波吸收性能评价及机理探讨 057
3.5.1 FeFA 复合材料的微波吸收性能评价 057
3.5.2 FeFA 的微波吸收机理探讨 060
3.6 磁性组分负载量对 FeFA 微波吸收性能的影响 065
参考文献 070

第4章 负载 Co/Ni 粉煤灰基复合材料 077

4.1 引言 077
4.2 负载 Co/Ni 粉煤灰基复合材料的制备 078
4.3 CoFA 和 NiFA 在不同温度下物相及形貌演变 078
4.3.1 CoFA 和 NiFA 的物相演变 078
4.3.2 CoFA 和 NiFA 在不同煅烧温度下的微观形貌 082
4.4 CoFA 和 NiFA 的微波吸收性能评价及电磁参数分析 084
4.4.1 CoFA 和 NiFA 的微波吸收性能评价 084
4.4.2 CoFA 和 NiFA 的电磁参数分析 087

参考文献 093

第 5 章　负载 FeCo 粉煤灰基复合微波吸收材料 097

5. 1　引言 097
5. 2　负载 FeCo 粉煤灰基复合微波吸收材料的制备 098
5. 3　负载 FeCo 复合材料晶相及形貌演变 099
5. 3. 1　负载 FeCo 复合材料的晶相演变 099
5. 3. 2　负载 FeCo 复合材料在不同煅烧温度下的微观形貌 103
5. 4　负载 FeCo 复合材料的静态磁性能 106
5. 5　负载 FeCo 复合材料的微波吸收性能及机理探讨 107
5. 5. 1　负载 FeCo 复合材料的微波吸收性能分析 107
5. 5. 2　负载 FeCo 复合材料的微波吸收机理探讨 110
参考文献 114

第 6 章　负载 FeNi 粉煤灰基复合微波吸收材料 119

6. 1　引言 119
6. 2　负载 FeNi 粉煤灰基复合微波吸收材料的制备 120
6. 3　负载 FeNi 复合材料的晶相及形貌演变 120
6. 3. 1　负载 FeNi 复合材料的晶相演变 120
6. 3. 2　负载 FeNi 复合材料在不同煅烧温度下的微观形貌 124
6. 4　负载 FeNi 复合材料的静态磁性能 126
6. 5　负载 FeNi 复合材料的微波吸收性能评价及机理探讨 127
6. 5. 1　负载 FeNi 复合材料的微波吸收性能评价 127
6. 5. 2　负载 FeNi 复合材料的微波吸收机理探讨 130
参考文献 133

第 7 章　负载 CoNi 粉煤灰基复合微波吸收材料 135

7. 1　引言 135
7. 2　负载 CoNi 粉煤灰基复合微波吸收材料的制备 136
7. 3　负载 CoNi 复合材料的晶相及形貌演变 137

7.4　负载 CoNi 复合材料的静态磁性能　141
7.5　负载 CoNi 复合材料的微波吸收性能及机理探讨　142
　7.5.1　负载 CoNi 复合材料的微波吸收性能分析　142
　7.5.2　负载 CoNi 复合材料的吸波机理探讨　144
参考文献　148

第 8 章　微波吸收材料的应用及发展　151

8.1　引言　151
8.2　微波吸收材料的应用现状　152
　8.2.1　微波吸收材料在军事隐身领域应用　152
　8.2.2　微波吸收材料在民用领域应用　153
8.3　微波吸收材料的发展趋势　157
　8.3.1　组分上复合化　158
　8.3.2　形态上低维化　158
　8.3.3　吸波宽频化　158
　8.3.4　功能上多样化　158
参考文献　159

第1章 绪论

1.1 粉煤灰概述

粉煤灰又称飞灰，是燃煤电厂、工业锅炉等燃烧过程中，煤粉经烧结、破裂、熔融、骤冷沉珠等过程形成的细粉状固体废物。作为大宗工业固体废物之一，其排放不仅占用大量的土地资源，而且对大气、土壤和水体会造成严重污染[1-3]。近年来，随着我国电力事业蓬勃发展，大量的粉煤灰持续排放。据有关部门统计，2021 年我国粉煤灰年产量已超过了 8 亿吨，预计我国粉煤灰产量在未来仍会保持增长的趋势，到 2025 年将达到 9 亿吨[4]。粉煤灰的不断排放和堆积对我国自然环境和土地资源都造成了极大的压力。因此，合理有效地开发利用粉煤灰，实现粉煤灰资源化和高值化使用，具有重要意义。同时需要对粉煤灰的结构成分、理化性质等进行深入研究。

1.1.1 粉煤灰的矿物组成及特性

粉煤灰是煤粉在锅炉中经高温熔融后随烟气排出的一种粉末状固体废物。当煤粉由高速气流喷入炉膛中，随着燃烧温度的持续升高，煤粒中的有机物充分燃烧，矿物组分经一系列热分解反应生成无机氧化物，与此同时，煤粉颗粒变为多孔玻璃体。当温度达到 1100℃时，一部分在熔融状态下相互碰撞形成蜂窝状的不规则玻璃体；还有一部分灰分在表面张力和外部压力的共同作用下，以滴状物的形式随高温气流飘出，当遇到空气则快速冷却形成了玻璃微珠。在此过程中，莫来石相通过液相析晶形成，共存于空心微珠和不规则玻璃体表面[5]。

一般而言，粉煤灰的化学组成很大程度上取决于原煤的无机组成和燃烧条件，粉煤灰的主要成分是 Al_2O_3、SiO_2，同时也包括 Fe_2O_3、CaO 等其他氧化物[6]。依据美国材料与试验协会标准，按照硅、铝、铁成分将粉煤灰进行分类：含量大于70%的称为F级粉煤灰，含量为50%～70%的称为C级粉煤灰。粉煤灰中的矿物是以多相结合体的方式存在，主要由晶体和非晶体两种物相构成[7]。晶体包括石英、莫来石、磁铁矿、生石灰等，非晶体包括占有主要含量的玻璃体和少量未燃炭[8]，我国火力发电厂的粉煤灰化学组分如表1.1所示。

表1.1 我国火力发电厂的粉煤灰化学组分[9]

成分	SiO_2	Al_2O_3	Fe_2O_3	CaO	MgO	SO_3	Na_2O	K_2O	烧失量(LOI)
变化范围/%	33.9～59.7	16.5～35.4	1.5～19.7	0.8～10.4	0.7～1.9	0～1.1	0.2～1.1	0.6～2.9	1.20～23.6
均值/%	50.6	27.1	7.1	2.8	1.2	0.3	0.5	1.3	8.2

粉煤灰是由多种颗粒组合形成的聚集体，主要由类球形颗粒（沉珠、漂珠、磁珠及实心微珠）和不规则多孔颗粒（未燃尽的碳和高温熔融玻璃体）组成。粉煤灰的颜色一般为白色、灰色或灰黑色，颜色深浅与碳含量有关，碳含量越高，颜色越深[10]。粉煤灰的微观形貌为表面粗糙、凹凸不平的球状颗粒和无定形粒子[11]。由于煤的种类、产地及燃煤锅炉等的差异，导致粉煤灰物理性质波动很大，其粒径一般在1～100μm范围内，孔隙率大致为50%～80%，比表面积在2500～5000cm^2/g。其物理模型如图1.1所示。

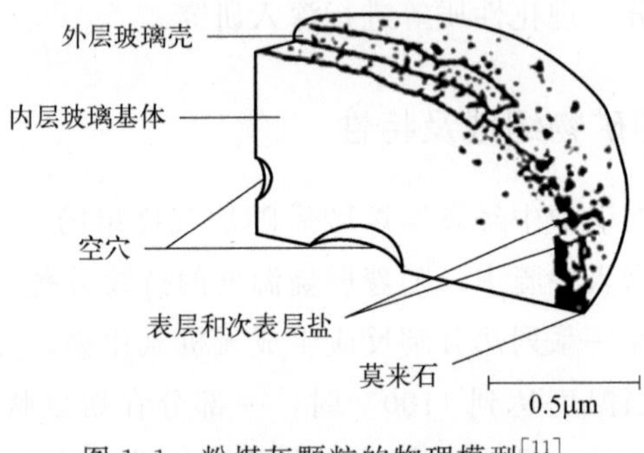

图1.1 粉煤灰颗粒的物理模型[11]

1.1.2 粉煤灰的综合利用现状

粉煤灰的资源化利用率先发起于发达国家，且相关利用技术逐渐趋于成熟，综合利用率相对较高，其应用领域已涉及建材、建工、交通、农业、化工等行业[12,13]。相比于西方发达国家，我国对于粉煤灰的综合利用起步较晚，导致我国的粉煤灰利用技术水平相对较低。近年来，我国着力推动循环经济的发展模式，加快对大宗固体废物综合利用步伐，粉煤灰也逐渐由先前的“储用结合”发展到“以用为主”，粉煤灰利用率逐年提高，其综合利用现状如下：

(1) 在建筑领域的应用

粉煤灰在建筑领域的利用率最高、技术经济效果最好。这主要得益于其内部含有大量的火山灰活性的 SiO_2 组分，易与水化产物 $Ca(OH)_2$ 结合，形成水化凝胶，有助于改善混凝土强度。此外，从节约建材成本的角度考虑，粉煤灰和水泥有着相似的化学组分，可以部分取代水泥来合成建筑材料。目前，粉煤灰作为原料主要生产混凝土、水泥、砂浆、墙体材料等[14,15]。其特殊的物理和化学特性，不仅能够代替天然原料，而且有助提高材料的各项技术指标，从而实现了大规模的生产利用。

(2) 在农业领域的应用

粉煤灰的理化性质主要体现在含有丰富的微量元素、细小的颗粒（$<10\mu m$）、较低的容重（1.0～1.8g/mL）、较高的比表面积以及较小的密度，使其在土壤改良及增肥方面具有重要应用价值。在对耕地土壤的改良上，一方面适量的粉煤灰加入可调节土壤的 pH，提高土壤的孔隙率，进而改善土壤的透气性和透水性，有助于提高农作物的产量[16]。另一方面，粉煤灰含有各种对土壤有益的微量元素，研究表明[17]，在土壤中加入适量的粉煤灰［60～600t/(h・m^2)］可改善土壤的理化性质，有助于农作物的生长，从而达到间接施肥的效果。

(3) 在环保领域的应用

基于粉煤灰的吸附特性及特定组分，相关研究报道证实，粉煤灰作为吸附剂在污水处理领域具有广阔的应用前景。通常，粉煤灰应用于污水处理主要依靠其吸附作用、凝聚作用以及沉淀作用。国内外对于粉煤灰作为吸附剂去除废水中的重金属离子和有机废水脱色也均有报道，Cho 等[18]以粉煤灰直接作为吸附剂，借助其较大的比表面积吸附重金属离子锌、铅、镉和铜。研究发现，当溶液 pH 值为 6～8 时，粉煤灰能高效地同时去除各种工业废水中的重金属。此外，相关报道证实，粉煤灰对染色废水及有机物也有较好的脱色效果[19]；随着脱硫技术的不断改进，粉煤灰在烟气脱硫等方面也取得了显著的成效[20]。

(4) 有用组分的提取

众所周知，粉煤灰内部化学组分复杂，其含有的空心微珠、磁珠、残碳、氧化铝和稀有金属元素均具有应用价值[21,22]。目前，空心微珠和氧化铝的提取技术逐渐趋于成熟，空心微珠作为一种无毒、轻质、隔热、隔声、耐高温、耐腐蚀以及耐磨的材料，被广泛应用于建筑领域、机械制造领域以及航空航天领域[23]。

(5) 高附加值的利用

高附加值利用作为一种极具潜力的粉煤灰综合利用方式，可进一步提高粉煤灰的利用价值，这引起了科研工作者的广泛关注。目前主要应用于合成陶瓷制品、沸石、催化剂载体等领域[24]。Behin 等人[25]以蒸馏水和工业废水作为溶剂，利用微波辅助法制备得到粉煤灰沸石，对于空气净化具有较好的效果。然而，粉煤灰的高附加值利用正面临着技术的升级以及产品评价体系完善的挑战，需最终实现粉煤灰梯级高值化利用的目标。

1.1.3 粉煤灰利用存在的问题

总的来说，我国对于粉煤灰的开发利用率逐年提高，但仍存在着严重的地区差异。据统计[26]，2023 年山西省粉煤灰综合利用率仅为 48.48%，远低于我国 72%的平均水平。其中，粉煤灰的利用过于局限化，主要集中在建筑领域，约占总利用量的 90%。粉煤灰综合利用形势不容乐观，这主要归因于经济下行、建材市场萎缩以及低热值煤发电项目的发展。因此，拓宽粉煤灰的应用结构和应用路线，不仅能够创造可观的经济效益，还能缓解环境污染问题，实现我国煤炭产业的可持续发展。

1.2 微波吸收材料概述

微波吸收材料，又称为电磁波吸收材料或吸波材料，是指通过有效地吸收和衰减入射的电磁波，并将其转换成热能或者其他形式的能量，以达到耗散电磁波的效果，或者通过电磁波的干涉作用而相互消除的一类功能材料[27,28]。追溯到 20 世纪 30 年代，一些发达国家率先开始了对吸波材料的研究探索，荷兰最早研制出第一种雷达吸波材料，并成功应用在兵器上。随后，日本研制出了铁氧体类吸波材料，并在 1932 年取得了专利权。第二次世界大战期间，德国率先将隐身技术应用在军舰上，利用炭粉填充橡胶板覆盖在潜望镜上，避开了雷达的探测。第二次世界大战结束后，世界大国致力于隐身技术的研发和应用。20 世纪 60 年代，美国空军成功试飞“黑鸟”侦察机 SR-71，推动了隐身技术的快速发展。海湾战争期间，美国研发的 F-117 战斗机将隐身技术在战争领域的作用发挥得淋漓尽致，引起了世界各国的广泛关注[28]。相比于发达国家，我国的雷达隐身技术发展起步晚。经过我国科研工作者的不懈努力，2011 年我国成功试飞了歼-20 战斗机，作为我国研发的第一代隐身战机，标志着我国隐身技术迈向新的台阶。此外，我国的隐身技术在潜艇、舰艇以及天线桅杆等领域均有应用[29,30]。

由于雷达微波频段使用最广泛，因此在各种吸波材料中，雷达吸波材料是目前最受重视且应用最广的吸波材料。其工作频段主要在 1～18GHz 范围内，具体的波段划分如表 1.2 所示。

表 1.2 常用的微波分波段代号

波段名称	频率范围/GHz	波长范围/cm
L	1～2	15～30
S	2～4	7.5～15
C	4～8	3.75～7.5
X	8～12	2.5～3.75
Ku	12～18	1.67～2.5

此外，微波吸收材料不仅被广泛地应用于军事领域，其在民用领域也具有极其重要的作用，深受关注。目前，吸波材料在民用领域应用主要集中在防护电磁设备干扰以及减少对人体的辐射等方面。相比于电磁屏蔽手段，微波吸收材料能够有效吸收入射的电磁波，解决了磁屏蔽材料“治标不治本”的短板，从而从根本上消除电磁波污染问题[31]。经过长期的探索发现，就目前微波吸收材料的研究现状，主要的发展趋势表现为：由传统的磁性吸波材料（铁氧体和金属单质）向具有介电特性的碳材料或有机/无机复合材料发展[32-35]。除此之外，取代单一的吸波频段的材料，向多频段、低成本、轻质高效的多功能新型复合吸波材料发展。

1.2.1 电磁波的污染与防护

电磁波在传输的过程中总会伴随着电磁能量向外传递，如果电磁能量在传递过程中没有返回波源处，就会在空间中形成电磁辐射，而过多的电磁辐射会造成电磁污染。根据来源不同，电磁污染分为自然电磁污染和人为电磁污染。

自然电磁污染是由某些自然现象引起的；人为电磁污染主要是指广播、电视、无线通信以及医疗器械等各种电子电器设备产生的电磁辐射。不论是电磁辐射的强度还是频率，人为电磁污染都要强于自然电磁污染。电磁污染日益严重，给人类健康带来了严重危害。在射频电磁场的作用下，人体的组织器官会吸收辐射能量，产生热效应[36]。当人体吸收的电磁辐射能量超过一定程度后，电磁辐射会对人体免疫系统、视觉系统、心血管系统、内分泌系统和神经系统等造成不同程度的伤害，如导致人的精力和体力下降、视力下降、肝功能下降，诱发脑瘤、白内障、心血管疾病，严重者甚至诱发癌变[37]。同时，过量的电磁辐射不但对人体有各种不利影响，还会影响和破坏人类和其他生物赖以生存的自然环境。

此外，现代技术越来越倾向于使用大规模的集成电路，电路元件密度极高，加之使用的电流为微电流，导致信号功率和噪声功率相差不大，由此产生的寄生辐射可能会造成电子设备或电子系统的故障或误操作。另一方面，无线通信技术的迅速发展，使得空中的电磁波拥挤不堪，严重地影响了各方正常业务。同时，区域环境中的大功率电磁波也会相互干扰，导致通信系统损坏，甚至造成严重事故，如飞机失事、导弹误射等，造成不可预测的灾难性后果。以上种种表明，电磁污染不仅对生物健康造成伤害，也会对其周围环境中其他电子设备的正常运行产生一定的影响。因此，必须采取措施，以遏制日益严重的电磁污染问题。目前常用的电磁污染防治方法有两种：一种是在不影响应用效果的前提下，尽可能地降低辐射源的强度；另一种则是将电磁辐射的有害影响控制在一定空间范围内，消除或减弱电磁辐射对环境的有害影响[38]。电磁波吸收材料和电磁屏蔽材料的应用是处理上述电磁污染问题的一种有效方式。电磁波吸收材料能够通过多种损耗机制将电磁波转化为热能，或通过干扰将其耗散，从而有效地衰减电磁波。总之，随着科技的发展，电磁污染有加重的趋势，研究吸波材料具有重要的现实意义[39-42]。

1.2.2 微波吸收材料的吸波原理

通常，根据入射电磁波在材料表面的去向不同，我们将电磁波主要分为三个部分[43]。首先，无法进入材料内部的入射电磁波，在材料表面被直接反射掉；其次，进入材料内部的电磁波再次分为两部分，一部分在电磁介质的共同作用下被衰减掉，另一部分则直接穿过材料被透射出（见图 1.2）。通常，吸波材料的性能差异取决于入射电磁波进入吸收体的程度以及内部介质的损耗机制对电磁波的衰减能力[44,45]。相对复介电常数（ε_r）和相对复磁导率（μ_r）作为重要的电磁参量，直接决定了材料的吸波性能。可以看出，电磁参数（ε_r 和 μ_r）均为复数，二者分别可以表示为 $\varepsilon_r=\varepsilon'+j\varepsilon''$ 和 $\mu_r=\mu'+j\mu''$，其中 ε' 和 ε'' 分别为相对复介电常数的实部和虚部，对应于电介质的储存能力和散耗能力；相似地，μ' 和 μ'' 分别代表材料磁介质的储能和衰减[46,47]。ε'' 和 μ'' 值直接决定了材料对电磁波的吸收能力，ε'' 和 μ'' 值较大意味着材料具有较强的电磁损耗能力，可实现对电磁波的有效吸收。综上所述，材料的吸波特性由不同频率下的电磁参数决定，良好的吸波特性应满足电磁参数的有效匹配，才能使电磁波最大限度地进入材料内部并通过自身衰减机制被损耗掉。

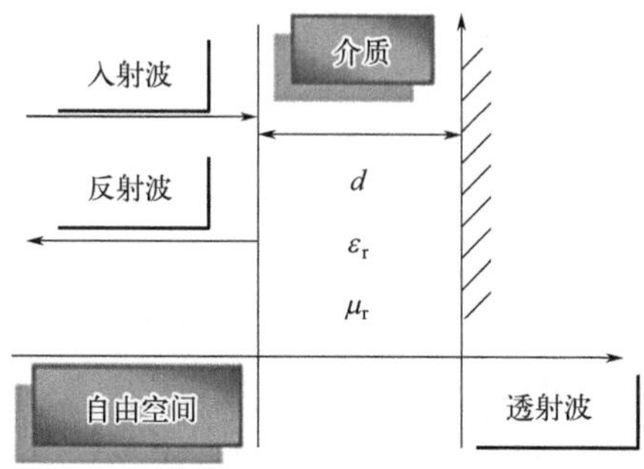

图 1.2　吸波示意图

(1) 阻抗匹配特性

通常，阻抗匹配特性是评价电磁波进入材料内部多少的重要依据，当材料的波阻抗与自由空间的波阻抗达到有效匹配时，材料表现出良好的阻抗匹配特性。基于此，设计电磁参数为 ε_r 和 μ_r，材料厚度为 d 的吸收体，则输入阻抗 Z_{in} 可用式(1.1) 表示[48,49]：

$$Z_{in}=Z_0\sqrt{\frac{\mu_r}{\varepsilon_r}}\tanh\left[j\left(\frac{2\pi fd}{c}\right)\sqrt{\mu_r\varepsilon_r}\right] \tag{1.1}$$

式中，Z_0 为自由空间阻抗；f 为电磁波频率；c 为光速。

根据传输线理论[50,51]，利用反射损耗值（RL）来评价吸收体的吸波特性，相应的计算式如下：

$$\mathrm{RL}=20\lg\left|\frac{Z_{in}-Z_0}{Z_{in}+Z_0}\right| \tag{1.2}$$

由式(1.2) 可以看出，为了实现材料的有效微波吸收，需提高介质中介电损耗和磁损耗的有效互补。通常，标准化输入阻抗模 $Z=|Z_{in}/Z_0|$ 用来衡量

阻抗匹配的稳定性，当 Z 值等于或接近于 1 时，表示大部分电磁波能够进入吸波材料内。反之，Z_{in} 和 Z_0 的差值越大，则会造成材料的阻抗失配，使大量电磁波在材料表面被反射而无法进入材料内部[52,53]。

(2) 衰减特性

材料的衰减特性主要体现在对入射的电磁波的损耗能力[54,55]。通常，吸波材料对电磁波的衰减能力由电磁损耗因子决定，即介电损耗因子 $\tan\delta_e=\varepsilon''/\varepsilon'$ 和磁损耗因子 $\tan\delta_m=\mu''/\mu'$，它们分别代表着介电损耗能力和磁损耗能力。可以看出，电磁参数的虚部值越大，吸收体对电磁波的衰减能力越强[56,57]。此外，衰减常数（α）也是评价电磁波衰减能力的重要参数之一。α 值越大，则代表吸波材料对入射的电磁波具有较强的衰减能力，有助于增强电磁波在材料内部的耗散，相应的计算式如下[58,59]：

$$\alpha=\left(\sqrt{2}\frac{\pi f}{c}\right)\sqrt{(\mu''\varepsilon''-\mu'\varepsilon')+\sqrt{(\mu''\varepsilon''-\mu'\varepsilon')^2+(\varepsilon'\mu''-\varepsilon''\mu')^2}} \tag{1.3}$$

式中，ε' 为复介电常数实部；ε'' 为复介电常数虚部；μ' 为复磁导率实部；μ'' 为复磁导率虚部；f 为频率，GHz；c 为光速，m/s。

综上所述，材料良好的吸波特性可归因于阻抗匹配和衰减特性的共同作用。对于电磁参数而言，其 ε'' 和 μ'' 并非单一的越大越好，既要满足介电损耗和磁损耗的有效互补，又要提高对入射电磁波的损耗，从而提升材料的吸波性能[60,61]。众所周知，单一组元的吸波材料很难实现阻抗匹配和衰减特性的兼容，只有将介电材料和磁性材料进行多元复合，才能既满足材料良好的阻抗匹配特性，又能实现对入射电磁波的有效吸收，进而获得性能优异的微波吸收复合材料[56]。此外，微波吸收性能还与材料的尺寸、形状、自身结构、组分、厚度和使用频率有关[57,58]。

1.2.3 微波吸收材料的损耗机制

微波吸收材料通常利用导电（电阻）损耗、介电损耗、磁损耗以及干涉损耗四种损耗机制，将电磁波能量转化为热能或者其他形式的能量，以吸收耗散电磁波[62,63]。

(1) 导电（电阻）损耗机制

导电（电阻）损耗是指在电磁波的交变电场作用下，材料内部的导电载流子和电子空穴发生定向移动，形成宏观电流，从而将电能转化为热能被耗散掉的一种损耗机制[64]。其中，宏观电流包括变化电场所引发的电流和变化磁场所引发的涡流。因此，电阻损耗与材料的导电率密切相关，是一种导电型损耗。从理论上讲，材料的导电率越大，所形成的宏观电流越大，越有利于电磁波能量转化为热能而被消耗掉[65]。然而，由于趋肤效应的存在[66]，当电磁波入射到具有高电导率的材料表面时，电磁波往往只存在于材料表面的薄层中而无法进入内部，所形成的高频振荡电流也会向外辐射电磁波，导致形成反射波[67]。综上，对于以电阻损耗为主要损耗机制的电磁波吸收材料而言，适宜的导电率才能既有利于电磁波的衰减，又能满足阻抗匹配特性。

（2）介电损耗机制

一般而言，介电损耗是指在电磁波的交变电场作用下，材料中的电介质发生反复极化过程而产生极化弛豫现象，从而将电磁波能量转化成热能被耗散掉的损耗机制[68]。通常，在微波频率范围内，电介质的极化具体包括界面极化以及电偶极子极化[69,70]。偶极子极化所需的弛豫时间约为 $10^{-8}\sim10^{-2}$s，当外加电场频率较高时，如高频或超高频，偶极子转向极化难以跟上外加电场的周期变化，导致电位移和电场之间存在相位差，从而引起弛豫极化损耗。

目前，微波吸收材料的极化弛豫损耗行为可以由德拜理论来解释。根据德拜理论，复介电常数的实部（ε'）和虚部（ε''）可以表示为：

$$\varepsilon'=\varepsilon_{\infty}+(\varepsilon_s-\varepsilon_{\infty})/[1+(\omega\tau_0)^2] \tag{1.4}$$

$$\varepsilon''=\omega\tau_0(\varepsilon_s-\varepsilon_{\infty})/[1+(\omega\tau_0)^2] \tag{1.5}$$

式中，ε_{∞}为高频介电常数；ε_s 为静态介电常数；ω 为电场的角频率；τ_0 为弛豫时间。依据式(1.4) 和式(1.5) 可以推断出 ε'与 ε 之间的关系：

$$[\varepsilon'-(\varepsilon_s+\varepsilon_{\infty})/2]^2+(\varepsilon'')^2=[(\varepsilon_s-\varepsilon_{\infty})/2]^2 \tag{1.6}$$

根据式(1.6)，以 ε'为纵坐标、ε''为横坐标的曲线被称为 Cole-Cole 曲线。若 Cole-Cole 曲线中只存在一个半圆弧（即 Cole-Cole 半圆），表示有且只有一种极化弛豫过程存在；若 Cole-Cole 曲线呈现出若干半圆弧，表示存在多重极化弛豫过程[71,72]。界面极化又称为空间电荷极化，通常发生于非均相介质的界面处。由于界面处存在杂质、缺陷，或者界面两边组分的极性或电导率不同，在外加电场作用下，电介质中的电子或者离子等自由载流子在界面处积聚，造成电介质中的空间电荷分布不均，进而产生宏观的电偶极矩[73,74]。综上所述，通常情况下，在电磁波频率为 2～18GHz 范围内，电磁波吸收材料的电介质损耗主要是利用界面极化和电偶极子极化引发的极化弛豫过程，使电磁波能量被衰减耗散掉。

（3）磁损耗机制

磁损耗是指在电磁波的交变磁场作用下，材料中的磁介质发生磁化和反磁化过程，从而将电磁波能量转化成热能被耗散掉的一种损耗机制。磁损耗主要包括畴壁共振损耗、自然共振损耗、磁滞损耗、涡流损耗等[75,76]。其中，畴壁共振损耗和自然共振损耗归属于高频弱场区的损耗，磁滞损耗和涡流损耗归属于低频弱场区的损耗。磁性材料的畴壁在外加交变磁场作用下，受回复力影响会在其平衡位置附近振动。畴壁在振动过程中受到阻尼作用，导致外加交变磁场的能量被消耗和衰减。畴壁共振是外加交变磁场的频率与畴壁振动的固有频率相等时所产生的振动。值得注意的是，畴壁共振的发生频率一般在兆赫级范围内[77]。此外，磁化强度受到磁晶各向异性等效场或外加交变磁场作用时，在磁力矩推动下，以一定角度围绕着等效场或外加交变磁场振动，磁化强度在进动过程中会与周围环境相互作用而不断地消耗能量。若磁化强度的进动频率与外加交变磁场的频率一致时，就会发生共振现象。对于铁磁材料而言，由于其内部存在磁晶各向异性等效场，即使在无外加交变磁场的作用下，也能发生共振现象。这种发生于材料内部的共振现象被称作自然共振，发生自然共振时所对应的频率即是自然共振频率。此时 μ' 迅速减小，而 μ'' 达到最大值，电磁波吸收材料所吸收衰减的电磁波能量达到极大值[78]。

在外加交变磁场作用下，磁性材料将发生畴壁移动和磁矩转动，造成磁感应强度的变化总是落后于磁场强度的变化，这种现象即为磁滞现象。在不可逆磁化过程中，畴壁移动和磁矩转动需克服各类阻尼作用而不断消耗外加交变磁场的能量，这种因磁滞现象所引发的能量消耗被称为磁滞损耗[79]。磁滞损耗普遍发生在强磁场作用下，因而在微波场中，磁滞损耗可以忽略不计[80,81]。除此之外，在交变磁场中，磁性材料内部会感生出感应电动势，进而诱导闭合电流线的形成，即涡流。所谓涡流损耗是指涡流在流动过程中会释放焦耳热，将电磁波的能量转化为热能被衰减和消耗掉的损耗机制。根据 C_0 随频率的变化规律，推算涡流损耗对磁损耗的贡献大小。如式(1.7) 所示：

$$C_0=\frac{2\pi\mu_0 d^2\sigma}{3}=\mu''(\mu')^{-2}f^{-1} \tag{1.7}$$

式中，d 和 σ 分别为磁性材料的厚度和电导率。因为 μ_0、d 及 σ 均为常数，那么 C_0 也理应为常数。如果 C_0 相对于频率的变化曲线是直线，表明磁损耗基本上完全来源于涡流损耗[82]。

(4) 干涉损耗

对于以金属为衬底的单层电磁波吸收材料而言，当电磁波垂直入射到材料表面后，一部分未被吸收的电磁波在材料与金属的界面处发生反射，并返回到材料与自由空间的界面处。根据波的干涉原理，若入射电磁波与反射电磁波的相位差恰好等于 180°，它们会在材料与自由空间的界面处发生干涉相消，达到减少反射波并衰减电磁波的效果，即发生干涉损耗。干涉损耗要求电磁波吸收材料满足四分之一波长定律，即电磁波吸收材料的厚度等于或近似于入射电磁波的四分之一波长的奇数倍，如式(1.8) 所示：

$$t_m=\frac{n\lambda}{4}=\frac{nc}{4f_m\sqrt{|\varepsilon_r||\mu_r|}}(n=1,3,5\cdots) \tag{1.8}$$

式中，λ 为电磁波在电磁波吸收材料中的波长。

1.2.4 微波吸收材料的测试评价方法

对微波吸收材料的最基本要求主要体现在微波吸收能力强以及有效吸收覆盖频率范围宽[83,84]。基于此，学者们采用最多的评价电磁波吸收能力的指标主要有两个：①对电磁波的反射损耗（RL），其单位为 dB，它表示材料对固定频率电磁波的损耗能力；②RL＜－10dB 的覆盖频率宽度，通常称为有效吸收带宽，其代表能够吸收 90％能量电磁波的频率范围，单位为 GHz。图 1.3 为典型的微波吸收材料性能曲线，其中纵坐标为反射损耗值（RL），横坐标为频率（GHz）。通常，有效吸收带宽主要指连续的 RL＜－10dB 的覆盖频率范围，有效吸收带宽越宽的材料代表其吸波性能越强，意味着材料在较多频率下有着较好的吸收，因此应用范围比较广。尤其是对于国防军事领域来说，有效吸波频段的宽窄比最大 RL 更重要。材料只有拥有较宽的有效吸波频段，才具有潜在的应用价值[85]。

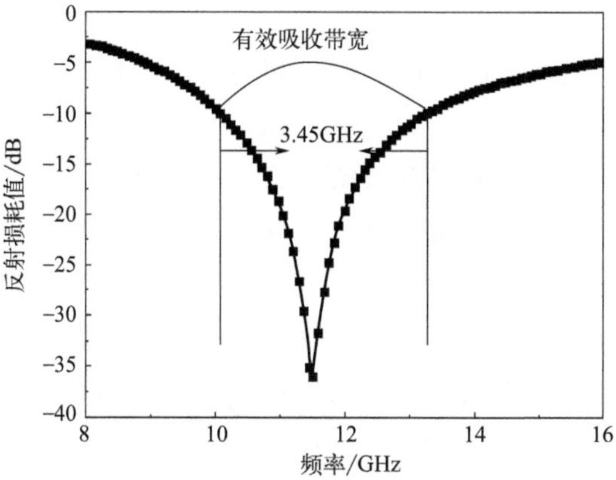

图 1.3 微波吸收材料性能曲线

目前来讲，对微波吸收材料性能评价的主要手段有两种：首先测得吸波材料的电磁参数（ε'、ε''、μ'、μ''），然后通过式(1.1) 和式 (1.2) 计算得其反射损耗值 (RL)[86,87]。吸波材料电磁参数的测试方法如图 1.4 所示；另一种方法则是直接测得吸波材料的反射率 R，通过仪器自带算法直接得到 RL 值[88]。

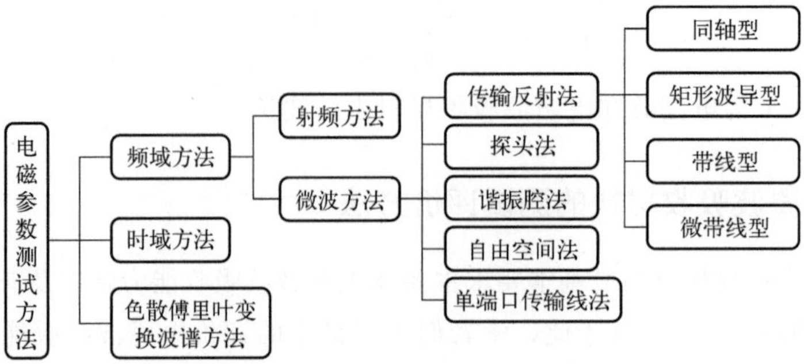

图 1.4　电磁参数测试方法

目前国内外普遍采用同轴线传输/反射法[89]和矩形波导法[90]测试吸波材料的电磁参数。同轴线传输/反射法和矩形波导法二者测试原理基本一样，唯一的区别在于样品的制备方式不一样。同轴线传输/反射法是利用一种双端口传输线，首先将制备的粉末吸波材料与石蜡混合均匀，制备得到均匀、线性、各向同性材料的环形被测样（内径 3.00mm，外径 7.00mm），然后将其填充在同轴线内，通过矢量网络分析仪测量含有样品传输线段的传输系数和反射系数来确定电磁参数。

矢量网络分析仪（vector network analyzer）是频域测量技术的突破，已被广泛应用于复介电常数和复磁导率的测试。在测试阶段，可以把试样段视为一个对称二端口网络，介质的电磁参数可依据等效网络进行计算。同轴测试样制备步骤为[91,92]：

① 按照所需比例称取样品和石蜡；

② 将石蜡放入小烧杯，加热使之熔化，接着加入样品，用玻璃棒搅拌混合均匀以使样品充分分散在石蜡中；

③ 将上述石蜡混合物取出冷却，冷却过程中继续搅拌；

④ 最后经专用模具把石蜡混合物冷压成同轴环试样，其尺寸大小为外径 7.00mm，内径 3.04mm，厚度约 2～4mm。

得到同轴环测试样后，在矢量网络分析仪上测量试样的散射参数（S_{11}、S_{21}、S_{22} 和 S_{12}）。材料的相对复介电常数和复磁导率可由上述散射参数来确定。

当电磁波入射到材料表面时，其反射系数 Γ 可以表示为[93]：

$$\Gamma=\frac{Z_{in}-Z_0}{Z_{in}+Z_0} \tag{1.9}$$

式中，Z_{in} 和 Z_0 分别为材料的输入阻抗与空气的特性阻抗。当电磁波以垂直方式入射到材料表面时，材料表面的输入阻抗 Z_{in} 与材料的涂层厚度 d、特性阻抗 Z_C 以及终端阻抗 Z_L 的关系为：

$$Z_{in}=Z_C\frac{Z_L+Z_C\tanh(\gamma d)}{Z_C+Z_L\tanh(\gamma d)} \tag{1.10}$$

其中，材料的特性阻抗 Z_C 可表示为：

$$Z_C=\sqrt{\frac{\mu_y\mu_0}{\varepsilon_y\varepsilon_0}}=Z_0\sqrt{\frac{Z_y}{\varepsilon_y}} \tag{1.11}$$

式中，μ_0 和 ε_0 分别为真空磁导率和介电常数；而式(1.10) 中的 γ 为传播常数，可表述为：

$$\gamma=\alpha+j\beta=j\ \frac{2\pi}{\lambda}\sqrt{\varepsilon_\gamma\varepsilon_\gamma} \tag{1.12}$$

式中，α 为衰减常数；β 为相位常数。假设以理想导体为基板，则 $Z_L=0$，根据式(1.10) ～式(1.12) 和式(1.1) 可得输入阻抗 Z_{in}。依据传输线理论[94,95]，对于以理想导体为基板的单层吸波涂层，电磁波垂直入射时的反射损耗值 RL(dB) 可通过式(1.2) 计算。

经换算可知，－10dB 相当于吸收入射电磁波 90％的能量，而－20dB 相当于吸收电磁波总能量的 99％。通常情况下，RL 值低于－10dB 才能达到实际应用的要求，因此以低于－10dB 的频带宽度作为微波吸波材料吸波性能的衡量标准，定义反射率小于－10dB 的频带宽度为材料的有效吸收带宽[96,97]。

反射率测试方法有弓形法和雷达散射截面法（RCS)，其中弓形反射测试技术是最常用的方法。其工作信号由网络分析仪经喇叭天线发射，经空白铝板反射，另一架喇叭天线接收信号，然后将信号传输到矢量网络分析仪，建立起某个特定频率的参考功率电平；然后将刷有吸波试样的铝板放置到样品支架上，测出接收到的功率减少值。空白铝板与刷有吸波试样铝板接收到的功率之差即为反射损耗。反射损耗越低，样品的吸波性能越好。刷有吸波试样的铝板，要求尺寸为 180mm×180mm，试样厚度约为 2.0mm。弓形法测试原理如图 1.5 所示。

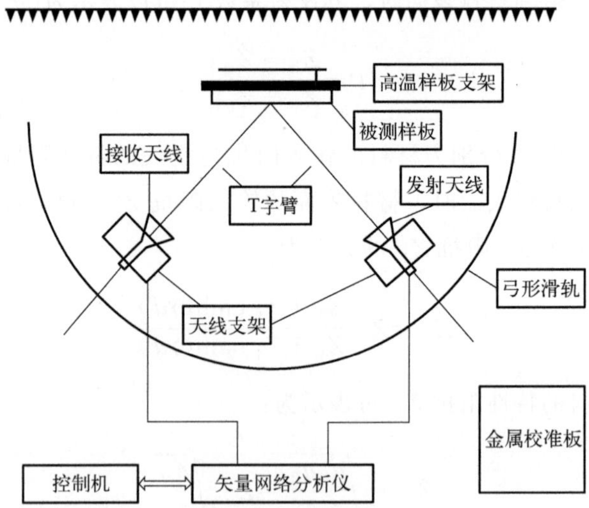

图 1.5　弓形法测试系统和测试原理示意图

参 考 文 献

[1] Shi H, Wang Y, Chen J, et al. Preventing smog crises in China and globally [J]. Journal of Cleaner Production, 2016, 112: 1261-1271.

[2] Fang D L, Chen B, Hubacek K, et al. Clean air for some: unintended spillover effects of regional air pollution policies [J]. Science Advances, 2019, 5 (4): eaav4707.

[3] Qi L Q, Teng F, Deng X, et al. Experimental study on adsorption of Hg (Ⅱ) with microwave-assisted alkali-modified fly ash [J]. Powder Technology, 2019, 351: 153-158.

[4] Luo Y, Wu Y H, Ma S H, et al. Utilization of coal fly ash in China: a mini-review on challenges and future directions [J]. Environmental Science and Pollution Research, 2021, 28 (15): 18727-18740.

[5] Ahmaruzzaman M. A review on the utilization of fly ash [J]. Progress in Energy and Combustion Science, 2010, 36 (3): 327-363.

[6] Zacco A, Borgese L, Gianoncelli A, et al. Review of fly ash inertisation treatments and recycling [J]. Environmental Chemistry Letters, 2014, 12 (1): 153-175.

[7] Pang H F, Sahu R P, Duan Y P, et al. $MnFe_2O_4$-coated carbon nanotubes with enhanced microwave absorption: Effect of CNT content and hydrothermal reaction time [J]. Diamond & Related Materials, 2019, 96: 31-43.

[8] Zhu K, Chen C, Xu M, et al. In situ carbothermal reduction synthesis of Fe nanocrystals embedded into N-doped carbon nanospheres for highly efficient U(Ⅵ) adsorption and reduction [J]. Chemical Engineering Journal, 2018, 331: 395-405.

[9] 宁平，孙鑫，董鹏等．大宗工业固体废物综合利用——矿浆脱硫 [M]. 北京：冶金工业出版社，2018.

[10] Hanif A, Lu Z Y, Li Z J. Utilization of fly ashcenosphere as lightweight filler in cement-based composites—A review [J]. Construction and Building Materials, 2017, 144: 373-384.

[11] 王福元，吴正严．粉煤灰利用手册［M］. 2版．北京：中国电力出版社，2004.

[12] 宁平，孙鑫，董鹏，等．大宗工业固体废物综合利用——矿浆脱硫［M］. 北京：冶金工业出版社，2018.

[13] 赵丽媛．粉煤灰基稀土复合材料的制备及其对水体中 Cd^{2+} 的吸附性能研究［D］. 呼和浩特：内蒙古师范大学，2012.

[14] 李琴，杨岳斌，刘君等．我国粉煤灰利用现状及展望［J］. 能源研究与管理，2022，1：29-34.

[15] 张力，李星吾，张元赏等．粉煤灰综合利用进展及前景展望［J］. 建筑发展导向，2021，24：1-6.

[16] 王立刚．粉煤灰的环境危害与利用［J］. 中国矿业，2001，10（4）：27-34.

[17] 黄晓军．粉煤灰的环境危害与新技术利用［J］. 广东化工，2007，34（5）：77-79.

[18] Cho H, Oh D, Kim K, et al. A study on removal characteristics of heavy metals from aqueous solution by fly ash [J]. Journal of Hazardous Materials, 2005, 127: 187-195.

[19] Blissett R S, Rowson N A. A review of the multi-component utilization of CFA [J]. Fuel, 2012, 97: 1-23.

[20] 王迪，乔亮，龚浩，等．粉煤灰资源化综合利用研究现状［J］. 现代矿业，2021，（5）：18-20.

[21] 刘梦茹，杨亚东，杨素洁，等．粉煤灰资源综合利用现状研究［J］. 化工矿物与加工，2021，（4）：45-48.

[22] 张祥成，孟永彪．浅析中国粉煤灰的综合利用现状［J］. 无机盐工业，2020，52（2）：1-5.

[23] Jala S, Goyal D. Fly ash as a soil ameliorant for improving crop production—A review [J]. Bioresource Technology, 2006, 97 (9): 1136-1147.

[24] 冯文丽，吕学斌，熊健，等．粉煤灰高附加值利用研究进展［J］. 无机盐工业，2021，53（4）：25-31.

[25] Behin J, Bukhari S S, Dehnav V, et al. Using coal fly ash and wastewater for microwave synthesis of LTA zeolite [J]. Chemical Engineering Technology, 2014, 37 (9): 1-10.

[26] 雷耀武，李艳，王晋锋，等．山西粉煤灰综合利用现状调研及处置建议［J］. 工程设备与材料，2019，（9）：118-119.

[27] Green M, Xiang P, Liu Z, et al. Microwave absorption of aluminum/hydrogen treated titanium dioxide nanoparticles [J]. Journal of Materiomics, 2019, 5 (1): 133-146.

[28] Green M, Chen X. Recent progress of nanomaterials for microwave absorption [J]. Journal of Materiomics, 2019, 5 (4): 503-541.

[29] 王志宇，苏赫，瞿宏升．潜艇桅杆通信天线隐身技术发展研究［J］. 舰船电子工程，2025，45（2）：13-16.

[30] 侯瑞，张子栋，刘峣．舰船用电磁吸波材料的研究现状及展望［J］. 材料开发与应用，2025，40（2）：64-77.

[31] 李敢，倪海参，上官子柠，等．水面舰船雷达波 SAR 成像隐身技术研究［J］. 舰船科学技术，2005，47（1）：149-153.

[32] Haghighi H K, Irannajad M, Fortuny A, et al. Recovery of germanium from leach solutions of fly ash using solvent extraction with various extractants [J]. Hydrometallurgy, 2018, 175: 164-169.

[33] Kniess C T, de Lima J C, Prates P B, et al. Dilithium dialuminium trisilicate phase obtained using coal bottom ash [J]. Journal of Non-Crystalline Solids, 2007, 353: 4819-4822.

[34] Jha V K, Nagae M, Matsuda M, et al. Zeolite formation from coal fly ash and heavy metal ion removal characteristics of thus-obtained Zeolite X in multi-metal systems [J]. Journal of Environmental Management, 2009, 90 (8): 2507-2514.

[35] Mazumder N A, Rano R. An efficient solid base catalyst from coal combustion fly ash for green synthesis of dibenzylideneacetone [J]. Journal of Industrial and Engineering Chemistry, 2015, 29 (25): 359-365.

[36] Li W X, Wang L C, Li G M, et al. Co_3Fe_7/C core-shell microspheres as a lightweight microwave absorbent [J]. Materials Chemistry and Physics, 2015, 163: 431-438.

[37] Sarkar D, Bhattacharya A, Nandy P, et al. Enhanced broadband microwave reflection loss of carbon nanotube ensheathed Ni-Zn-Co-ferrite magnetic nanoparticles [J]. Materials Letters, 2014, 120: 259-262.

[38] Jagatheesan K, Ramasamy A, Das A, et al. Electromagnetic shielding behaviour of conductive filler composites and conductive fabrics-a review [J]. Indian Journal of Fibre & Textile Research, 2014, 39 (3): 329-342.

[39] 刘顺华，刘军民，等．电磁波屏蔽及吸波材料 [M]. 北京：化学工业出版社，2014.

[40] 方基永．碳基电磁波吸收剂的制备及其应用研究 [D]. 长春：吉林大学，2017.

[41] Li C P, Ge Y Q, Jing X H, et al. Porous Fe_3O_4/C microspheres for efficient broadband electromagnetic wave absorption [J]. Ceramics International, 2018, 44 (16): 19171-19183.

[42] Zhang K C, Zhang Q, Gao X B, et al. Ellipsoidal Fe_3O_4@C nanoparticles decorated fluffy structured graphene nanocomposites and their enhanced microwave absorption properties [J]. Journal of Materials Science: Materials in Electronics, 2018, 29 (8): 6785-6796.

[43] Yang M L, Yuan Y, Yin W L, et al. Co/CoO@C nanocomposites with a hierarchical bowknot-like nanostructure for high performance broadband electromagnetic wave absorption [J]. Applied Surface Science, 2019, 469: 607-616.

[44] Liang X H, Wang G H, Gu W H, et al. Prussian blue analogue derivedcarbonbased composites toward lightweight microwave absorption [J]. Carbon, 2021, 177: 97-106.

[45] Li B, Xu J, Xu H Y, et al. Grafting thin N-doped carbon nanotubes on hollow N-doped carbon nanoplates encapsulated with ultrasmall cobalt particles for microwave absorption [J]. Chemical Engineering Journal, 2022, 435: 134846.

[46] Tang X, Tian Q, Zhao B Y, et al. The microwave electromagnetic and absorption properties of some porous iron powders [J]. Materials Science and Engineering A, 2007, 445-446: 135-140.

[47] 吕瑞涛，康飞宇，韦进全，等．填充 α-Fe 碳纳米管的电磁性能研究 [J]. 无机材料学报，2008, 23 (1): 23-28.

[48] Wang A M, Wang W, Long C, et al. Facile preparation, formation mechanism and microwave

absorption properties of porous carbonyl iron flakes [J]. Journal of Materials Chemistry C, 2014, 2: 3769-3776.

[49] Chen R F, Cheng J H, Wei Y. Preparation and magnetic properties of Fe_3O_4 microparticles with adjustable size and morphology [J]. Journal of Alloys and Compounds, 2012, 520: 266-271.

[50] Yuan Y, Feng Y Z, Zhao X, et al. Microwave absorption performance of in situ synthesized Fe_3O_4-SiO_2 hybrid fibres with enhanced environmental stability [J]. Ceramics International, 2018, 44: 6673-6680.

[51] Zhang X F, Li Y X, Liu R G, et al. High-magnetization FeCo nanochains with ultrathin interfacial gaps for broadband electromagnetic wave absorption at gigahertz [J]. ACS Applied Materials & Interfaces, 2016, 8: 3494-3498.

[52] Wen F S, Zhang F, Liu Z Y, et al. Investigation on microwave absorption properties for multiwalled carbon nanotubes/Fe/Co/Ni nanopowders as lightweight absorbers [J]. The Journal of Physical Chemistry C, 2011, 115: 14025-14030.

[53] Zhong B, Sai T Q, Xia L, et al. High-efficient production of SiC/SiO_2 core-shell nanowires for effective microwave absorption [J]. Materials and Design, 2017, 121, 185-193.

[54] Wang L, Huang Y, Sun X, et al. Synthesis and microwave absorption enhancement of graphene@Fe_3O_4@SiO_2@NiO nanosheet hierarchical structures [J]. Nanoscale, 2014, 6: 3157-3164.

[55] Tang N J, Zhong W, Au C T, et al. Synthesis, microwave electromagnetic, and microwave absorption properties of twin carbon nanocoils [J]. Journal of Physical Chemistry C, 2008, 112 (49): 19316-19323.

[56] Wang L, Wen B, Yang H B, et al. Hierarchical nest-like structure of Co/Fe MOF derived CoFe@C composite as wide-bandwidth microwave absorber [J]. Composites Part A, 2020, 135: 105958.

[57] Li M, Yang Z H, Zhang Y, et al. Mesoporous CoFe alloy@SiO_2 nanocapsules with controllable Co/Fe atomic ratio for highly efficient tunable electromagnetic wave absorption [J]. Journal of Alloys and Compounds, 2019, 802: 41-49.

[58] Zhang Y, Yang Z H, Li M, et al. Heterostructured CoFe@C@MnO_2 nanocubes for efficient microwave absorption [J]. Chemical Engineering Journal, 2020, 382: 123039.

[59] Duan Y P, Zhang Y H, Wang T M, et al. Evolution study of microstructure and electromagnetic behaviors of Fe-Co-Ni alloy with mechanical alloying [J]. Materials Science and Engineering B, 2014, 185: 86-93.

[60] Huang Y, Ji J D, Chen Y, et al. Broadband microwave absorption of Fe_3O_4-$BaTiO_3$ composites enhanced by interfacial polarization and impedance matching [J]. Composites Part B, 2019, 163: 598-605.

[61] Quan B, Xu G Y, Gu W H, et al. Cobalt nanoparticles embedded nitrogen-doped porous graphitized carbon composites with enhanced microwave absorption performance [J]. Journal of Colloid and Interface Science, 2019, 533: 297-303.

[62] Jian X, Xiao X Y, Deng L J, et al. Heterostructured nanorings of Fe-Fe_3O_4@C hybrid with enhanced microwave absorption performance [J]. ACS Applied Materials & Interfaces, 2018, 10:

9369-9378.

[63] Cao M S, Song W L, Hou Z L, et al. The effects of temperature and frequency on the dielectric properties, electromagnetic interference shielding and microwave-absorption of short carbon fiber/silica composites [J]. Carbon, 2010, 48: 788-798.

[64] Xie W, Cheng H, Chu Z Y, et al. Effect of FSS on microwave absorbing properties of hollow-porous carbon fiber composites [J]. Materials and Design, 2009, 30: 1201-1204.

[65] Zhang D F, Xu F X, Lin J, et al. Electromagnetic characteristics and microwave absorption properties of carbon-encapsulated cobalt nanoparticles in 2-18GHz frequency range [J]. Carbon, 2014, 80: 103-111.

[66] Liu X F, Chen Y X, Hao C C, et al. Graphene-enhanced microwave absorption properties of Fe_3O_4/SiO_2 nanorods [J]. Composites: Part A, 2016, 89: 40-46.

[67] Cheng Y, Li Z Y, Li Y, et al. Rationally regulating complex dielectric parameters of mesoporous carbon hollow spheres to carry out efficient microwave absorption [J]. Carbon, 2018, 127: 643-652.

[68] Zhao B, Shao G, Fan B B, et al. Facile preparation and enhanced microwave absorption properties of core-shell composite spheres composited of Ni cores and TiO_2 shells [J]. Physical Chemistry Chemical Physics, 2015, 17: 8802-8810.

[69] Qiang R, Du Y C, Wang Y, et al. Rational design of yolk-shell C@C microspheres for the effective enhancement in microwave absorption [J]. Carbon, 2016, 98: 599-606.

[70] Li G M, Wang L C, Li W X, et al. $NiFe_2O_4$, Fe_3O_4-Fe_xNi_y or Fe_xNi_y loaded porous activated carbon balls as lightweight microwave absorbents [J]. RSC Advances, 2015, 5 (11): 8248-8257.

[71] Li G M, Wang L C, Li W X, et al. Mesoporous Fe/C and core-shell Fe-Fe_3C@C composites as efficient microwave absorbents [J]. Microporous and Mesoporous Materials, 2015, 211: 97-104.

[72] Xu D W, Yang S, Chen P, et al. Synthesis of magnetic graphene aerogels for microwave absorption by in-situ pyrolysis [J]. Carbon, 2019, 146: 301-312.

[73] Hou T Q, Wang B B, Jia Z R, et al. A review of metal oxide-related microwave absorbing materials from the dimension and morphology perspective [J]. Journal of Materials Science: Materials in Electronics, 2019, 30 (12): 10961-10984.

[74] Cao M S, Shu J C, Wang X X, et al. Electronic structure and electromagnetic properties for 2D electromagnetic functional materials in gigahertz frequency [J]. Annalen Der Physik, 2019, 531: 1800390.

[75] Yusoff A N, Abdullah M H, Ahmad S H, et al. Electromagnetic and absorption properties of some microwave absorbers [J]. Journal of Applied Physics, 2002, 92 (2): 876-882.

[76] Zeng X J, Cheng X Y, Yu R H, et al. Electromagnetic microwave absorption theory and recent achievements in microwave absorbers [J]. Carbon, 2021, 168: 606-623.

[77] Adebayo L L, Soleimani H, Yahya N, et al. Recent advances in the development of Fe_3O_4-based microwave absorbing materials [J]. Ceramics International, 2020, 46 (2): 1249-1268.

[78] Liu Q H, Cao Q, Zhao X B, et al. Insights into size-dominant magnetic microwave absorption

properties of CoNi micro-flowers via off-axis electron holography [J]. ACS Applied Materials & Interfaces, 2015, 7 (7): 4233-4240.

[79] Lu B, Dong X L, Huang H, et al. Microwave absorption properties of the core/shell-type iron and nickel nanoparticles [J]. Journal of Magnetism and Magnetic Materials, 2008, 320: 1106-1111.

[80] Xie L, Liu R L, Jiang X M, et al. Carbon induced multiple interfaces and in-situ formed defects in oxidation of Co toward enhancing microwave absorption performances [J]. Carbon, 2025, 238: 120272.

[81] Wu Q, Gao H J, Zhang Y D, et al. Microwave absorption and mechanical properties of cross-scale SiC composites [J]. Composites Part B, 2018, 155: 83-91.

[82] Luo H, Chen W B, Zhou W, et al. Carbon fiber/Si_3N_4 composites with SiC nanofiber interphase for enhanced microwave absorption properties [J]. Ceramics International, 2017, 43: 12328-12332.

[83] Qing X T, Yue X X, Wang B, et al. Facile synthesis of size-tunable, multilevel nanoporous Fe_3O_4 microspheres for application in electromagnetic wave absorption [J]. Journal of Alloys and Compounds, 2014, 595: 131-137.

[84] Yang Y, Zhang B S, Xu W D, et al. Microwave absorption studies of W-hexaferrite prepared by co-precipitation/mechanical milling [J]. Journal of Magnetism and Magnetic Materials, 2003, 265: 119-122.

[85] Zhang S L, Jiao Q Z, Zhao Y, et al. Preparation of rugby-shaped $CoFe_2O_4$ and their microwave absorbing properties [J]. Journal of Materials Chemistry A, 2014, 2 (42): 18033-18039.

[86] Liu J W, You W B, Yu J Y, et al. Electron holography of yolk-shell Fe_3O_4@$mSiO_2$ microspheres for use in microwave absorption [J]. ACS Applied Materials & Interfaces, 2019, 11 (2): 910-916.

[87] Wang C, Han X J, Xu P, et al. Controlled synthesis of hierarchical nickel and morphology-dependent electromagnetic properties [J]. Journal of Physical Chemistry C, 2010, 114: 3196-3203.

[88] Lin H Y, Zhu H, Guo H F, et al. Investigation of the microwave-absorbing properties of Fe-filled carbon nanotubes [J]. Materials Letters, 2007, 61: 3547-3550.

[89] Chen N, Jiang J T, Xu C Y, et al. Co_7Fe_3 and Co_7Fe_3@SiO_2 nanospheres with tunable diameters for high-performance electromagnetic wave absorption [J]. ACS Applied Materials & Interfaces, 2017, 9: 21933-21941.

[90] Ning M Q, Li J B, Kuang B Y, et al. One-step fabrication of N-doped CNTs encapsulating M nanoparticles (M=Fe, Co, Ni) for efficient microwave absorption [J]. Applied Surface Science, 2018, 447: 244-253.

[91] Zeng X J, Jiang G M, Zhu L Y, et al. Fe_3O_4 Nanoflower-carbon nanotube composites for microwave shielding [J]. ACS Applied Nano Materials, 2019, 2 (9): 5475-5483.

[92] Yu L J, Zhu Y F, Fu Y Q. Waxberry-like carbon@polyaniline microspheres with high-performance microwave absorption [J]. Applied Surface Science, 2018, 427: 451-457.

[93] Xia F, Liu J W, Gu D, et al. Microwave absorption enhancement and electron microscopy char-

acterization of $BaTiO_3$ nano-torus [J]. Nanoscale, 2011, 3: 3860-3867.

[94] Lin X, Gong H Y, Zhang Y J, et al. Targeted design and analysis of microwave absorbing properties in iron-doped $SiCN/Si_3N_4$ composite ceramics [J]. Ceramics International, 2020, 47 (4): 4521-4530.

[95] Lan X L, Wang Z J. Efficient high-temperature electromagnetic wave absorption enabled by structuring binary porous SiC with multiple interfaces [J]. Carbon, 2020, 170: 517-526.

[96] Li X L, Yin X W, Han M K, et al. Controllable heterogeneous structure and electromagnetic wave absorption properties of Ti_2CT_x MXene [J]. Journal of Materials Chemistry C, 2017, 5 (30): 7621-7628.

[97] Ning M Q, Lu M M, Li J B, et al. Two-dimensional nanosheets of MoS_2: a promising material with high dielectric properties and microwave absorption performances [J]. Nanoscale, 2015, 7 (38): 15734-15740.

第2章

微波吸收材料的分类及制备方法

2.1 微波吸收材料的分类

由于吸波材料的种类众多，它们在成型工艺、吸波方式及损耗机理方面各有差异，基于此，根据吸波材料的不同特征，对吸波材料有多种分类方法。

根据材料成型工艺的不同，可分为涂覆型和结构型[1,2]。涂覆型吸波收材料由于其可简单用作涂层来使用，是目前应用最为广泛的吸波材料。通常，把吸波粉体和黏结剂均匀混合，以喷涂或粉刷的方式涂于不同形状的目标物体表面，从而达到吸收电磁波的目的。结构型吸波材料则是自身具有吸波性能，可直接加工制备得到具有一定承载能力的材料，由于其较强抗冲击性和抗疲劳性，目前已应用于战斗机机身和尾翼等结构部件上。

根据材料吸波方式的不同，可以将吸波材料分为吸收型和干涉型[3,4]。对于吸收型吸波材料而言，电磁波的耗散主要依靠于自身介质的电磁损耗机制来完成的。干涉型吸波材料则是借助自身的结构设计和厚度调整来拓展入射波的传输路径，在材料内部形成多次反射和散射，来达到衰减电磁波的目的。

此外，依据损耗机理的不同，也可进行分类探讨。根据材料内部介质的不同，可分为介电损耗型和磁损耗型[5,6]。同时，根据材料导电能力的差异，将前者进一步分为电阻型和电介质型吸波材料[7,8]。通常，电阻型吸波材料的电导率相对较大，使得材料内部产生大量的载流子，在外加电场的作用下形成感应电流，继而产生热效应来消耗内部的入射电磁波。然而导电特性并不是越大越好，较大的电导率会产生趋肤效应，使得吸收材料表面产生趋肤电流，阻碍电磁波进入材料内部而产生反射作用。常见的电阻型吸波材料主要有：碳纤维、碳化硅、石墨以及导电高分子等。而电介质型吸波材料则借助内部介质的极化效应来衰减入射电磁波，以此达到消除电磁波的目的。常见的极化过程主要包括介质的电子极化、离子极化、分子极化、电偶极子极化和界面极化等弛豫极化过程，其中材料在微波波段的极化机制主要是电偶极子极化和界面极化。就电偶极子极化而言，是由物质内部正负电荷中心相对位移形成电偶极矩所引起的电子极化，而界面极化则是由非均质材料界面处的电荷累积所造成的，其中钛酸钡导电陶瓷是典型的电介质型吸波材料。磁损耗型吸收材料主要利用磁化机制来衰减入射电磁波。具体讲，当材料受到电磁波辐射时，造成内部电子的跃迁，引起电子自旋运动，产生特定频率下的自然共振，进而在多种损耗机制（磁滞损耗、涡流损耗、共振损耗）的共同作用下衰减电磁波能量，并以热能和其他形式的能量而散耗掉。目前，常见的磁损耗型吸波材料有：铁氧体、超细金属粉、合金粉体等。

2.1.1 铁氧体基微波吸收材料

铁氧体通常是指由 Fe^{3+}、O^{2-} 以及其他金属离子（M^{n+}）组合而成的具有磁性能的复合氧化物，目前已得到广泛应用，是一种传统的吸波材料。铁氧体通常具有较高的磁导率和电阻率（$10^2 \sim 10^8 \Omega \cdot cm$），赋予其较高的磁损耗及介电损耗常数，不仅具有良好的阻抗匹配特性，还具有较强的微波衰减能力。根据先前相关报道[9-11]，传统的铁氧体作为吸波材料采用的制备方法主要包括固相合成法、溶胶-凝胶法、水热合成法、化学共沉淀等。此外，根据晶体结构的不同，可将铁氧体分为多种类型（尖晶石型、磁铅石型、石榴石型等），其中的磁铅石型铁氧体属于典型的六角晶系，其固有的片状结构有利于提高材料的吸波性能。Wang 等人[12]利用湿化学法制备得到平均粒径为 77.0nm 的 Fe_3O_4 纳米粉体并研究其吸波特性。结果表明，当涂层厚度为 6.0mm 时，材料在 5.6GHz 频率处的最小反射损耗值（RL_{min}）达到 −21.2dB。Chen 等人[13]借助微波辅助球磨法成功合成了 $Ni_xCo_{1-x}Fe_2O_4$（x=0.2,0.5,0.8）粉体，研究发现，当 x=0.8 时，粉体材料的吸波性能最佳，当频率为 11.5GHz 时，2.5mm 涂层厚度下试样的 RL_{min} 达到 −36.2dB。尽管铁氧体吸波材料具有易制备、强吸收、抗氧化及低成本等优点，但较大的密度仍是限制其进一步应用的障碍。基于此，科研工作者对传统铁氧体不断地进行改进，利用各种手段控制铁氧体结构或复合低密度的介电材料来降低吸波剂的比重，这也有助于优化材料的吸波性能。Li 等人[14]通过控制铁醇盐前驱体的形貌，制备出花状多孔 Fe_3O_4 纳米颗粒。测试发现，与传统的铁氧体和铁磁合金相比，花状多孔 Fe_3O_4 的复介电常数及密度得到了改善，在涂层厚度为 2.0mm 时，RL_{min} 为 −28.3dB。Zhang 等人[15]利用气相扩散和煅烧法合成了多孔的橄榄球状 $CoFe_2O_4$，其主要由纳米颗粒层组装而成，孔体积为 0.115mL/g。相比于 $CoFe_2O_4$ 纳米颗粒，橄榄球状 $CoFe_2O_4$ 具有较大的 M_s 以及较小的 H_c。在测试频率 13.4GHz 处，观察到橄榄球状 $CoFe_2O_4$ 的 RL_{min} 为 −34.1dB，吸波性能明显优于 $CoFe_2O_4$ 纳米颗粒。Liu 等人[16]结合改进的 Stöber 法和水热刻蚀工艺制备得到一系列 Fe_3O_4@$mSiO_2$ 复合材料（如图 2.1 所示）。结果表明，双壳结构的 Fe_3O_4@$mSiO_2$ 呈现明显增强的微波吸收性能。当涂层厚度为 2.0mm 时，在 8.0GHz 频率处的 RL_{min} 高达 −38.7dB，有效吸收带宽也达到 4.0GHz。

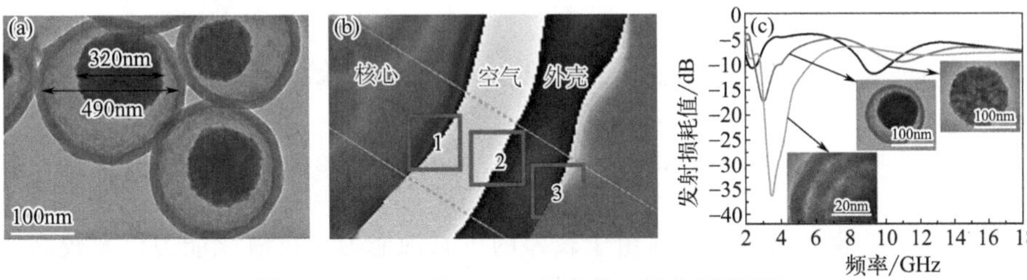

图 2.1　Fe_3O_4@$mSiO_2$ 复合物（见文后彩图）

（a）透射电镜图片；（b）重建相位图；（c）吸波曲线

1～3—边界层

2.1.2　磁性金属微波吸收材料

磁性金属作为一种常见的吸波材料，其组成主要为过渡族金属（Fe、Co、Ni 等）及其不同组合的合金。通常，金属的磁性和导电性要强于铁氧体材料，表现出较强的磁导率和介电常数。同时，磁性金属温度稳定性好，在制备过程中易于控制组分，是公认的第二大类磁损耗吸波材料。Wang 等人[17]通过控制反应条件（反应时间、添加剂顺序、反应温度）制备得到一系列具有不同形态的镍纳米材料（超细纳米 Ni 颗粒、海胆状 Ni 链、光滑 Ni 链，Ni 环及六边形 $Ni/Ni(OH)_2$ 片，图 2.2。实验结果对比发现，海胆状 Ni 链表现出最佳的微波吸收性能，在 9.6GHz 频率处的 RL_{min} 为 −25.3dB。Liu 等人[18]利用简单的一步溶剂热法合成了花状层次结构的 CoNi 纳米颗粒，改变前驱体溶液及表面活性剂的浓度可以控制花状 CoNi 的形态和尺寸。结果证实，调控尺寸为 2.5μm 时，花状 CoNi 的 RL_{min} 达到 −28.5dB，尺寸为 0.6μm 时，材料的最大有效带宽为 6.5GHz。

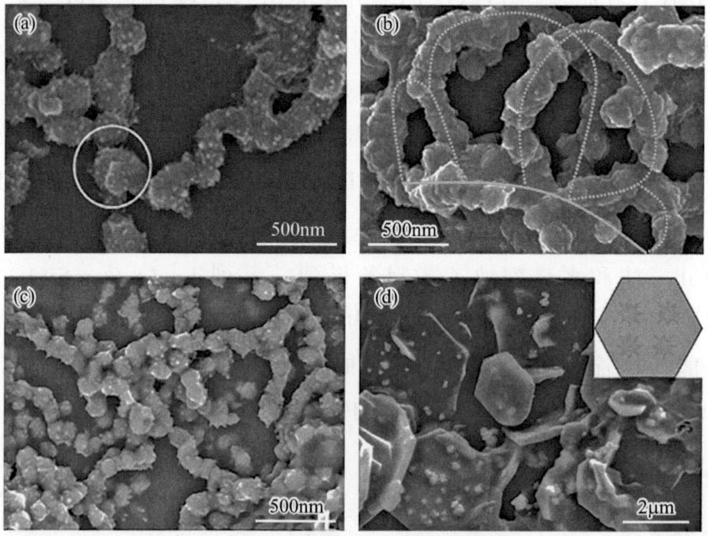

图 2.2 不同形态的镍纳米材料

(a) 海胆状 Ni 链；(b) Ni 环；(c) 光滑 Ni 链；(d) 六边形 $Ni/Ni(OH)_2$ 片[18]

然而，磁性金属吸波材料由于较差的抗腐蚀能力、抗氧化能力以及较高的电导率，阻碍了其进一步的应用。通常，较大尺寸的磁性金属颗粒（≤30μm）会引起趋肤效应反射材料表面电磁波，而较小的纳米颗粒容易发生团聚弱化磁导率。为了克服磁性金属固有的缺点，科研工作者尝试将磁性金属微粒与非磁性基体进行复合，既改善阻抗匹配特性，同时也提高抗腐蚀能力和抗氧化能力[19,20]。Chen 等人[21]首先利用可扩展的液相还原法合成粒径均匀的 Co_7Fe_3 纳米球，然后通过 Stöber 方法制备得到核壳结构的 $Co_7Fe_3@SiO_2$ 微球（如图 2.3 所示）。研究发现，$Co_7Fe_3@SiO_2$ 微球的抗腐蚀能力、抗氧化能力明显提高，当涂层厚度为 1.8mm 时，RL_{min} 可达－68.5dB，吸收带宽为 7.0GHz。

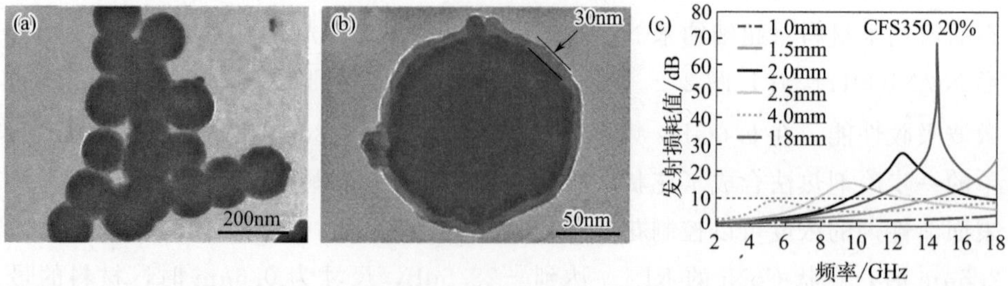

图 2.3 $Co_7Fe_3@SiO_2$ 的透射电镜照片（a）（b）和反射损耗曲线图（c）[21]（见文后彩图）

2.1.3 碳基微波吸收材料

碳材料相比于铁氧体、合金等传统吸波材料，具有良好的热稳定性、化学稳定性、优异的介电性能和低密度，具有广阔的应用前景。碳基材料初次作为吸波材料始于二战时期，为了躲避敌军雷达的监测，德国和美国率先利用炭黑和石墨作为填充料，与其他材料复合得到性能优异的碳基吸波材料，其吸波效率达到了90%，大大降低了战斗机被探测到的概率。随着隐身技术的进一步发展，隐身飞机机身采用碳纤维与其他材料复合，实现了结构吸波材料的广泛应用。常见的碳基吸波材料主要包括炭黑[22]、石墨烯（graphene）[23]、碳纳米管（carbon nanotubes，CNTs）[24]等。然而，未经任何修饰的石墨烯及其衍生物作为吸波材料，由于介电常数过高，与空气阻抗不匹配，导致其对电磁波的损耗性能较差。为改良石墨烯和碳纳米管的吸波性能，考虑到理想吸波材料的阻抗匹配和损耗性能两个影响因素，现在最常用也最有效的手段就是制备复合材料。

（1）石墨烯基复合吸波材料

石墨烯是由 sp^2 杂化的碳原子形成的二维片层结构。用于微波吸收的石墨烯材料通常是先将石墨进行氧化插层制得氧化石墨（graphite oxide，GO），再进行化学还原或热还原得到的还原氧化石墨烯（reduced graphene oxide，RGO）。其具有密度低、比表面积大、导电性高等特点[25]。然而，单独将石墨烯作为吸波材料时，由于其阻抗匹配性差、损耗能力弱并且在基材中分散性差的缺点，导致其吸波能力较弱。将氧化石墨烯（GO）还原，得到的还原氧化石墨烯（RGO）由于其结构中存在大量的缺陷与残余的含氧官能团，使其具有更好的吸波性能，因而受到研究者的广泛关注。此外，研究发现，提高 RGO 基吸波材料的损耗能力与阻抗匹配特性还可以通过与其他材料复合，或者构建多孔结构来实现。Zhang 等人[26]采用热解法制备了 RGO/NiO 复合材料，NiO 的粒径约为 10～50nm，均匀地分散在石墨烯纳米薄片上，会产生较大的介电损耗和良好的匹配特性，通过对其进行测试，结果表明，制备的 RGO/NiO 复合材料具有良好的吸波性能。RGO/NiO 复合材料在 10.6GHz 下达到最小反射损耗值－55.5dB，匹配厚度为 3.5mm。在匹配厚度为 3.0mm 时，RGO/NiO 复合材料的有效吸收宽度为 6.7GHz。RGO/NiO 复合材料具有轻质的优点，是一种非常有前途的电磁波吸收材料。Sun 等人[27]通过静电组装法在石墨烯片层两面结合了 Fe_3O_4 多孔纳米颗粒，获得了 4.5GHz 的有效吸收带宽。Liu 等人[28]用共价键将 RGO 与 Fe_3O_4 连接起来，兼顾了介电性和磁性并改善了阻抗匹配，其中共价键被认为是电荷转移的通道，加强了介电损耗能力，获得了 6.32GHz 的有效吸收带宽。在这些复合材料中，石墨烯相互连接形成导电网络，其二维表面可使电磁波发生多重散射，并提供显著的界面极化。然而，这些复合材料削弱了石墨烯的低密度优势。

(2) 碳纳米管基复合材料

碳纳米管（CNTs）因其优异的物理化学性能引起了研究者们广泛的关注，而且一维管状结构和高的导电性使其具有优异的导电损耗性能。因此，CNTs 被认为是轻质耐高温吸波材料的潜在候选材料之一。然而，单纯的碳纳米管材料仍存在导电性过高，阻抗匹配较差的问题。为改善和调控其吸波性能，可行的策略主要有复合、造孔和掺杂。与石墨烯复合材料的情况类似，碳纳米管与其他材料的复合可以调节阻抗匹配，并引入更多的损耗机制。曹茂盛等人[29]利用改进的无毒热解法制备得到掺氮碳纳米管包裹金属（Fe、Co、Ni）纳米颗粒，使得金属颗粒与掺氮碳纳米管紧密结合（如图 2.4 所示），形成紧密连接的界面，并含有丰富的 N 掺杂缺陷，这有助于增强复合材料的界

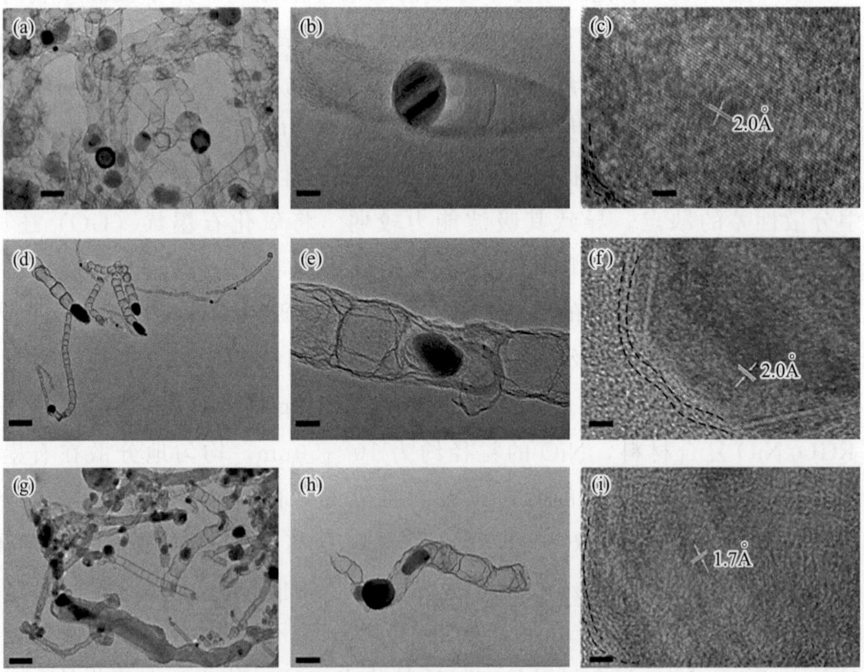

图 2.4 透射电镜和高分辨电子显微镜照片[29]

(a)～(c) Fe@NCNTs；(d)～(f) Co@NCNTs；(g)～(i) Ni@NCNTs

面极化和缺陷偶极子极化，赋予材料优异的微波吸收性能。于荣海等人[30]通过简单的溶剂热工艺合成超薄 Fe_3O_4 纳米花与碳纳米管骨架结合的异构体系，当涂层厚度调节到 1.5mm，在测试频率为 15.3GHz 处的 RL_{min} 为－58.6dB。近年来，研究者还通过在 CNTs 上修饰介电材料来适当调整 CNTs 的电磁参数，进而提高其吸波性能。

(3) 碳纤维基复合材料

碳纤维（CFs）吸波材料是具有高强度、高模量、低密度、热膨胀系数小、耐腐蚀性和优异电性能的多功能材料。碳纤维在电磁场的作用下易于形成较大的连续传导电流，是雷达波的强反射体。碳纤维因其吸波性能差而不能直接用于吸波材料，只有经过特殊处理后才能应用在吸波材料领域。目前，一般将其与磁损耗型吸收剂（如磁性金属及其氧化物等）复合，制备吸波性能较强的复合材料。也可通过对碳纤维表面进行掺杂或改性，从而获得优异的吸波性能。Liang 等[31]采用溶胶-凝胶法和水热法制备了具备软磁性的 $CFs/CoFe_2O_4/MnO_2$ 复合材料，厚度仅为 1.5mm 的复合材料的 RL_{min} 为－34dB，有效带宽为 5GHz。$CF/CoFe_2O_4/MnO_2$ 的吸波性能明显优于纯 CFs，这源于电磁匹配、层状结构和界面极化的共同作用。此外，研究者还以简单的一锅法合成了西兰花状的 SCF/TiO_2 复合材料，其中 TiO_2 垂直生长在短纤维（SCF）表面。由于强界面极化的存在，该材料表现出优秀的吸波能力。厚度 1mm 的 SCF/TiO_2 复合材料涂层在频率为 4.56GHz 处，RL_{min} 为－58.62dB，有效带宽高达 3.4GHz。

(4) 其他碳基复合材料

此外，除了碳纤维、碳纳米管和石墨烯等主要碳材料外，炭球等材料的吸波性能也被广泛研究。力国民等人[32]利用多孔活性炭球（PACB）为载体，分别浸渍 Fe^{3+}、Co^{2+} 和 Ni^{2+} 硝酸盐前驱体，经惰性气氛下不同温度焙烧即可得到系列负载金属 Fe、Co、Ni 及氧化物的 PACB 复合物。研究发现，改变前驱体溶液浓度能够调控 PACB 复合物内磁性组分的负载量，并影响电磁特性，进而优化吸波性能。与传统磁性吸波剂相比，炭球复合物的密度要低得多，证明多孔活性炭球是一种理想的载体材料。而且，炭球内部丰富的孔道结构有利于增强材料的微波吸收性能。Qiang 等人[33]制备了核壳结构 C/C 微球吸波材料，结果表明，在频率为 16.2GHz 处获得最小反射损耗值为－39.4dB，且小于－20dB 的频带宽度为 13.5GHz（4.5～18.0GHz）。由于其独特的结构特征，炭微球、介孔碳类碳材料受到人们的关注，其中通过前驱体制备碳/磁性颗粒壳核结构复合材料成为又一种碳材料应用方向。通过原位生成碳/磁性颗粒壳核结构复合材料解决了碳分布的不均匀性问题，通过调节碳化温度等控制石墨生成量以及碳厚度，从而控制复合材料的吸波性能，但其吸波机理还有待于研究。这对后续制备高性能的吸波材料做出了探索，开拓了新的制备思路，这种优异的微波吸收复合材料可作为新型微波吸收材料的候选材料。

2.1.4 导电聚合物微波吸收材料

导电聚合物是指具有共轭 π 键的聚合物经化学掺杂后具有导电功能的聚合物。导电聚合物作为一种具有轻质特性（密度 $1\sim2g/cm^3$）的导电损耗型吸波材料，因其具有密度低、结构多样化、易加工、环境稳定性好、电磁参数可调等优点，作为吸收剂的研究也引起了人们的广泛关注。然而，单一组分的导电聚合物作为吸波材料，其较窄的吸收带宽限制了它的应用。研究表明，有效吸收带宽往往是由材料的阻抗匹配特性决定的，良好的阻抗匹配有助于改善吸收带宽，这就要求材料兼具介电特性和磁性能[34,35]。导电高聚物经掺杂后，其导电性可在绝缘体、半导体和金属导体之间变化，不同电导率的高聚物表现出不同的吸波性能，因此可通过控制电导率调节其吸波性能。一般而言，当导电聚合物处于半导体状态（电导率范围在 $10^{-3}\sim 10^{-1}S/cm$）时对电磁波有较好的吸收效果，主要通过电阻损耗机制实现对电磁波的有效吸收。目前，研究较多的导电聚合物吸收剂主要包括聚苯胺（PANI）、聚吡咯（PPY）等。王翠平[36]以聚苯胺纳米片为模板，利用两步法使得镍锌铁氧体均匀地覆盖在聚苯胺纳米片表面。发现其 RL_{min} 为 $-17.2dB$，有效带宽达到 5.1GHz。Yu 等人[37]采用简单的稀释聚合法在碳微球表面生长聚苯胺（PANI）纳米棒阵列（如图 2.5 所示），复合材料 C@PANI 微观形貌呈现出“杨梅状”，这种独特的形貌赋予材料优异的吸波特性，当涂层厚度为 2.2mm 时，RL_{min} 值为 $-59.6dB$，同时其有效带宽更是高达 5.4GHz（12.6～18GHz）。

可以看出，将导电高聚物与不同类的物质复合可以得到轻质、宽频的吸波材料，一定程度上弥补了单一导电高聚物自身的某些缺陷。但是在研究和应用中仍然存在一些问题：填料型导电高聚物的填料量较高，而大部分填料的有效吸波频带较窄；掺杂型导电高聚物不易加工、结构均匀性差，这也在一定程度上限制了导电聚合物在实际中的应用。

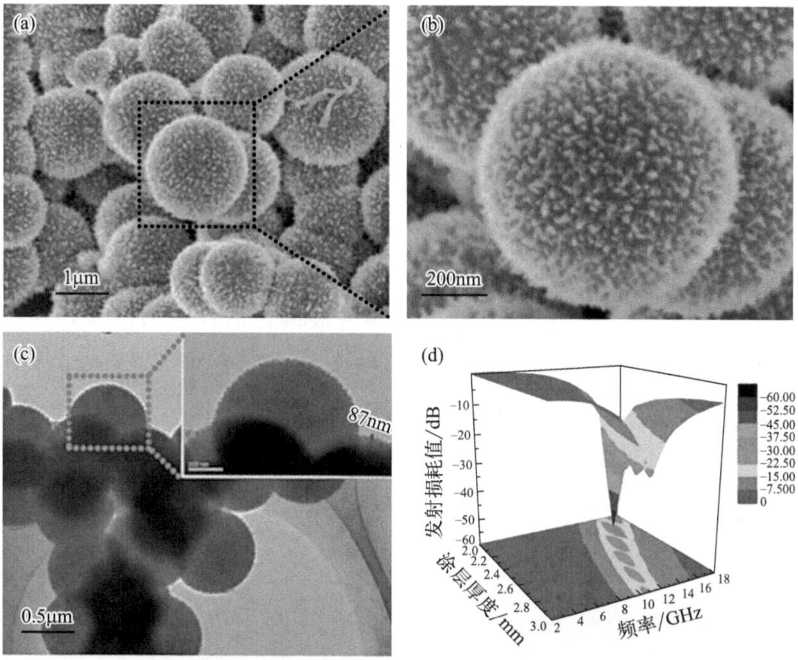

图 2.5 C@PANI 微球[37]（见文后彩图）

(a)(b) 扫描电镜照片；(c) 透射电镜照片；(d) 吸波曲线

2.1.5 陶瓷基微波吸收材料

陶瓷吸收剂大多属于介电损耗型吸波材料，与磁性金属微粉、铁氧体等相比，具有稳定的物化特性以及良好的力学性能，在航空航天领域具有广阔的应用前景。此外，它们还具有密度小、介电常数随烧结温度不同有较大变化范围等特性，因此可通过控制制备条件对显微结构和电磁参数进行调控，进而获得性能优异的吸波材料。常见的陶瓷基吸波材料主要包括碳化硅、钛酸钡及氮化硅等。通常，常规制备的陶瓷基体很难达到吸收电磁波的效果，必须通过调控其结构或与其他组分复合，来提高微波吸收性能。车仁超等[38]通过控制水热反应时间和反应物浓度来制备得到圆环状纳米 $BaTiO_3$（如图 2.6 所示）。相比于固体 $BaTiO_3$ 纳米颗粒，其吸波性能得到明显的改善，在测试频段 11.4GHz 处的最低反射损耗值达到了 −28.4dB。Lin 等人[39]通过浸渍聚硅氮烷，在多孔氮化硅基体中热解 1～5 次，制备得到包含碳、β-SiC 和 α-Fe 的 SiCN(Fe)/Si_3N_4 复合陶瓷。当涂层厚度为 2.0mm 时，在测试频率 16.0GHz 处的最低反射损耗值为 −12.5dB。哈尔滨工业大学的王志江等[40]利用 SiC 晶须作为原料，经压实、造孔及烧结制备得到轻质二元多孔 SiC。结果表明，多孔结构以及 SiC 纳米线网络的存在能够拓展电磁波的传输路径，增加材料内部的多次反射和散射，赋予材料优异的微波吸收性能。Wen 等人[41]通过热压烧结法制备掺钙的 $Y_2Ti_2O_7$。结果表明，当 Ca^{2+} 掺杂浓度较低时，主要的电荷补偿机制是形成氧空位，而在 Ca^{2+} 掺杂浓度较高时，氧空位与 Ca 间隙在 $Y_{2-x}Ca_xTi_2O_7$ 体系中共存。钙掺杂 $Y_{1.8}Ca_{0.2}Ti_2O_7$ 的最小反射损耗在厚度为 1.1mm 下可达－40.9dB，有效带宽为 8.9GHz，具有良好的吸波性能。Han 等人[42]以经济实惠的硅和 SiO_2 粉体为硅源，活性炭为碳源，在 1500℃真空条件下，采用一步碳热还原法制备了 SiC 纳米线，获得了核壳结构的纳米线。炭化后样品的吸波性能增强，这是由于 SiO_2 粉末使得 SiC 晶体的相变和形貌变化所致。材料在 4mm 厚度下达到最小 RL 为－18.02dB，吸收频带低于－10dB 区间超过 1.7GHz。

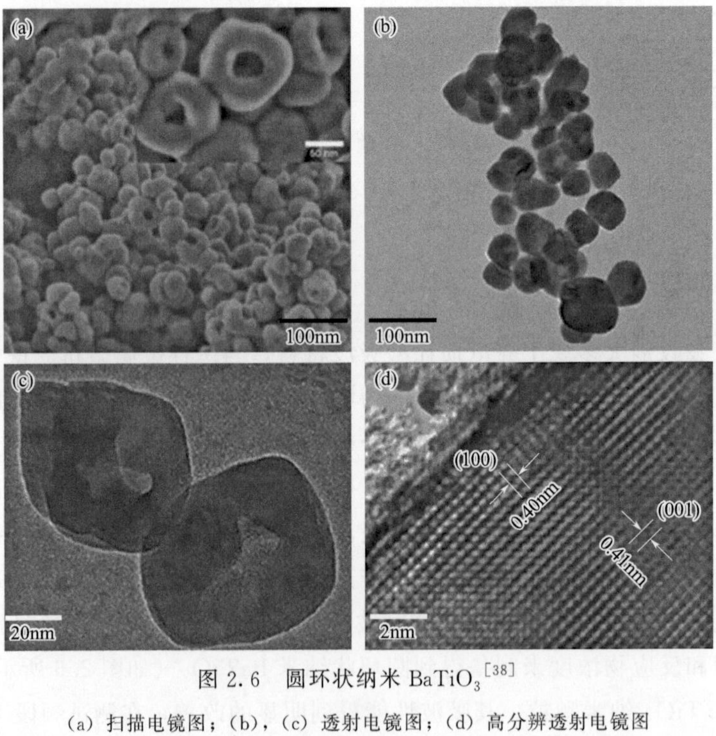

图 2.6 圆环状纳米 $BaTiO_3$[38]

(a) 扫描电镜图；(b)，(c) 透射电镜图；(d) 高分辨透射电镜图

与铁氧体材料和导电高分子材料相比，陶瓷材料具有优异的耐腐蚀性、电绝缘性和热稳定性，不仅表现出优异的力学性能，而且可以在某些恶劣的条件下使用。尤其是其高温下使用特性使其可以应用在军事领域，通过控制陶瓷材

料的物相组成和微观形貌来调控电磁参数，以实现其在多频段的吸收效果。对于陶瓷吸收剂而言，需要进一步加强其吸波性能和机理的研究，并据此对其进行改性、掺杂和结构设计，以便能制备出性能更优的复合型陶瓷吸波材料。

2.1.6 其他新型吸波材料

除了上述常见的微波吸收材料外，还有一些吸波材料也引起了不少的关注。科研工作者通过结构设计构建多种新型的微波吸收材料，例如二维结构MXene、金属硫化物/硒化物及非磁性金属氧化物等。MXene是具有二维层状结构的过渡金属碳化物、氮化物或碳氮化物的总称，其化学通式为$M_{n+1}X_nT_x$，M表示过渡族金属元素（Ti、Zr、Hf、V等），X是碳、氮元素，T为表面官能团（═O、—F、—OH等），n通常取1、2、3中任意值[43]。Mxene通常采用氢氟酸刻蚀MAX相（Ti_3AlC_2、Ti_2AlC等）制备得到。近年来，Mxene因具有较大的比表面积、较高的导电性以及丰富的表面官能团等特点，在例如电子器件、生物传感器、半导体、电磁干扰屏蔽以及电磁波吸收等[44,45]诸多领域，显现出广阔的应用前景。西北工业大学殷小伟等人[46]通过刻蚀及简单的氧化处理制备得到Ti_2CT_x（MXene）材料，独特的异质界面和较高的比表面积有助于改善介电损耗能力。曹茂盛等[47]则率先报道了二维层状MoS_2纳米片，经过剥离，MoS_2纳米片产生更多的缺陷，形成大量的缺陷偶极子极化，赋予MoS_2纳米片优异的微波吸收性能。Ji等人[48]采用一步简单水热反应制备了一系列MoS_2-NS，首次对其进行了微波吸收性能研究。结果显示，MoS_2-NS是一种令人满意的有前途的微波吸收剂，其最佳RL值为－47.8dB，在吸波试样厚度为1.9～2.0mm之间，该材料的有效吸波宽度为5.2GHz。但是，在具体固定吸波试样厚度下，有效吸波宽度很窄。研究发现，优异的吸波性能来源于较大的比表面积为电磁波的界面极化提供较多活性点以及较高的介电损耗性能。Zhou等人[49]利用简单的水热法成功合成中空海胆状α-MnO_2，研究发现，锰氧化物不仅具有介电损耗能力，还兼具磁损耗能力，能够有效改善自身的阻抗匹配特性，表现出优异的吸波性能。

2.2 微波吸收材料的常用制备方法

随着科学技术的不断发展，对高性能微波吸收材料的需求持续增长。目前，合成制备微波吸收材料的方法众多，总结起来主要包括以下几种：化学共沉淀法、水热法/溶剂热法、化学气相沉积法、高温热解法、溶胶-凝胶法、模板法、球磨法和静电纺丝法等。这些合成制备技术的发展不仅推动了高性能微波吸收材料的开发，而且为微波吸收材料的应用与推广提供了技术支持。

2.2.1 化学共沉淀法

化学共沉淀法是合成纳米材料，特别是金属氧化物纳米粒子广泛使用的方法，被用来制备磁性金属氧化物（Fe_3O_4[50,51]、镍锌铁氧体[52,53]、钴铁氧体[54-56]等）以及陶瓷[57-59]等材料。化学共沉淀法主要是在金属盐溶液中加入沉淀剂（如氨水、氢氧化钠、硫化物等）使得金属离子从溶液中沉淀出来。通过控制共沉淀反应的溶剂、浓度、温度、搅拌速度、沉淀剂滴加速度等，或者是在溶液中加入一定的稳定剂（配体、表面活性剂、高分子等）来调控制备的产物的形貌和几何尺寸。化学共沉淀法是一种相对简单且经济高效的技术，所需的设备相对简单，所用的试剂通常也很便宜，具备高产率和生产可扩展性，很容易扩大生产过程以获得更大量的纳米颗粒，而不会显著增加复杂性或成本。

Tran 等人[60]通过共沉淀法制备了 La 掺杂的 $BaFe_{12}O_{19}$（图 2.7），制备出 $Ba_{1-x}La_xFe_{12}O_{19}$（$0\leqslant x\leqslant 0.5$）材料。$La^{3+}$ 取代 Ba^{2+} 导致晶格参数发生变化，Fe^{3+} 被还原为 Fe^{2+} 以保持电子平衡结构，但是较高的 La^{3+} 掺杂浓度会产生较多的 Fe^{2+}，这会显著影响样品的电磁特性，而且过多的 La^{3+} 掺杂浓

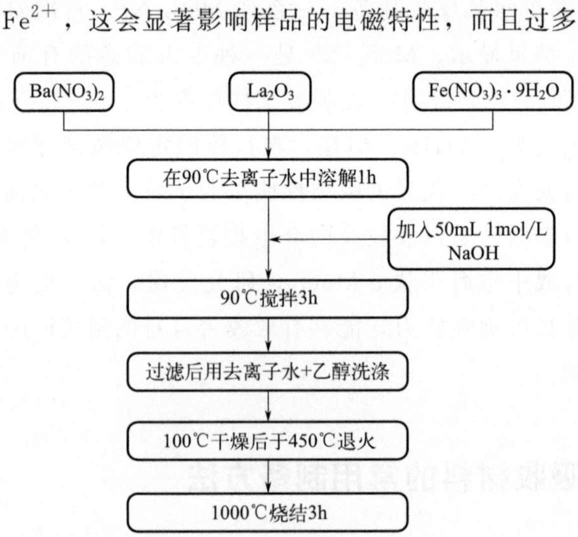

图 2.7 化学共沉淀合成示意图

度也会降低材料的 M_s 值。当 $x=0.1$ 时，制备得到的 $Ba_{0.9}La_{0.1}Fe_{12}O_{19}$ 铁氧体吸波性能最优，且有效吸收带宽在匹配厚度范围为 1.75～2.00mm 时达到最大值 2.52GHz。

2.2.2 水热法/溶剂热法

水热法/溶剂热法是通过反应容器加热，创造一个高温、高压的反应环境，使得难溶或不溶的物质溶解并且重结晶，在高压环境下制备无机和纳米微粒的方法。水热合成反应的条件一般有一定的温度（100～1000℃）和压力（1～100MPa）要求，适宜于合成纳米材料、陶瓷、金属氧化物、有机材料等材料。水热法一般以氧化物或氢氧化物作为前驱体，它们在加热过程中的溶解度随温度升高而增加，最终导致溶液过饱和并逐渐形成更稳定的氧化物新相。反应过程的驱动力就是最后可溶的前驱体或中间产物与稳定氧化物之间的溶解度差。此外，在水热法的基础上发展起来的溶剂热法，主要是将水换成有机溶剂，采用类似水热法的原理制备化合物。主要合成机理见图 2.8。

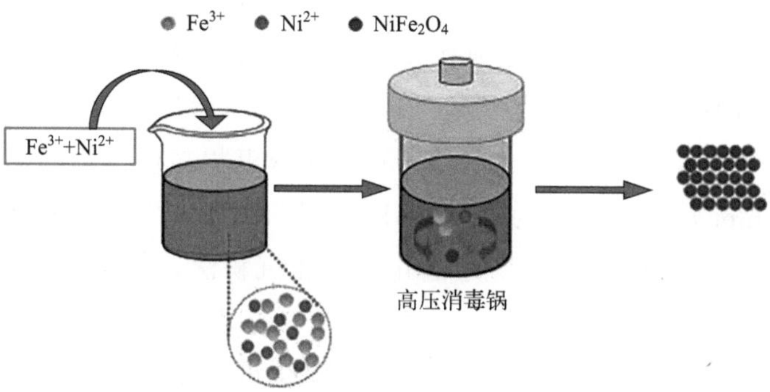

图 2.8 水热法/溶剂热法合成示意图（见文后彩图）

当前，水热法/溶剂热法在合成微波吸收材料领域得到了广泛应用。这种方法主要利用水热反应制备含磁性金属的前驱体，再通过热解过程生成磁性金属/碳复合材料。Li 等人[61]通过简单的溶剂热法在 CNTs 表面负载磁性 Fe_3O_4 纳米粒子，详细研究了 Fe_3O_4 纳米粒子包覆层的结构对复合材料的电磁参数及吸波性能的影响。当 Fe_3O_4 均匀并致密地自组装在 CNTs 表面时，可实现最小反射损耗值－22dB。Liu 等人[62]采用简单的水热反应路线制备了 $Fe_3O_4/Ti_3C_2T_x$ 复合材料。研究发现，在 $Ti_3C_2T_x$ 表面覆盖有大量的四氧化三铁颗粒，其中复合材料在 10.1GHz 时的最大 RL 值为－57.3dB。

利用水热法/溶剂热法可以制备碳/磁性金属吸波材料，并且这种方法便于精确地控制材料的形貌、尺寸和结构。水热合成制备的优点包括：①可获得通常条件下难获得的几纳米到几十纳米的粉体。②粉体粒度分布窄、团聚程度低、成分纯净、结晶发育完整，并具有良好的烧结活性等。③制备过程污染小，成本低。④特别适合于零维、一维氧化物材料的制备。然而，该方法也面临若干挑战：①反应在密闭的容器中进行，无法观察材料生长过程。②水热法需要高温高压，对生产设备的依赖性比较强，设备要求高（耐高温高压的钢材，耐腐蚀的内衬）、技术难度大（温度和压力控制严格）、成本高，影响和阻碍了水热法的发展。③一般只能制备氧化物粉体，关于晶核形成过程和晶体生长过程的控制影响因素等很多方面缺乏深入研究。④安全性能差。

2.2.3 化学气相沉积法

化学气相沉积（chemical vapor deposition，CVD）是近年发展起来的生产无机纳米材料最常用的技术之一。CVD 可以在衬底上通过化学反应生成薄膜，在一定的温度和压力下，将有机气体（甲烷、乙烯、乙炔等）分解，可在材料表面沉积碳，形成各种碳/磁性金属复合材料，在吸波领域引起了越来越多的关注。哈尔滨工业大学 Zhong 等人[63]运用化学气相沉积技术成功合成核壳结构的 SiC/SiO_2 纳米线，得益于介电损耗和磁损耗的耦合效应，当厚度为 3mm 时，在频率为 13.84GHz 处具有 −32.72dB 的最低反射损耗峰值。贵州大学祁小四等人[64]通过化学气相沉积法，将空心 Fe_3O_4 纳米颗粒作为原料合成了具有核壳结构的 Fe/CNTs 复合材料，利用 C_2H_2 将 Fe_2O_3 还原为 Fe 单质，Fe 纳米颗粒经过碳化可以生成 Fe_3C（如图 2.9 所示）。而 Fe_3C 的形成是核壳结构磁性金属/碳复合材料能够有效生长的关键。该材料在匹配厚度为 1.5mm 时，频率为 17.15GHz，表现出最小反射损耗值为 −40.2dB。

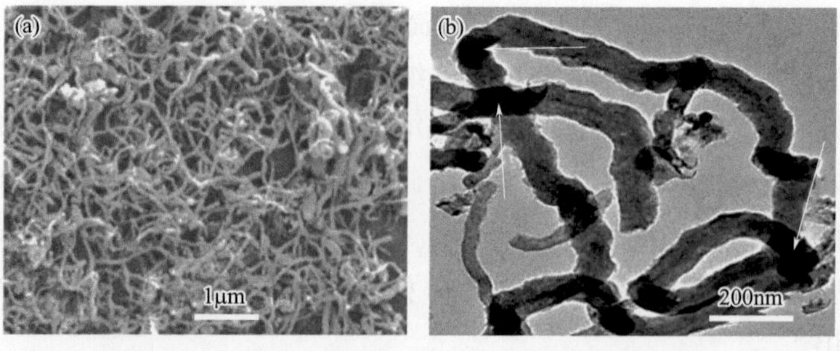

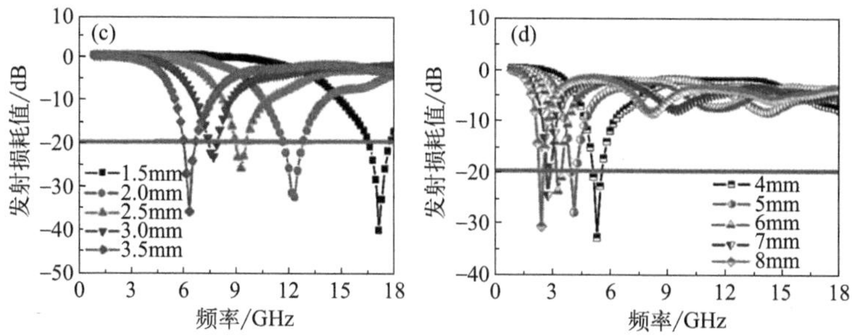

图 2.9　Fe/CNTs 复合材料（见文后彩图）

(a) 扫描电镜图；(b) 透射电镜图；(c)(d) 不同厚度下最小反射损耗值曲线图

化学气相沉积法用于制备复合微波吸收材料时，可以精确控制材料的微观结构。然而，该方法存在一些局限性，包括成本高、设备复杂以及能耗大等，这些因素限制了其在吸波材料大批量工业化生产中的应用。

2.2.4　高温热解法

2012 年 Li 等人[65]首次报道使用葡萄糖（glucose）和双氰胺（dicyandiamide），以马弗炉作为反应容器，以 N_2 作为保护气体，在高温条件（800～1000℃）下热解两者混合物，成功制备出氮含量高达 26.8%（原子分数）的石墨烯，为热解碳的制备提供了一种全新的方法。与其他方法相比，该方法制备过程简单、不需要任何催化剂；碳源和氮源来源广、成本低、无污染。目前，该方法在合成微波吸收材料领域得到了广泛应用。Liu 等人[66]选用短叶茳芏作为生物质原材料，采用热处理的方式将生物质材料炭化得到所需样品。通过对比不同热处理温度，研究分析了其对最终样品吸波性能的影响。结果表明，当炭化温度为 700℃时，样品厚度为 2mm 时能够获得最优吸波性能，对应的最小 RL 值为－26.0dB，有效吸收带宽为 4.6GHz。Gong 等人[67]通过热处理工艺制备了以杏仁木为原材料的生物质多孔炭/Fe_xO_y 复合吸波材料，分析了预浸入不同浓度的硝酸铁溶液与不同热处理温度对样品最终吸波性能的影响。结果表明，当硝酸铁浓度为 22.3%，碳化温度为 800℃时，样品具有最优性能：样品在厚度为 2.5mm 时，最小 RL 值为－31.8dB；厚度为 2mm 时，有效吸收带宽为 4.80GHz。北京航空航天大学刘晓芳等人[68]在还原气氛中原位热解 ZIF-67，通过改变热解过程的温度来调整复合材料的微观结构和形貌，制备出多孔、具有十二面体形貌的 Co/CNTs 复合吸波材料。在低温下，Co 纳米粒子有良好的分散程度，能够与石墨度较低的短 CNT 簇结合生成 Co/

CNTs；而随着热解温度的升高和热解时间的增加，短 CNT 继续生长并发生石墨化，导致 Co 纳米粒子发生聚集，使得样品吸波性能大大降低。经过一系列的对比实验，该研究优化后的 Co/CNTs 复合材料显现出较强的吸波能力：复合材料在基质中的填料比仅为 20%（质量分数），厚度为 1.8mm 时，其最小反射损耗达－60.4dB。

2.2.5 溶胶-凝胶法

溶胶-凝胶法是一种采用金属有机化合物、无机化合物经过一系列化学反应来获得金属氧化物或其他化合物的新工艺，是制备材料的湿化学方法中的一种。主要的反应步骤是将无机盐的前驱体溶解在水溶液中，在水浴中加热蒸发，以便形成溶胶，该溶胶在烘箱内脱水以形成凝胶后变为前驱体粉末，最后在马弗炉中煅烧形成所需要的粉体。溶胶-凝胶法具有许多优点：①工艺简单，成本低廉，制备过程温度低。②由于金属盐在溶液中充分溶解，因此其化学均匀性良好。③通过工艺条件可以对形成溶胶过程中的一系列化学反应进行控制，可以根据实际需要设计和调控凝胶的微观结构。④制备的材料组分均匀，产物杂质少。

近年来，溶胶-凝胶法被大量应用于制备微波吸收材料。Liu 等人[69]采用溶胶-凝胶法制备了多孔炭和多孔 C@Co 纳米复合材料，多孔炭和 C@Co 纳米复合材料都具有分层多孔结构。其最大反射损耗在厚度为 5mm、频率在 4.2GHz 处达到－40dB，最大有效频宽为 4GHz。焦鹏铮[70]通过溶胶-凝胶法将金属-柠檬酸前驱体与 RF 前驱体的混合溶液填充入氧化石墨烯凝胶中，最后通过 600℃热处理得到 C@CoFe/rGO 泡沫。核-壳结构附着在还原氧化石墨烯片层上，Co 和 Fe 元素在泡沫中也是均匀分布。当吸波材料厚度为 2.5mm，在 14.6GHz 最低反射损耗的峰值可达－46.2dB，其有效吸波频宽在 2.53mm 处也达到 7GHz。

2.2.6 模板法

模板法是近十几年发展起来的合成新型纳米材料的较为简单的方法，其应用范围非常广泛，可用于制备合金、金属、半导体、导电高分子等材料。所谓模板法，即选用具有特定结构的物质来引导纳米材料的制备与组装，从而把模板的结构复制到产物中去的过程。模板合成的原理很简单，设想存在一个纳米尺寸的“笼子”，让成核和生长在该“纳米笼”中进行，在反应充分进行后，

“纳米笼”的大小和形状就决定了作为产物的纳米颗粒的尺寸和形状，这些“纳米笼”就是合成中的模板；这种模板属于外模板；与此相对应的还有内模板，即利用纳米尺寸的物种作“核”，在该“核”上继续生长其他材料，在反应充分进行后除掉该“核”（内模板）即可得到纳米结构的其他材料。模板合成技术可以同时解决颗粒尺寸、形状控制和分散稳定性问题，因此利用和设计模板就显得尤为重要。

Shu 等人[71]采用模板法制备了氮掺杂还原氧化石墨烯/镍锌铁氧体（NRGO/$Ni_{0.5}Zn_{0.5}Fe_2O_4$）复合吸波剂。当试样厚度为 2mm 时，其最小反射损耗可达－63.2dB，有效吸收带宽覆盖整个 Ku 波段（12.4～18GHz）。西北工业大学的 Qin 等人[72]采用双模板水热法合成了多孔 $NiCo_2O_4$ 空心球。由于硬模板（d-葡萄糖）和软模板（SDBS）的协同作用，得到了具有独特多孔结构的 $NiCo_2O_4$ 空心球。当用作电磁波吸收材料时，多孔 $NiCo_2O_4$ 空心球表现出优异的吸波性能：在 1.8mm 的薄厚度下其最宽的有效吸收带宽为 5.44GHz，最小的反射损耗为－31.1dB。Wu 等人[73]采用模板法制备了分层三维 CoNi/氮掺杂多孔碳纳米片材料（CoNi/N@PCN）。研究表明，由于独特的分层结构和多组分的协同效应，CoNi/N@PCN 具备优异的吸波性能，当试样在厚度为 2mm 时，其最小反射损耗可达－56.54dB，有效吸收带宽达到 4.65GHz。Li 等人[74]采用绿色环保的原位模板法制备了多孔中空 Ni/C 复合纤维，选择廉价的黄麻纤维作为碳源和模板，硝酸镍作为镍源。在高温热解过程中，黄麻纤维被碳化成具有空心内腔和多孔结构的碳纤维，硝酸镍的分解产物进而与多孔碳纤维反应生成金属镍单质。实验结果表明，镍纳米颗粒均匀地负载于碳纤维表面和多孔中空结构内（如图 2.10 所示），其负载量和粒径与硝酸镍浓度成正比关系。得益于介电损耗、磁损耗和多孔结构，Ni/C 复合纤维的反射损耗峰值达到－43.0dB，有效吸收频带宽的范围为 11.2～16.1GHz。

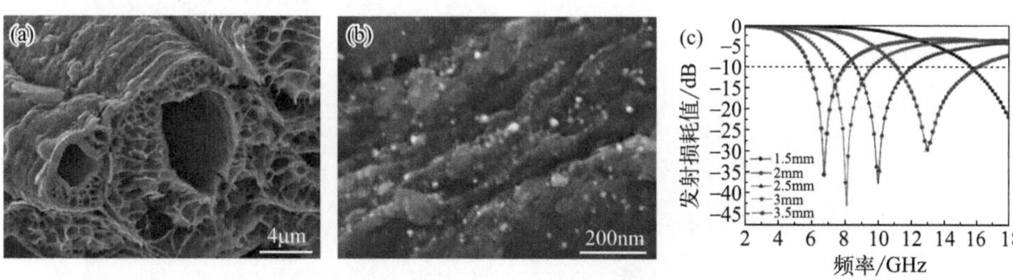

图 2.10　Ni/C-0.2 的扫描电镜图（a）（b）和最小损耗值曲线图（c）（见文后彩图）

2.2.7 球磨法

球磨机是一种圆筒形的研磨机械设备，内部装有物料和研磨介质。当机身旋转时，由于产生的离心力和摩擦力，研磨介质会撞击物料，通过机械方式将原材料粉末研磨至纳米尺度。同时颗粒在细化过程中受到多次变形、硬化和断裂，表面会有大量的缺陷存在，导致表面活性不断增大。颗粒在细化过程中不断产生新的表面，从而使颗粒之间常以新的表面接触，发生化学反应。近年来，机械法已变成了制备纳米金属材料的重要手段，已制备出金属、合金或金属化合物。Yin 等人[75]通过高能球磨法制备了具有优异低频吸波性能的 CIPs/ZnO/石墨烯三元片状复合物，ZnO 和石墨烯的加入不仅提高了 CIPs 的低频吸收强度，还降低了所需的匹配吸收厚度。在厚度为 4mm 时，该材料在 0.48GHz 频率下实现了 RL_{min} 为－45.6dB，有效吸收带宽为 0.30～0.71GHz（图 2.11）。印度科学家 Singh 等人[76]通过简单的球磨将单壁碳纳米管和碳化硅复合，结果表明当碳化硅复合少量的单壁碳纳米管后就可以在 Ku 波段表现出优异吸波性能，具体为当碳纳米管添加量为 2.5%时，厚度为 2mm，其最强吸收为－37.11dB，有效带宽（RL≤－10dB）为 4.38GHz，明显优于纯碳化硅的吸波性能。

球磨法具有较高的产率，工艺简单，成本低，特别是能生产难熔金属的合金和金属的复合纳米材料，但也存在能耗较高、生产过程噪声大等一些不足。

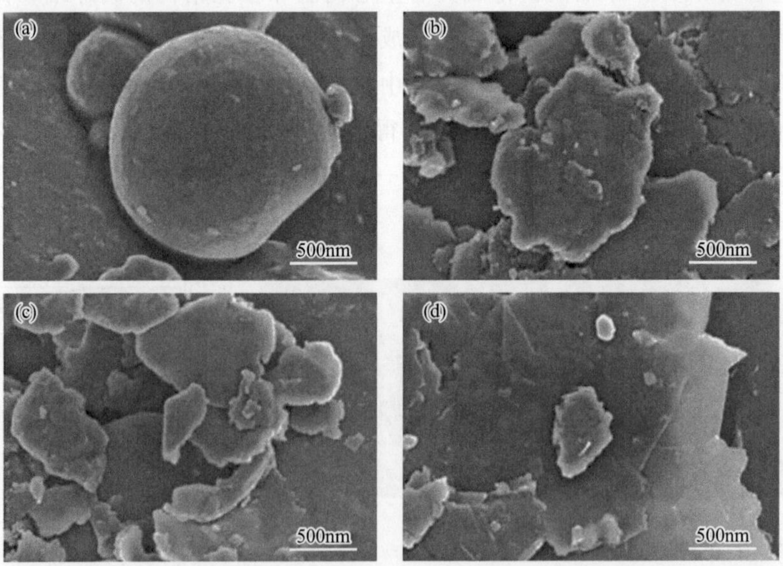

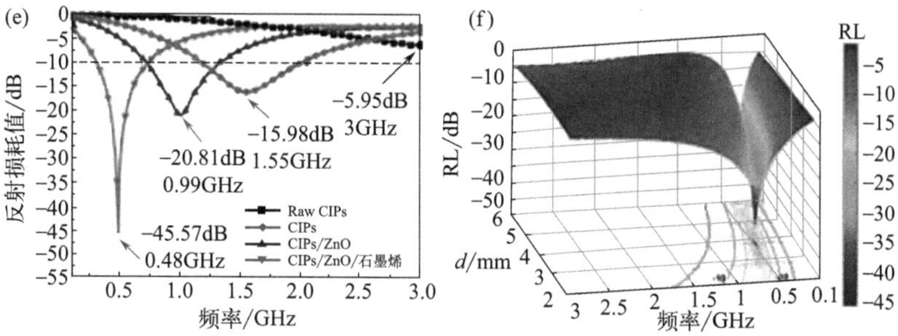

图 2.11 原始 CIP(a)、球磨 CIP（b）、CIPs/ZnO（c）、CIP/ZnO/石墨烯（d）的扫描电镜照片，以及二维（e）和三维（f）反射损耗值曲线图（见文后彩图）

此外，长时间球磨可能会引入杂质或导致纳米颗粒分布不均，进而影响材料的纯度和性能。

2.2.8 静电纺丝法

1900 年，Gooley 首次发明了在高压静电作用下将聚合物溶液纺成纤维的实验装置并申请了专利，这是静电纺丝法制备纳米纤维的发端[77]。此后，Taylor 首次提出静电场作用下的液滴呈锥形的数学模型，为静电纺丝技术的进一步研究提供理论支撑。静电纺丝作为一种简单易操作、用途广泛、成本相对低廉的技术，被广泛应用于制备具有高孔隙比率和较大比表面积的纤维材料。近年来，静电纺丝领域的研究工作也得到了进一步的拓展，许多高分子量的聚合物和化合物被用作前驱体原料。在众多的应用领域中，研究人员发现，静电纺丝法制备的一维纳米复合纤维，可用于电磁波吸收领域，具有低密度、宽频带和强吸收等优异的电磁波吸收效果。静电纺丝是一种很有潜力的方法，可通过构建一维纳米结构来满足电磁波吸收的需求，是合成微波吸收剂的有效手段之一。

Zhao 等人[78]通过静电纺丝和高温热解合成了具有高纵横比和鳞片状表面的碳化硅/碳（SiC/C）杂化纳米纤维。结果表明，由纳米纤维组成的导电网络可以促进电子的跃迁，且为电荷传输提供直接途径；其次，SiC NPs 和碳之间的多个界面会引起介电偶极子相互作用和相关弛豫（如图 2.12 所示）。在涂层厚度为 3mm 时最小反射损耗（RL）为－36dB；此外，最大有效吸收带宽为 4.1GHz，厚度为 1.5mm 时，可以覆盖大部分 Ku 波段。Zhang 等人[79]采用静电纺丝和随后的碳化方法制备了嵌入 CoFe 合金纳米颗粒的碳/SiO_2 纳米纤维。SiO_2 的低介电常数与 CoFe 合金的高介电常数相互平衡，提升了阻抗匹配；同时 CoFe 合金与 SiO_2 之间存在较多的界面极化效应，提升了介电损耗能力。因此，嵌入 CoFe 合金纳米颗粒的碳/SiO_2 纳米纤维表现出优异的吸波性能，RL_{min} 值为 −59.6dB，匹配厚度仅为 1.43mm，有效吸收带宽达到 4.6GHz。

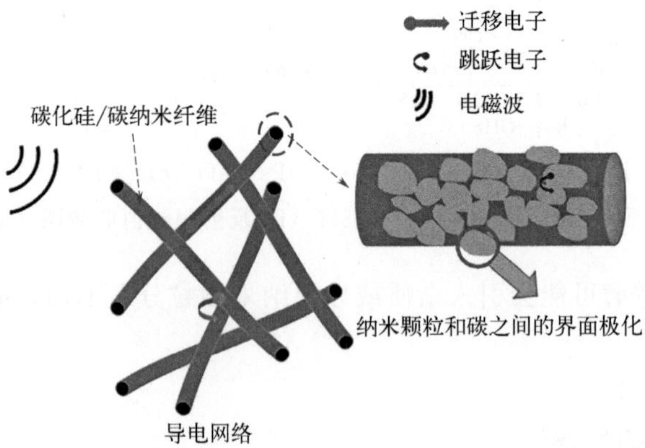

图 2.12 SiC/C 杂化纳米纤维中电磁波衰减示意图（见文后彩图）

参考文献

[1] Yusoff A N, Abdullah M H, Ahmad S H, et al. Electromagnetic and absorption properties of some microwave absorbers [J]. Journal of Applied Physics, 2002, 92 (2): 876-882.

[2] Zeng X J, Cheng X Y, Yu R H, et al. Electromagnetic microwave absorption theory and recent achievements in microwave absorbers [J]. Carbon, 2021, 168: 606-623.

[3] Adebayo L L, Soleimani H, Yahya N, et al. Recent advances in the development of Fe_3O_4-based microwave absorbing materials [J]. Ceramics International, 2020, 46 (2): 1249-1268.

[4] Liu Q H, Cao Q, Zhao X B, et al. Insights into size-dominant magnetic microwave absorption properties of CoNi micro-flowers via off-axis electron holography [J]. ACS Applied Materials & Interfaces, 2015, 7 (7): 4233-4240.

[5] Lu B, Dong X L, Huang H, et al. Microwave absorption properties of the core/shell-type iron and nickel nanoparticles [J]. Journal of Magnetism and Magnetic Materials, 2008, 320: 1106-1111.

[6] Tang N J, Zhong W, Au C T, et al. Synthesis, microwave electromagnetic, and microwave absorption properties of twin carbon nanocoils [J]. Journal of Physical Chemistry C, 2008, 112: 19316-19323.

[7] Wu Q, Gao H J, Zhang Y D, et al. Microwave absorption and mechanical properties of cross-scale SiC composites [J]. Composites Part B, 2018, 155: 83-91.

[8] Luo H, Chen W B, Zhou W, et al. Carbon fiber/Si_3N_4 composites with SiC nanofiber interphase for enhanced microwave absorption properties [J]. Ceramics International, 2017, 43: 12328-12332.

[9] Qing X T, Yue X X, Wang B, et al. Facile synthesis of size-tunable, multilevel nanoporous Fe_3O_4 microspheres for application in electromagnetic wave absorption [J]. Journal of Alloys and Compounds, 2014, 595: 131-137.

[10] Yang Y, Zhang B S, Xu W D, et al. Microwave absorption studies of W-hexaferrite prepared by co-precipitation/mechanical milling [J]. Journal of Magnetism and Magnetic Materials, 2003, 265: 119-122.

[11] Wang L, Huang Y, Sun X, et al. Synthesis and microwave absorption enhancement of graphene @Fe_3O_4@SiO_2@NiO nanosheet hierarchical structures [J]. Nanoscale, 2014, 6: 3157-3164.

[12] Zong M, Huang Y, Wu H W, et al. One-pot hydrothermal synthesis of RGO/$CoFe_2O_4$ composite and its excellent microwave absorption properties [J]. Materials Letters, 2014, 114: 52-55.

[13] Wang G Q, Chang Y F, Wang L F, et al. Facilely preparation and microwave absorption properties of Fe_3O_4 nanoparticles [J]. Materials Research Bulletin, 2013, 48: 1007-1012.

[14] Chen B Y, Chen D, Kang Z T, et al. Preparation and microwave absorption properties of Ni-Conanoferrites [J]. Journal of Alloys and Compounds, 2015, 618: 222-226.

[15] Li X A, Zhang B, Ju C H, et al. Morphology-controlled synthesis and electromagnetic properties of porous Fe_3O_4 nanostructures from iron alkoxide precursors [J]. Journal of Physical Chemistry C, 2011, 115: 12350-12357.

[16] Zhang S L, Jiao Q Z, Zhao Y, et al. Preparation of rugby-shaped $CoFe_2O_4$ and their microwave absorbing properties [J]. Journal of Materials Chemistry A, 2014, 2 (42): 18033-18039.

[17] Liu J W, You W B, Yu J Y, et al. Electron holography of yolk-shell Fe_3O_4@$mSiO_2$ microspheres for use in microwave absorption [J]. ACS Applied Materials & Interfaces, 2019, 11 (2): 910-916.

[18] Wang C, Han X J, Xu P, et al. Controlled synthesis of hierarchical nickel and morphology-dependent electromagnetic properties [J]. Journal of Physical Chemistry C, 2010, 114: 3196-3203.

[19] Lin H Y, Zhu H, Guo H F, et al. Investigation of the microwave-absorbing properties of Fe-filled carbon nanotubes [J]. Materials Letters, 2007, 61: 3547-3550.

[20] Chen N, Jiang J T, Xu C Y, et al. Co_7Fe_3 and Co_7Fe_3@SiO_2 nanospheres with tunable diameters for high-performance electromagnetic wave absorption [J]. ACS Applied Materials & Interfaces, 2017, 9: 21933-21941.

[21] Ning M Q, Li J B, Kuang B Y, et al. One-step fabrication of N-doped CNTs encapsulating M nanoparticles (M=Fe, Co, Ni) for efficient microwave absorption [J]. Applied Surface Science, 2018, 447: 244-253.

[22] Kwon S K, Ahn J M, Kim G H, et al. Microwave absorbing properties of carbon black/silicone rubber blend [J]. Polymer Engineering and Science. 2002, 42 (11): 2165-2171.

[23] González M, Baselga J, Pozuelo J. High porosity scaffold composites of graphene and carbon nanotubes as microwave absorbing materials [J]. Journal of Materials Chemistry C, 2016, 4 (36): 8575-8582.

[24] Liu D W, Yang L, Wang F Y, et al. Hierarchical carbon nanotubes@ Ni/C foams for high-

performance microwave absorption [J]. Carbon, 2022, 196: 867-876.

[25] Wang Y, Xiao J, Li C, et al. Microwave absorption properties of FeCo-coated carbon fibers with varying morphologies [J]. J Magn Magn Mater, 2016, 399: 252-259.

[26] Zhang H, Tian X, Wang C, et al. Facile synthesis of RGO/NiO composites and their excellent electromagnetic wave absorption properties [J]. Applied surface science, 2014, 314: 228-232.

[27] Moitra D, Dhole S, Ghosh B K, et al. Synthesis and microwave absorption properties of $BiFeO_3$ nanowire-RGO nanocomposite and first-principles calculations for insight of electromagnetic properties and electronic structures [J]. The Journal of Physical Chemistry C, 2017, 121 (39): 21290-21304.

[28] Sun D, Zou Q, Qian G, et al. Controlled synthesis of porous Fe_3O_4-decorated graphene with extraordinary electromagnetic wave absorption properties [J]. Acta Materialia, 2013, 61 (15): 5829-5834.

[29] Ning M Q, Li J B, Kuang B Y, et al. One-step fabrication of N-doped CNTs encapsulating M nanoparticles (M=Fe, Co, Ni) for efficient microwave absorption [J]. Applied Surface Science, 2018, 447: 24-253.

[30] Zeng X J, Jiang G M, Zhu L Y, et al. Fe_3O_4 Nanoflower-carbon nanotube composites for microwave shielding [J]. ACS Applied Nano Materials, 2019, 2 (9): 5475-5483.

[31] Liang H S, Liu J L, Zhang Y, et al. Ultra-thin broccoli-like SCFs@TiO_2 one dimensional electromagnetic wave absorbing material [J]. Composites Part B: Engineering, 2019, 178: 107507.

[32] Li G M, Wang L C, Li W X, et al. Fe-, Co-, and Ni-loaded porous activated carbon balls as lightweight microwave absorbents [J]. Chemphyschem, 2015, 16 (16): 3458-3467.

[33] Qiang R, Du Y C, Wang Y, et al. Rational design of yolk-shell C@C microspheres for the effective enhancement in microwave absorption [J]. Carbon, 2016, 98: 599-606.

[34] Xiang Z, Zhang X, Shi Y Y, et al. Efficient microwave absorption of MOFs derived laminated porous Ni@C nanocomposites with waterproof and infrared shielding versatility [J]. Carbon, 2021, 185: 477-490.

[35] Zhou P P, Wang X K, Song Z, et al. Multi-dimensional ordered mesoporous carbon/silica@Ni composite with hierarchical nanostructure for strong and broadband microwave absorption [J]. Carbon, 2021, 176: 209-218.

[36] 王翠平. 聚苯胺铁氧体纳米复合材料的制备及吸波性能 [D]. 合肥：安徽大学，2014.

[37] Yu L J, Zhu Y F, Fu Y Q. Waxberry-like carbon@polyaniline microspheres with high-performance microwave absorption [J]. Applied Surface Science, 2018, 427: 451-457.

[38] Xia F, Liu J W, Gu D, et al. Microwave absorption enhancement and electron microscopy characterization of $BaTiO_3$ nano-torus [J]. Nanoscale, 2011, 3: 3860-3867.

[39] Lin X, Gong H Y, Zhang Y J, et al. Targeted design and analysis of microwave absorbing properties in iron-doped SiCN/Si_3N_4 composite ceramics [J]. Ceramics International, 2020, 47 (4): 4521-4530.

[40] Lan X L, Wang Z J. Efficient high-temperature electromagnetic wave absorption enabled by structuring binary porous SiC with multiple interfaces [J]. Carbon, 2020, 170: 517-526.

[41] Wen Q, Zhou W, Wang Y, et al. Effects of calcium doping on yttrium titanate for microwave absorbing applications [J]. Journal of Alloys and Compounds, 2018, 741: 700-706.

[42] Hang T, Luo R Y, Cui G Y, et al. Effect of SiC nanowires on the high temperature microwave absorption properties of SiC_f/SiC composites [J]. Journal of the European Ceramic Society, 2019, 39: 1743-1756.

[43] Shahzad F, Alhabeb M, Hatter C B, et al. Electromagnetic interference shielding with 2D transition metal carbides (MXenes) [J]. Science, 2016, 353 (6304): 1137-1140.

[44] 穆智超，王兰志，唐子芃，等．Mxene/碳纳米材料复合吸收剂研究进展 [J]. 功能材料，2024，55 (12): 12001-12017.

[45] 高苏微，葛贝贝，朱书月，等．MXene/导电聚合物复合介质对电磁吸收的研究进展 [J]. 化工新型材料，2024，52 (1): 1-6.

[46] Li X L, Yin X W, Han M K, et al. Controllable heterogeneous structure and electromagnetic wave absorption properties of Ti_2CT_x MXene [J]. Journal of Materials Chemistry C, 2017, 5 (30): 7621-7628.

[47] Ning M Q, Lu M M, Li J B, et al. Two-dimensional nanosheets of MoS_2: a promising material with high dielectric properties and microwave absorption performances [J]. Nanoscale, 2015, 7 (38): 15734-15740.

[48] Liang X H, Zhang X M, Liu W, et al. A simple hydrothermal process to grow MoS_2 nanosheets with excellent dielectric loss and microwave absorption performance [J]. Journal of Materials Chemistry C, 2016, 4 (28): 6816-6821.

[49] Zhou M, Zhang X, Wei J M, et al. Morphology-controlled synthesis and novel microwave absorption properties of hollow urchinlike R-MnO_2 nanostructures [J]. Journal of Physical Chemistry C, 2011, 115: 1398-1402.

[50] 陈明洁，张汉昌，关志荣．化学共沉淀法制备 Fe_3O_4 纳米颗粒的结构和磁性能研究 [J]. 材料导报，2008，22 (12): 94-96.

[51] Petcharoen K, Sirivat A. Synthesis and characterization of magnetite nanoparticles via the chemical coprecipitation method [J]. Materials Science and Engineering: B, 2012, 177 (5): 421-427.

[52] Lei Y M, Yao Z J, Li S Z, et al. Broadband high-performance electromagnetic wave absorption of Co-doped NiZn ferrite/polyaniline on MXenes [J]. Ceramics International, 2020, 46 (8): 10006-10015.

[53] Phor L, Kumar V. Structural, magnetic and dielectric properties of lanthanum substituted $Mn_{0.5}Zn_{0.5}Fe_2O_4$ [J]. Ceramics International, 2019, 45 (17): 22972-22980.

[54] Xie X B, Wang B L, Wang Y K, et al. Spinel structured MFe_2O_4 (M=Fe, Co, Ni, Mn, Zn) and their composites for microwave absorption: A review [J]. Chemical Engineering Journal, 2022, 428: 131160.

[55] Dolcet P, Diodati S, Zorzi F, et al. Very fast crystallisation of MFe_2O_4 spinel ferrites (M=Co, Mn, Ni, Zn) under low temperature hydro-thermal conditions: a time-resolved structural investigation [J]. Green Chemistry, 2018, 20 (10): 2257-2268.

[56] 车仁超，李永清，陈朝辉，等．钴铁氧体微粉的化学法制备工艺及其吸波性能［J］．宇航材料工艺，1999，(6)：46-48.

[57] 黄丽群．化学共沉淀法制备陶瓷色料研究进展［J］．中国陶瓷工业，2011，18 (2)：27-32.

[58] 刘浩飞，代建清．化学共沉淀法制备单相 $BiFeO_3$ 粉体及其高密度单相陶瓷块材的物理性能［J］．人工晶体学报，2015，44 (3)：692-698.

[59] 杨晓荣，董广志，靳亚明，等．化学共沉淀法制备钆镓铝基陶瓷粉体的研究进展［J］．铸造技术，2023，44 (10)：889-898.

[60] Tran N, Lee M Y, Jeong W H, et al. Thickness independent microwave absorption performance of La-doped $BaFe_{12}O_{19}$ and polyaniline composites [J]. Journal of Magnetism and Magnetic Materials, 2021, 538: 168299.

[61] Li N, Huang G W, Li Y Q, et al. Enhanced microwave absorption performance of coated carbon nanotubes by optimizing the Fe_3O_4 nanocoating structure [J]. ACS Applied Materials & Interfaces, 2017, 9: 2973-2983.

[62] Liu P, Yao Z, Ng V M H, et al. Facile synthesis of ultrasmal Fe_3O_4 nanoparticles on MXenes for high microwave absorption performance [J]. Composites Part A: Applied Science and Manufacturing, 2018, 115: 371-382.

[63] Zhong B, Sai T, Xia L, et al. High-efficient production of SiC/SiO_2 core-shell nanowires for effective microwave absorption [J]. Materials & Design, 2017, 121, 185-193.

[64] Qi X S, Xu J L, Hu Q, et al. Preparation, electromagnetic and enhanced microwave absorption properties of Fe nanoparticles encapsulated in carbon nanotubes [J]. Materials Science and Engineering: B, 2015, 198: 108-112.

[65] Li X H, Kang K S. Synthesis of monolayer-patched graphene from glucose [J]. Angewandte Chemie International Edition. 2012, 51 (38): 9689-9692.

[66] Liu Y Y, Deng Y F, Xie A M, et al. Biomass-based carbon materials derived from shorea malaccensis var. abbreviates bock with efficient microwave absorption performance [J]. Journal of Materials Science: Materials in Electronics, 2021, 32: 26202-26212.

[67] Gong X B, Liu Q L, Zhao W, et al. Almond C/Fe_xO_y composite material based on biomass porous carbon structure with high-efficiency microwave absorbing properties [J]. Journal of Materials Science: Materials in Electronics, 2022, 33: 13166-13179.

[68] Yin Y, Liu X, Wei X, et al. Porous CNTs/Co composite derived from zeolitic imidazolate framework: a lightweight, ultrathin, and highly efficient electromagnetic wave absorber [J]. ACS Applied Materials & Interfaces, 2016, 8 (50): 12504-12513.

[69] Li J, Zhang J, Peng Y, et al. Unique magnetic properties and magnetization reversal process of Co_3O_4/RGO/MDCF [J]. Nanoscale, 2012, 4 (13): 3932-3936.

[70] 焦鹏铮．炭/铁钴磁性金属复合吸波剂的构筑［D］．哈尔滨：哈尔滨工业大学，2020.

[71] Shu R W, Zhang J B, Guo C L, et al. Facile synthesis of nitrogen-doped reduced graphene oxide/nickel-zinc ferrite composites as high-performance microwave absorbers in the X-band [J]. Chemical Engineering Journal, 2020, 384: 123266.

[72] Qin M, Zang L, Wu H, et al. Dual-template hydrothermal synthesis of multi-channel porous $NiCo_2O_4$ hollow spheres as high-performance electromagnetic wave absorber [J]. Applied Surface Science, 2020, 515: 146132.

[73] Wu Y H, Peng K, Man Z, et al. A hierarchically three-dimensional CoNi/N-doped porous carbon nanosheets with high performance of electromagnetic wave absorption [J]. Carbon, 2022, 188: 503-512.

[74] Li W, Guo F, Wei X, et al. Preparation of Ni/C porous fibers derived from jute fibers for high-performance microwave absorption [J]. RSC Advances, 2020, 10, 36644-36653.

[75] Yin P, Zhang L, Wang J, et al. Low frequency microwave absorption property of CIPs/ZnO/Graphene ternary hybrid prepared via facile high-energy ball milling [J]. Powder Technology, 2019, 356: 325-334.

[76] Singh S, Kumar A, Singh D, et al. Enhanced microwave absorption performance of SWCNT/SiC composites [J]. Journal of Electronic Materials, 2020, 49: 7279-7291.

[77] Huang W B, Tong Z Y, Wang R Z, et al. A review on electrospining nanofibers in the field of microwave absorption [J]. Ceramic International, 2020, 46 (17): 26441-26453.

[78] Huo Y S, Zhao K, Xu Z L, et al. Electrospinning synthesis of SiC/Carbon hybrid nanofibers with satisfactory electromagnetic wave absorption performance [J]. Journal of Alloys and Compounds, 2020, 815: 152458.

[79] Zhang Z, Zhao Y, Li Z, et al. Synthesis of carbon/SiO_2 core-sheath nanofibers with Co-Fe nanoparticles embedded in via electrospinning for high-performance microwave absorption [J]. Advanced Composites and Hybrid Materials, 2022, 5 (1): 513-524.

第3章

负载Fe_3O_4/Fe粉煤灰基复合材料

3.1 引言

随着电子信息技术的迅速发展，电子设备产生的电磁干扰和辐射对生态系统的破坏越来越严重。为了有效防护电磁波污染，科研工作者对微波吸收材料和电磁屏蔽材料的设计和制备进行了大量的理论和实验研究，以满足吸收能力强、频带宽、厚度薄和重量轻的要求。通常，根据电磁波损耗机理，微波吸收剂可分为介电损耗型[1-3]和磁损耗型[4-7]两大类。然而，单一的介电或磁性组分总是面临阻抗失配或密度大的缺点，造成材料的吸波频段较窄，很难达到目前吸波材料的要求，限制了其实际应用。因此，将密度大的磁损耗材料负载到轻质介电损耗材料上，制备得到一种新型复合材料，不仅能降低材料本身的密度，而且能平衡二者的损耗能力，从而改善材料的阻抗匹配[8-10]。此外，大量的研究已证实 Fe 和 Fe_3O_4 作为典型的磁损耗型吸波材料，具有较高的 Snoek's 极限、饱和磁化强度、相对复磁导率及兼容的介电损耗能力等优点[11,12]。基于此，将磁性组分 Fe、Fe_3O_4 与碳材料有效的复合，进而获得吸波性能优异的轻质吸波材料。例如：Zeng 等人[13]通过沉淀法和化学气相沉积法合成了三维互连的 Fe@GC，揭示了 Fe 核与石墨碳壳的协同效应在增强介电损耗方面起着重要作用；重庆大学余淼等[14]通过原位还原反应在碳纤维表面生长 Fe 纳米薄片，制备得到 Fe@CF 复合材料，其具有协同损耗机理和可调节的电磁性能；吴广磊等[15]借助逐层自组装法用无定形碳和 Fe_xO_y 装饰磁性多壁碳纳米管，制备得到 MWCNTs@C@Fe_xO_y 复合材料，实验发现，利用绝缘的石墨化无定形碳层来阻止 Fe 层和碳纳米管之间的直接接触，抑制了反向辐射以及涡流效应，极大地改善了介电损耗能力，制备得到频带宽、厚度薄和质量轻的吸波材料；云南大学王毓德课题组[16]以氯化钠为模板，通过热分解法合成分层的花状结构 Fe_3O_4/Fe/C 复合材料，Fe/Fe_3O_4 的引入提高了材料的介电损耗能力以及阻抗匹配特性，赋予材料优异的吸波性能；北京航空航天大学于荣海课题组[17]利用一种简单的溶剂热法将 Fe_3O_4 多孔球锚定在碳纳米管上，制备得到三维网格的 Fe_3O_4/CNTs 复合材料，进而增强复合材料的微波吸收性能。

与此同时，在追求吸波性能的前提下，低成本和简单的工艺流程也是实际生产应用过程中至关重要的影响因素。上述制备得到的碳基吸波材料均表现出优异的性能，但碳基材料的制备成本相对较高，且复杂的工艺流程制约了材料的规模化生产。在此背景下，我们致力于寻找一种廉价的原材料来取代价格高昂的碳材料。粉煤灰作为大宗工业固体废物，尽管带来了一系列的环境污染问题，但它仍然被认为是一种有价值的原材料。粉煤灰本身具有独特的微观形貌、理化特性、低密度、高比表面积，使其成为一种潜在的天然吸收体。在此基础上，科研工作者进行了大量的实验和理论研究，提取粉煤灰漂珠作为吸波材料基体，制备得到性能优异的微波吸收材料[18-20]。尽管漂珠基吸波材料具有低密度、强吸收和宽频带等优异特性，但相比于纯粉煤灰，漂珠的获取需要复杂的预处理工艺流程，包括分离、提纯、表面改性等。此外，漂珠在粉煤灰中的含量很低，约占其总量的 5%，因此残余的粉煤灰仍然得不到有效的利用，这将直接导致二次污染并增加成本，并没有实现粉煤灰的有效回收。因此，我们尝试利用纯粉煤灰作为原材料来直接制备微波吸收材料，这不仅实现了粉煤灰的有效利用，而且能够解决电磁波污染问题。

本章主要介绍以粉煤灰为原料，通过成球工艺和焙烧工艺制备具有孔结构的陶瓷基体，并采用传统的湿化学浸渍法将硝酸铁水溶液引入到陶瓷基体内部，最后经烘干及氩气气氛下控制烧结温度制备得到负载 Fe/Fe_3O_4 的陶瓷复合吸波材料（FeFA）。此外，借助各种表征手段对复合材料的物相组成、微观结构、电磁特性及吸波性能进行表征分析，进而优化材料的微波吸收特性。

3.2 负载 Fe_3O_4/Fe 粉煤灰基复合材料的制备

（1）粉煤灰的预处理

为了提高粉煤灰表面的活性和分散性，在制备陶瓷基体前需对粉煤灰进行酸洗处理，以去除粉煤灰表面的杂质。具体操作流程如下：

首先配制质量分数为 10% 的硝酸溶液，随后在搅拌过程中逐步加入粉煤灰至充分混合均匀，并持续在 50℃的水浴条件下搅拌 12h；然后借助循环水式真空泵对粉煤灰和硝酸混合液进行抽滤，期间用蒸馏水和乙醇溶液反复冲洗直至溶液为中性；最后将酸洗处理后的粉煤灰湿粉置于烘箱中干燥备用。

(2) 陶瓷基体的制备

将质量比为 6∶1 的粉煤灰和可溶性淀粉依次加入强力混合机中，转速调至低档，使二者混合均匀。然后调高转速，并通过注水口逐渐加入 PVA 水溶液，混合物在黏结剂和离心力的作用下，逐渐团聚成球。在此期间，需多次利用长勺取出混合试样来观察生坯的成型情况，随着转动时间的增加，逐渐出现大量球形生坯，则调至低速，直至转动形成符合尺寸要求且具有一定强度的陶瓷生坯。随后，将形成的陶瓷生坯置于 (75±5)℃条件下的烘箱中，经 2h 干燥处理，得到半成品陶瓷坯体。然后，取一定量的半成品样置于瓷舟中，放在箱式烧结炉中进行热处理，通过调控烧结制度（温度为 700℃、升温速率为 5℃/min 以及保温时间为 2h），进而完成对生料球的烧结，待炉内温度自然冷却至室温，则制备得到陶瓷基体。

(3) 前驱体溶液的配制

用电子天平称量质量比为 1∶10 的可溶性淀粉和 $Fe(NO_3)_3 \cdot 9H_2O$，依次加入 100mL 蒸馏水中，持续搅拌直至溶质完全溶解，分别配制 Fe^{3+} 浓度为 0.5mol/L、1.0mol/L 和 1.5mol/L 的前驱体溶液。

(4) Fe/Fe_3O_4 负载陶瓷复合材料的制备

取一定量的陶瓷基体放入配制好的浓度为 1.0mol/L 的硝酸铁前驱体溶液中，持续搅拌 6h，使得 Fe^{3+} 充分进入陶瓷基体表面和内部孔隙。接着采用过滤分离前驱体溶液和陶瓷基体，并将过滤后的陶瓷基体置于 75℃的烘箱中进行干燥处理。最后把烘干后的陶瓷复合物置于刚玉瓷舟中，在氩气气氛下的管式炉中进行烧结，保持升温速率为 5℃/min，保温时间依旧为 2h，进而通过调控烧结温度（300℃、400℃、500℃、600℃、700℃、800℃和 900℃）制备得到不同温度下的复合材料，为了便于下文描述，特以不同烧结温度对复合材料试样分别命名为：FeFA300、FeFA400、FeFA500、FeFA600、FeFA700、FeFA800 和 FeFA900。图 3.1 为复合材料 FeFA 负载工艺示意图。

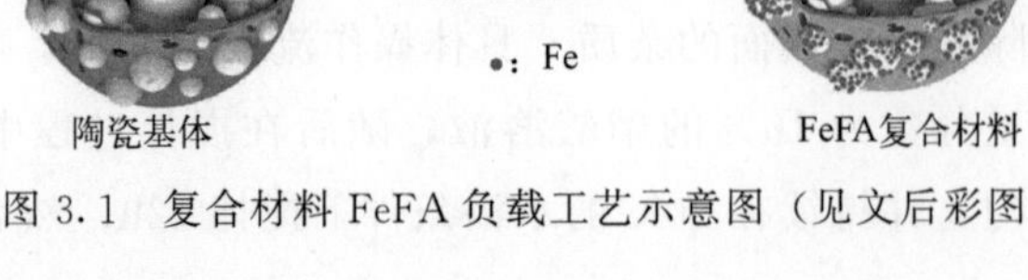

图 3.1 复合材料 FeFA 负载工艺示意图（见文后彩图）

3.3 不同煅烧温度下 FeFA 物相及形貌演变

3.3.1 粉煤灰预处理前后的物相和形貌表征

为了对比酸洗前后粉煤灰的微观形貌变化，可利用扫描电子显微镜（SEM）进行分析。图 3.2 为粉煤灰酸洗前后的 SEM 照片。可以看到酸洗前粉煤灰内部存在明显的团聚现象，且表面存在大量的杂质，经过酸洗处理后，粉煤灰表面变得光滑，微珠和不规则玻璃块体整体呈现明显的分散状态。

图 3.2 粉煤灰酸洗前后扫描电镜图像

（a）酸洗前；（b）酸洗后

图 3.3 为粉煤灰酸洗前后的 XRD 图谱，从图中可以看出，粉煤灰物相组成主要为莫来石、氧化铝和二氧化硅。同时，通过对比发现，酸洗处理前后粉煤灰主要物相的衍射峰几乎没有发生变化，这说明酸洗仅能有效去除粉煤灰表

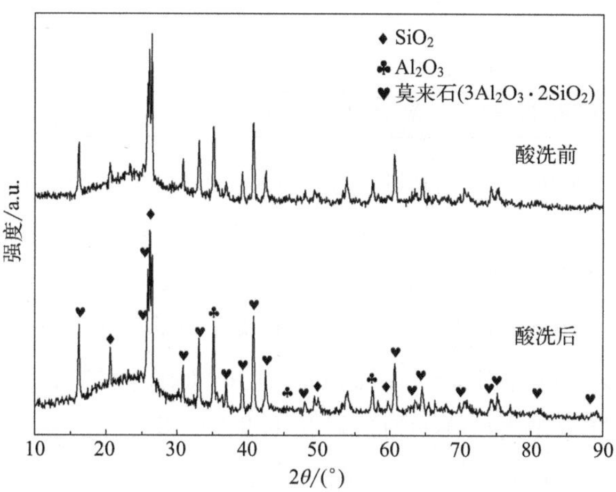

图 3.3 粉煤灰酸洗前后 XRD 图谱

面的杂质以及提高分散性，并不会造成粉煤灰物相组成的改变。

3.3.2 不同煅烧温度下 FeFA 的物相演变

为了观察分析复合材料中负载物的物相演变规律，利用 X 射线衍射技术测试试样各温度下的物相组成，不同煅烧温度下负载物的物相组成列于表 3.1。考虑到低温阶段（<300℃）FeFA 的非晶特性，因此选择 300℃作为起始温度点，进而分析研究 300～900℃下的物相演变规律。如图 3.4 所示，煅烧温度达到 300℃，位于 $2\theta=33.2°$、35.6°、49.5°、54.1°、62.5°和 63.9°处的衍射峰对应于 Fe_2O_3（JCPDS No. 33-0664）的（104）、（110）、（024）、（116）、（214）和（300）晶面。而 $2\theta=26.5°$处存在宽的特征峰则推测为无定形碳的特征峰。因此，可以推测出低温阶段主要为 $Fe(NO_3)_3 \cdot 9H_2O$ 和淀粉的热分解[21,22]，二者对应的反应式可表示为：

$$4Fe(NO_3)_3 \cdot 9H_2O \longrightarrow 2Fe_2O_3 + 12NO_2\uparrow + 36H_2O\uparrow + 3O_2\uparrow \tag{3.1}$$

$$(C_6H_{12}O_6)_n \longrightarrow C + H_2O\uparrow + \text{含 C 气体} \tag{3.2}$$

表 3.1 不同煅烧温度下 FeFA 的负载物晶相组成、密度及石墨化程度 *R*

煅烧温度/℃	物相组成	体密度/(g/cm³)	石墨化程度 *R*
300	Fe_2O_3、C	1.72	0.14
400	Fe_3O_4、C	1.69	0.21
500	Fe_3O_4、C	1.75	0.25
600	Fe_3O_4、C	1.83	0.27
700	Fe_3O_4、C	1.70	0.47
800	Fe、Fe_2SiO_4、C	1.85	0.51
900	Fe、Fe_2SiO_4、$FeAl_2O_4$、FeC、C	1.90	0.62

当温度升高到 400℃，可以观察到 Fe_2O_3 的特征峰已经完全消失，而对应于 Fe_3O_4（JCPDS No. 19-0629）的 5 个特征峰（$2\theta=30.1°$、35.4°、43.1°、56.9°和 62.5°）开始出现，根据标准 PDF 卡片对比分析，5 个特征峰刚好对应于晶相 Fe_3O_4（JCPDS No. 19-0629），这充分说明 Fe_2O_3 被还原为 Fe_3O_4，初步的碳热还原反应已经开始[23]。此外，通过 XRD 图谱可以发现，在 400～700℃热处理温度范围内试样的衍射峰几乎没有发生变化，仅观察到 Fe_3O_4 衍射峰更加尖锐，这可归因于 Fe_3O_4 晶粒的逐渐长大。

$$3Fe_2O_3 + C \longrightarrow 2Fe_3O_4 + CO\uparrow \tag{3.3}$$

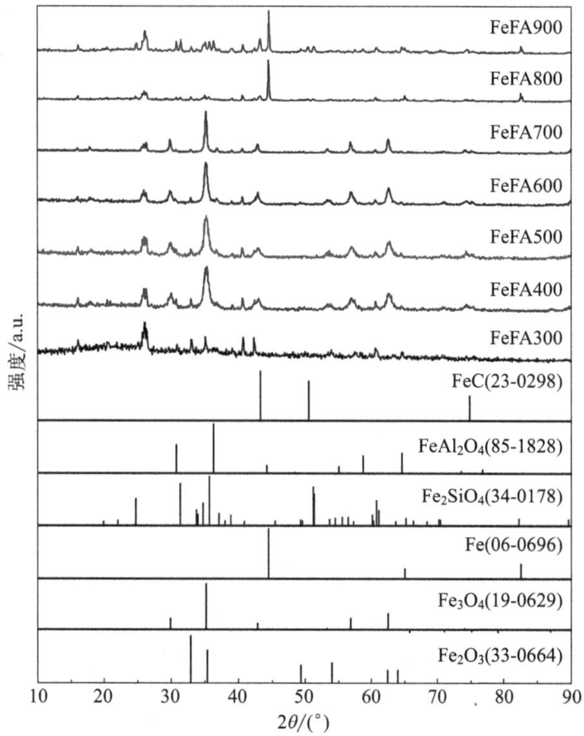

图 3.4　复合材料 FeFA 在不同温度下的 XRD 图谱

随着煅烧温度的进一步升高，伴随发生深度的碳热还原反应。对于试样 FeFA800，Fe_3O_4 的衍射峰已经完全消失，与此同时，在 $2\theta=44.7°$、65.0°和 82.3°位置处有新的特征峰开始出现，这刚好对应于体心立方 Fe（JCPDS No. 06-0696）的（110）、（200）和（211）三个晶面，即 Fe_3O_4 被完全还原为 Fe，碳热还原反应彻底完成。除此之外，还可以观察到新的衍射峰出现，根据标准 PDF 卡片（JCPDS No. 34-0178），这正好对应于物相 Fe_2SiO_4，说明负载组分开始和基体发生反应，还原产物 FeO 在高温条件的驱动下迅速与基体 SiO_2 发生反应而被消耗掉，相关反应如下[24]：

$$Fe_3O_4+4C \longrightarrow 3Fe+4CO\uparrow \tag{3.4}$$

$$Fe_3O_4+CO \longrightarrow 3FeO+CO_2\uparrow \tag{3.5}$$

$$2FeO+SiO_2 \longrightarrow Fe_2SiO_4 \tag{3.6}$$

当温度进一步升高到 900℃，可以明显看出，Fe 和 Fe_2SiO_4 的衍射峰值增强且衍射峰更加尖锐，这归因于 Fe 和 Fe_2SiO_4 晶体颗粒的生长。通过对比标准 PDF 卡片发现，在 $2\theta=31.0°$、36.5°、58.8°和 64.6°处出现的新衍射峰，对应于物相 $FeAl_2O_4$，而在 $2\theta=43.5°$、50.7°和 74.7°处出现的衍射峰则与

FeC 的特征峰位一致。根据先前报道可知[25]，物相 $FeAl_2O_4$ 和 FeC 的生成，是由于体系中 FeO 和 Fe 在高温驱动下进一步与基体 Al_2O_3 和剩余的碳反应得到，推测的反应如下：

$$FeO+Al_2O_3 \longrightarrow FeAl_2O_4 \tag{3.7}$$

$$Fe+C \longrightarrow FeC \tag{3.8}$$

根据 XRD 结果分析可知，材料的整个煅烧过程存在大量复杂的化学反应，并产生了多个物相。然而，XRD 测试并不能系统的评估试样的热稳定性能，因此，需要借助热重-差示扫描量热仪（TG-DSC）精确测试材料在各个反应阶段的热量变化以及质量损失，进而来反映物相的演变过程。图 3.5 为 FeFA 的 TG、DSC 曲线图。从图中可以看到，FeFA 的质量损失主要发生在 70～700℃的温度范围内，而在 700～900℃温度范围内材料几乎没有质量损失。对于 DSC 曲线，在 110℃处存在明显的吸热谷，这归因于低温阶段粉煤灰和淀粉中结晶水和自由水的脱除和蒸发，相应的失重约为 11.6%。在 160～360℃范围内观察到一个明显的吸热谷，这可以归因于硝酸铁和淀粉的热分解[式(3.1) 和式(3.2)]，分解反应释放大量的气体，造成试样明显的质量损失，对应于最大失重为 11.8%。此外，还可以观察到，在 400℃附近有一个放热峰，意味着初步的碳热还原反应发生，分解产物 Fe_2O_3 被还原为 Fe_3O_4，对应的反应为式(3.3)。此后，在 700～900℃范围内，试样没有明显的质量损失，但仍伴随发生一系列的放热反应，对应于 Fe_3O_4 进一步还原为 Fe，中间产物 FeO 与基体反应生成了 Fe_2SiO_4 和 $FeAl_2O_4$，以及铁碳化合物的生成反应，这正好与上述 XRD 结果相吻合。

结合 XRD 和 TG、DSC 结果可知，试样 FeFA400 的负载物组成为 Fe_3O_4。然而，物相 γ-Fe_2O_3 和 Fe_3O_4 在 XRD 图谱中的衍射峰位置几乎重

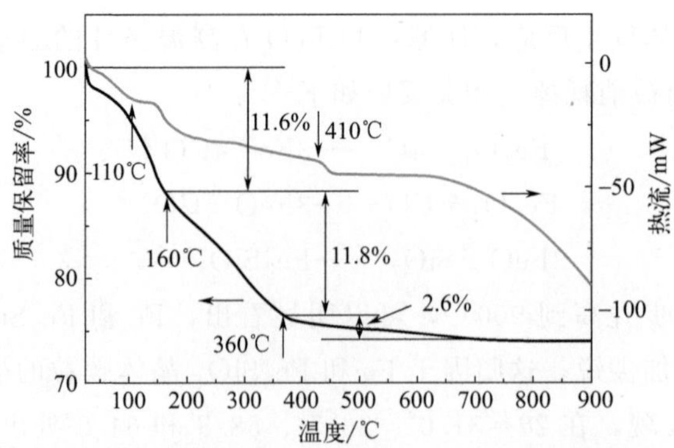

图 3.5　复合材料 FeFA 的 TG、DSC 曲线图

合，为了进一步证实试样 FeFA400 中负载物的物相组成，则采用 X 射线光电子能谱（XPS）分析材料的元素组成和化学价态。试样 FeFA400 的全谱图如图 3.6(a) 所示，证实 FeFA400 中存在 Fe、Si、Al、O 和 C 元素。图 3.6(b) 为试样 FeFA400 中 Fe 元素的 XPS 高分辨图谱，可以看出结合能为 710.60eV 和 724.10eV 的两个尖锐峰分别对应于 Fe $2p_{3/2}$ 和 Fe $2p_{1/2}$ 峰[26,27]。根据相关文献报道[28]，由于结合能为 719.00eV 处的卫星峰不存在，则证实试样中负载物组成为 Fe_3O_4 而不是 γ-Fe_2O_3。此外，图 3.6(c) 为 FeFA400 的 C 1s 高分辨图谱，其中碳的出现可归因于淀粉的热分解，C 1s 拟合得到三个峰的结合能分别为 284.80eV、286.05eV 和 288.55eV，分别对应于 C—C/C═C、C—O—C 和 O—C═O 键[29]。图 3.6 (d) 为 O 1s 的高分辨图谱，在结合能为 530.01eV、531.68eV 和 532.90eV 处的峰对应于 Fe—O、Al—O 和 Si—O 键[30]。与此同时，Si 2p 和 Al 2p 分别在结合能 103.80eV 和 74.50eV 处的峰归属于 Si—O 键和 Al—O 键，即证实在复合材料中存在物相 SiO_2 和 Al_2O_3。

此外，观察上述 XRD 图谱可以看到，位于 $2\theta=26.5°$ 的特征峰存在于反应的每个阶段。根据标准 PDF 卡片分析，该衍射峰对应于碳的特征峰和石英

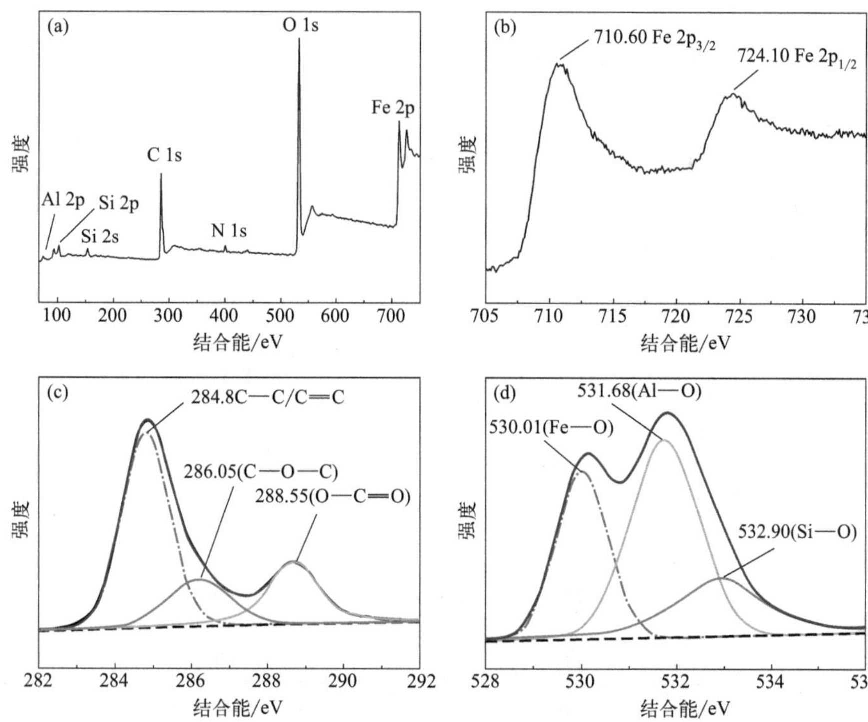

图 3.6　FeFA400 的 XPS 光谱

(a) 全谱图；(b) Fe 2p；(c) C 1s；(d) O 1s

的特征峰，为了进一步区分该特征峰所标定的物相，需要进一步利用拉曼光谱进行鉴定。如图 3.7 所示，在 500～2500cm^{-1} 的测试范围内存在两个明显的宽峰，即位于 1350cm^{-1} 处的 D 带和 1580cm^{-1} 处的 G 带。通常，D 带对应于 A_{1g} 对称模式，与布里渊区边界附近由于选择定则不再适用而被激活的声子的振动相关，而 G 带则对应于 E_{2g} 对称中心模式，归因于 sp^2 键的拉伸振动，它是由所有 sp^2 位点产生的。通常，碳的特征谱带则由 D 带和 G 带共同组成[31]。因此，图 3.7 证实试样中存在一定石墨化程度的碳，相应的 XRD 图谱中 $2\theta=26.5°$处的衍射峰归属于碳的（002）晶面。众所周知，D 带和 G 带的强度比可以用来描述碳的石墨化程度，通常用 $R=I_D/I_G$ 来表示，R 值的变化直接反映了碳的石墨化程度[32]。为了进一步精确解释 D 带和 G 带变化对碳的状态影响，有学者提出“三步模型”理论[33]，即依据 G 带位置和二者相对强度比（R）的变化，依次将碳转化过程分为三步：步骤一为石墨碳转化为纳米晶石墨碳，相应的 R 值迅速增加；步骤二为纳米晶石墨转化为无定形碳，相应的 R 值快速减小；步骤三为无定形碳转化为四面体无定形碳（金刚石），R 值逐渐减小为 0。如图 3.7 所示，计算得出不同烧结温度下（300～900℃）试样 R 值的变化范围为 0.14～0.62，其值随烧结温度的升高而增加，相应的 R 值列于表 3.1。结合本研究中碳来源于淀粉的热分解作用，因此碳的起始状态可以推测为无定形碳，即试样中碳转化过程对应于“三步模型”中的无定形

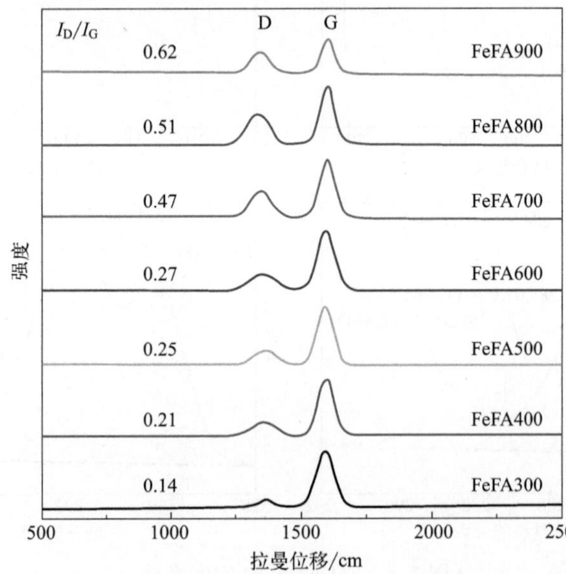

图 3.7　FeFA 复合物的典型拉曼光谱图

碳转化为纳米晶石墨。具体来说，这主要源于非晶原位纳米晶化，使得材料中出现了庞大体积分数的界面（晶粒间界面或无定形相与晶粒间的界面），在这些界面处及纳米晶粒的内部，光谱选择定则不再起作用，A_{1g} 模式被激活，即说明碳石墨化程度随煅烧温度的升高而提高[34]。

3.3.3 不同煅烧温度下 FeFA 的微观结构

为了观察系列 FeFA 复合材料的微观形貌和结构，选取试样 FeFA500、FeFA800 和 FeFA900 作为代表性试样，研究复合材料 FeFA 微观结构的演变规律。如图 3.8 所示，经过 Fe^{3+} 的浸渍和一系列热处理后，试样 FeFA 的微观形貌呈现不同的尺寸和分布。对于试样 FeFA500［见图 3.8(a_1) 和 (a_2)］而言，基体上分散着一层絮状物，结合上述 XRD 结果，这归因于初步的碳热还原反应产生的无定形 Fe_3O_4。此后，随着煅烧温度升高到 800～900℃，絮状的 Fe_3O_4 完全消失，大量的 Fe 颗粒嵌入在粉煤灰基体表面，这主要是由于较高温度下的深度碳热还原导致的。在此过程中，Fe_3O_4 进一步还原为 Fe 单质，这些 Fe 颗粒嵌入基体的表面并与基体牢固地结合在一起，进而促进 FeFA 复合材料内有效界面的形成。同时还可以观察到，随着煅烧温度的升高，嵌入基体的 Fe 颗粒尺寸也在逐渐长大。

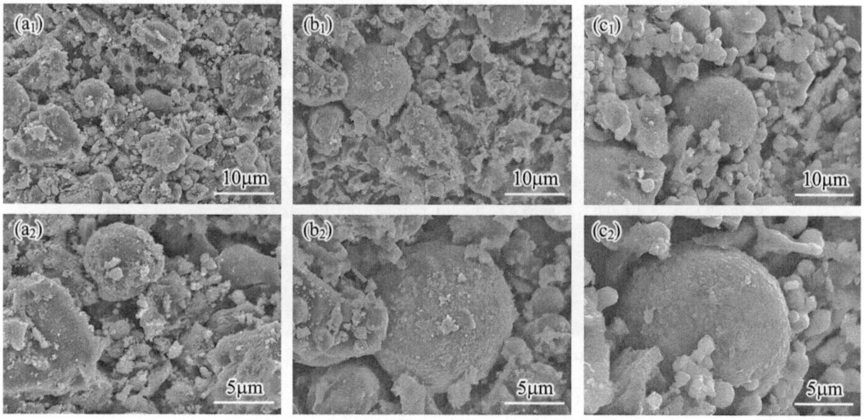

图 3.8 试样 FeFA 的扫描电镜照片

(a_1) FeFA500；(b_1) FeFA800；(c_1) FeFA900；(a_2)、(b_2) 和 (c_2) 分别为相应的放大图

图 3.9 为试样 FeFA800 基体内部的微观形貌，可以看出，基体内部存在大量的蜂窝状孔隙，负载物 Fe 颗粒均匀地分散于孔隙内部［见图 3.9(a)］。同时，图 3.9(b) 为基体切开的横截面，观察到大量的贯通孔隙存在于基体内

部。结合图 3.2 中所示的中空微球，共同构成了粉煤灰独特的微观形貌。

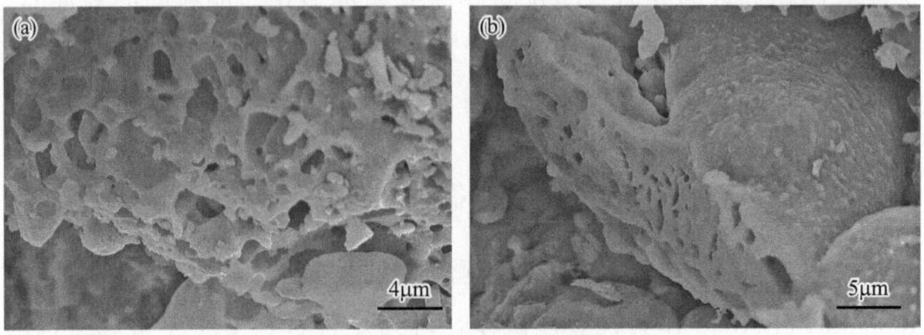

图 3.9　试样 FeFA800 中的蜂窝孔（a）和截面（b）的 SEM 照片

为了进一步确认 Fe 颗粒分散在基体表面，试样 FeFA800 的 EDS 元素 mapping 照片如图 3.10 所示。可以看出，元素 Si、Al 和 O 具有相似的元素分布，这归因于基体的主要化学组分。对于 Fe 元素而言，其均匀地分布于基体表面，这也进一步验证 Fe 颗粒确实负载于基体表面，与上述 SEM 结果恰好相吻合。

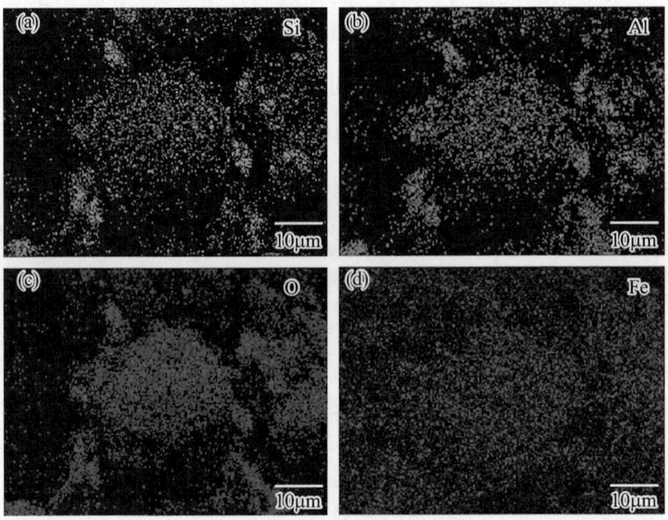

图 3.10　试样 FeFA800 的元素 mapping 照片（见文后彩图）

(a) Si；(b) Al；(c) O；(d) Fe

3.4　FeFA 的静态磁性能

为了研究不同煅烧温度下试样的静态磁性能，采用振动样品磁强计（VSM）测试得到室温下试样 FeFA500、FeFA800 和 FeFA900 的磁滞回线。

如图 3.11 所示，三个代表性试样呈现出典型的铁磁特性[35,36]。对比分析发现，随煅烧温度的升高，试样的饱和磁化强度（M_s）和相应的矫顽力（H_c）先升高后降低，前者的值分别达到 26.56emu/g、29.63emu/g 和 27.08emu/g，后者的值分别为 50Oe、151Oe 和 37Oe，试样的磁性能则归因于基体中物相 Fe_3O_4 和 Fe。此外，根据先前报道[37]，块体 Fe_3O_4 和 Fe 的 M_s 值分别约为 92emu/g 和 220emu/g，相比之下，三个代表性试样较低的 M_s 主要是由于基体的存在造成的。对于 H_c 而言，其变化主要归因于负载物化学组分和晶粒尺寸大小的差异[38]。

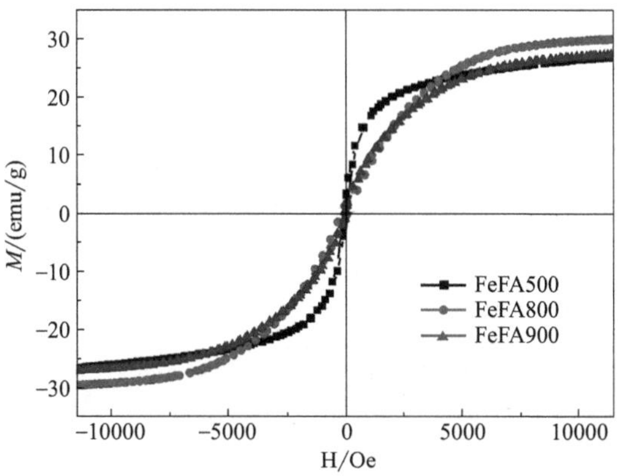

图 3.11　代表性试样 FeFA500、FeFA800 和 FeFA900 在室温下的磁滞回线（见文后彩图）

3.5　FeFA 复合材料的微波吸收性能评价及机理探讨

3.5.1　FeFA 复合材料的微波吸收性能评价

众所周知，微波吸收性能通常通过 RL 值来进行评价，即当 RL 值低于−10dB 时，吸收剂可以达到 90%以上的吸波效率，基于此，我们把低于−10dB 的频段定义为有效吸收带宽[39]。通过矢量网络分析仪（VNA）测定不同频率下试样的相对复介电常数（ε_r）和磁导率（μ_r），进而通过式(1.1)和式(1.2)计算得到 FeFA 复合材料的 RL 值。此外，根据不同热处理阶段物相组成的差异，我们选择试样 FeFA500、FeFA800 和 FeFA900 作为研究对象来进行微波吸收性能的探讨，并固定涂层厚度在 1.0～4.0mm 范围之间，则三个代表性试样在不同涂层厚度下的 RL 值变化曲线如图 3.12 所示。

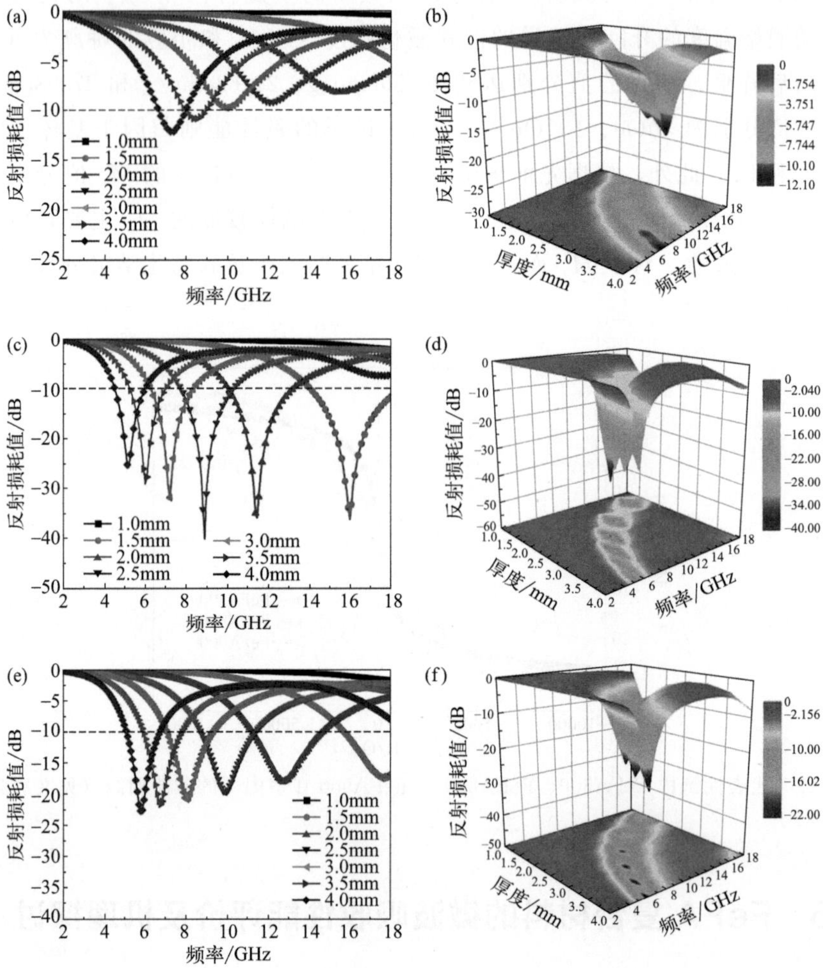

图 3.12　试样在不同涂层厚度下的 RL 曲线图以及相应的三维图（见文后彩图）

(a)(b) FeFA500；(c)(d) FeFA800；(e)(f) FeFA900

从图 3.12 可以看出，伴随着涂层厚度的增加，试样的 RL_{min} 峰位均向较低频率处转移，这一现象恰好符合四分之一波长理论模型[40,41]，相关公式如下：

$$t_m = n\lambda_0/4(|\varepsilon_r||\mu_r|)^{1/2} = nc/4f_m(|\varepsilon_r||\mu_r|)^{1/2} \quad (n=1,3,5,\cdots) \tag{3.9}$$

式中，λ_0 和 c 分别为自由空间波长以及光的速度。由上式可知，在实际应用过程中，根据电磁波的频率范围，可以合理调节吸收材料的涂层厚度，进而可以完成对特定频段入射电磁波的吸收，类似的现象在之前的文献中也有报道[42-44]。如图 3.12(a) 和 (b) 所示，试样 FeFA500 呈现较差的微波吸收性能，仅当涂层厚度为 3.5mm 和 4.0mm 时，对应的 RL_{min} 低于 −10dB，分别在 7.36GHz 和 8.21GHz 频率处存在最低反射损耗峰，相应的 RL_{min} 值为 −10.9dB 和 −12.1dB。其余涂层厚度下的 RL_{min} 均高于 −10dB，则不具有实际的应用价值。相比之下，观察图 3.12(c) 和 (d) 可以看出，试样 FeFA800 的微波吸收性能显著提高，在 8.9GHz 频率下的 RL_{min} 值高达 −40.5dB，且相应的涂层厚度仅为 2.5mm。当进一步调整涂层厚度为 1.5mm，材料的有效吸收带宽更是达到 4.1GHz(13.9～18GHz)。图 3.12(e) 和 (f) 为试样 FeFA900 的反射损耗曲线，与试样 FeFA800 吸波特性相似，大于 1mm 涂层厚度的 RL_{min} 值均超过 −10dB，然而整体的微波吸收性能相比于 FeFA800 明显减弱，当涂层厚度为 4mm 时，RL_{min} 值为 −22.5dB，调节厚度至 2mm，最大有效吸收带宽仅为 3.4GHz。综上所述，FeFA800 具有最佳的微波吸收性能。

为了进一步阐述试样 FeFA500、FeFA800 和 FeFA900 的吸波性能的差异，复合材料的衰减常数 α 通过式(1.3) 计算得到，用来评价其本征衰减能力[45,46]。如图 3.13 所示，在整个测试频率范围内，FeFA800 的 α 值明显高于其他试样，表现出较强的衰减能力，从而有利于提高微波吸收性能，这与上述结果恰好一致。与其他相关 Fe/C 吸波材料相比较，较强的吸收能力、较宽的频带、较薄的涂层厚度以及较低的成本，使其在电磁波吸收领域具有明显的竞争优势，具体的微波吸收性能参数列于表 3.2。因此，在确保材料具有优异吸波性能的前提下，利用固体废物粉煤灰作为原材料来制备微波吸收材料，符合“变废为宝，以废治污”的生态文明发展理念，对推动我国实现碳达峰、碳中和具有重要意义。

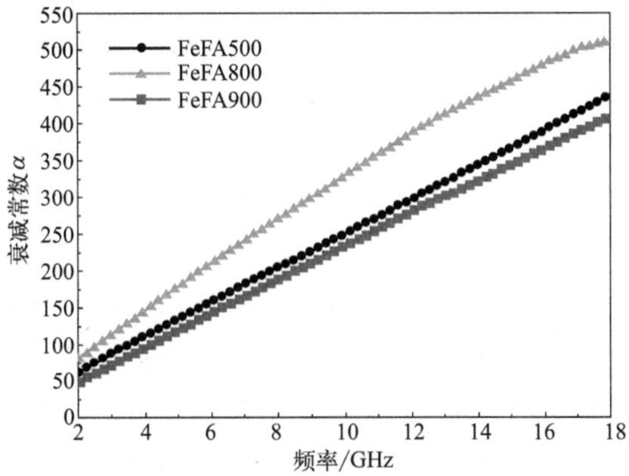

图 3.13　试样 FeFA500、FeFA800 和 FeFA900 的衰减常数变化曲线图

表 3.2　已报道的相关 Fe/C 复合材料的微波吸收性能参数

样品	最小反射损耗值/dB	匹配频率/GHz	有效带宽/GHz	涂层厚度/mm
$Fe\text{-}Fe_3C$@C	−18.0	10.1	3.4	2.0
$Fe/Fe_3O_4/C$	−45.5	9.4	4.1	3.0
Fe/C	−42.5	3.7	2.0	4.6
Fe/CNTs	−22.7	15.6	4.2	3.5
C/Fe_3C	−41.0	7.2	3.0	3.5
Fe/Fe_3C/MWCNT	−32.3	4.2	2.6	2.0
FeCFs	−40.3	15.4	4.5	1.6
Fe/G	−28.0	11.8	4.4	2.0
FeFA800	−35.7	16.1	4.1	1.5

3.5.2 FeFA 的微波吸收机理探讨

为了揭示可能存在的微波吸收机理，进一步探讨分析试样 FeFA500、FeFA800 和 FeFA900 在 2～18GHz 范围内的相对复介电常数（$\varepsilon_r=\varepsilon'-j\varepsilon''$）和磁导率（$\mu_r=\mu'-j\mu''$）的变化规律[47-49]。正如第 1 章所提到的，相对复介电常数和磁导率的实部（ε'和μ'）分别代表着材料对电能和磁能的储存能力，而其对应的虚部（ε''和μ''）则代表对电磁能的损耗能力。基于此，试样 FeFA500、FeFA800 和 FeFA900 的 ε_r 和 μ_r 随频率变化曲线如图 3.14 所示。可以看出，三个代表性试样的ε'和ε''值在低频区呈现快速下降趋势，然后逐渐趋于稳定，在高频区几乎保持稳定，表现出明显的频率依赖性，这种典型的“频散”现象主要存在于碳基及其复合材料中，具有增强微波吸收性能的作用[50,51]。如图 3.14(a) 所示，试样 FeFA500 的ε'和ε''在整个频率范围内几乎保持恒定，ε''值趋近于 1，表明 FeFA500 介电损耗能力较弱。相比之下，FeFA800 和 FeFA900 的 ε_r 值明显增大，且整体呈现明显的下降趋势，ε'值分别从 15.7 和 12.9 降低至 11.0 和 9.1，而ε''值则分别从 6.74 和 4.59 降至 5.11 和 2.88。根据自由电子理论[52,53]，$\varepsilon''=1/(2\pi\rho f\varepsilon_0)$，其中 ρ 为电阻率，ε_0 为真空介电常数。较高的ε''值意味着 FeFA800 和 FeFA900 的电导率明显提升，进而有助于其导电损耗能力的提高。此外，结合上述 SEM 结果可知，Fe 颗粒与基体牢固地结合在一起，形成大量的有效界面。由于负载物组分与基体电导率的差异，使得大量的自由电荷在异质界面边缘处聚集，从而诱导产生多重界面极化效应[54]。综上所述，试样中存在的导电损耗、多重界面极化及弛豫等介电损耗有助于改善 FeFA800 和 FeFA900 的微波吸收性能。

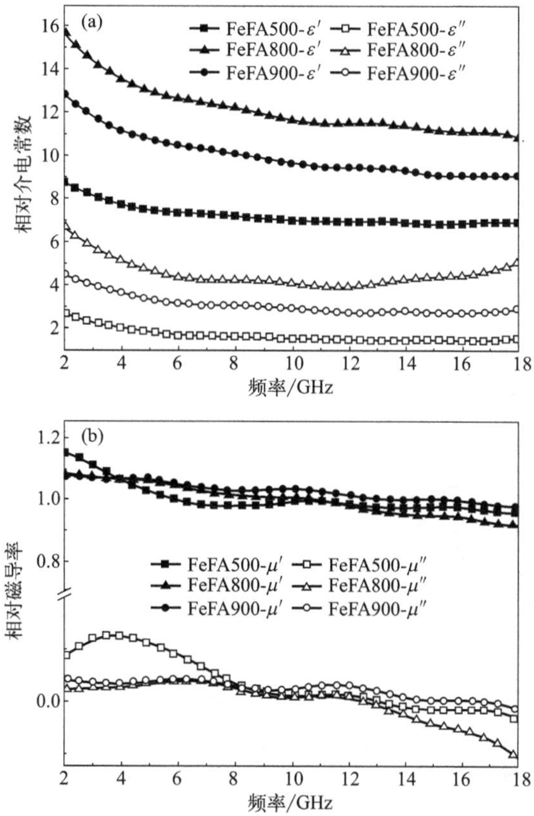

图 3.14 试样 FeFA500、FeFA800 和 FeFA900 的 ε_r 值 (a) 和 μ_r 值 (b)

图 3.14(b) 为试样 FeFA500、FeFA800 和 FeFA900 的相对复磁导率实部 (μ') 和虚部 (μ'') 随频率变化的曲线图。可以看出，三个试样都表现出相似的“频散”行为，并且每个试样的 μ_r 差异不明显，其 μ' 值分别在 1.15～0.96、1.08～0.91 及 1.07～0.98 范围内变化，相应的 μ'' 值在整个频率范围内变化趋势几乎一致，分别在 3.8GHz、11.7GHz 及 16.4GHz 处存在波动峰。可以看出，较小的 μ'' 值主要是由于磁性组分含量低以及石蜡混合物中复合材料填充率较低造成的，类似的现象在先前也有报道。通常，磁损耗主要来源于材料内涡流损耗、磁滞损耗、畴壁共振、交换共振以及自然共振的贡献[55-57]。然而，磁滞损耗主要在弱电磁场作用下诱导产生，畴壁共振则往往发生在 1～100MHz 频率范围内，因此二者的贡献均可排除[58,59]。与此同时，涡流损耗的相关公式可以表示为：$\mu''(\mu')^{-2}f^{-1}=2\pi\mu_0 d^2\sigma/3$[60,61]，其中，$d$ 为粒径；σ 为电导率；μ_0 为真空磁导率。根据上述公式，$\mu''(\mu')^{-2}f^{-1}$ 值在整个频率

范围内保持恒定，则说明材料的磁损耗主要来源于涡流损耗的贡献。试样FeFA500、FeFA800 和 FeFA900 的 $\mu''(\mu')^{-2}f^{-1}$ 随频率变化曲线如图 3.15 所示。三个代表性试样的 $\mu''(\mu')^{-2}f^{-1}$ 值均呈现相似的下降趋势，并且在 2～18GHz 范围内存在一定的波动，这意味着涡流损耗对磁损耗的贡献不大。因此，根据 Aharoni 理论[62-64]，μ''在 3.8GHz 频率处的波动峰可归因于自然共振，而在 11.7GHz 和 16.4GHz 处的波动峰则由交换共振引起。此外，观察到试样的 μ''在高频区均为负值，这主要由于高介电损耗类复合物中的 Fabry-Pérot 共振引起，类似的现象已在 FeCPNFs 体系中得到证实[65]。

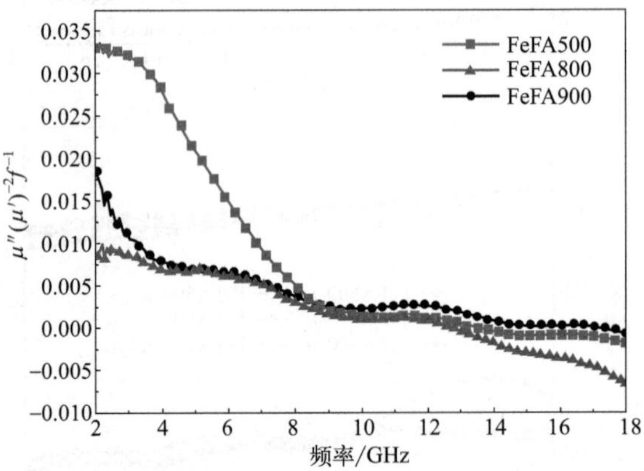

图 3.15　试样 FeFA500、FeFA800 和 FeFA900 的 $\mu''(\mu')^{-2}f^{-1}$ 值（见文后彩图）

众所周知，介电损耗因子（$\tan\delta_e=\varepsilon''/\varepsilon'$）和磁损耗因子（$\tan\delta_m=\mu''/\mu'$）是评价介电损耗和磁损耗对微波吸收性能贡献的重要参数[66,67]。试样 FeFA500、FeFA800 和 FeFA900 的损耗因子随频率变化曲线如图 3.16 所示。观察发现，在整个测试频率范围内，三个代表性试样的 $\tan\delta_e$ 值均明显高于 $\tan\delta_m$，即说明介电损耗在微波吸收性能中起主要作用。同时，可以看出，试样的 $\tan\delta_e$ 和 $\tan\delta_m$ 值均伴随着频率的变化对称共存，使得二者保持良好的匹配，这也有利于微波吸收性能的改善[68-70]。此外，根据 SEM 结果，复合材料 FeFA 内部存在大量的中空微球和蜂窝状孔隙，这有助于拓展入射波在材料内的传输路径，增加电磁波的反射和散射次数，最终增强 FeFA 复合材料的微波吸收性能[71,72]。

基于上述吸波机理分析可知，介电损耗在微波吸收性能中起主导作用，其中有效界面引起的界面极化弛豫是重要的介电损耗机制之一，通常由 Cole-Cole 半圆进行描述。根据 Debye 理论[73-75]，相对复介电常数 ε_r 表达式如下：

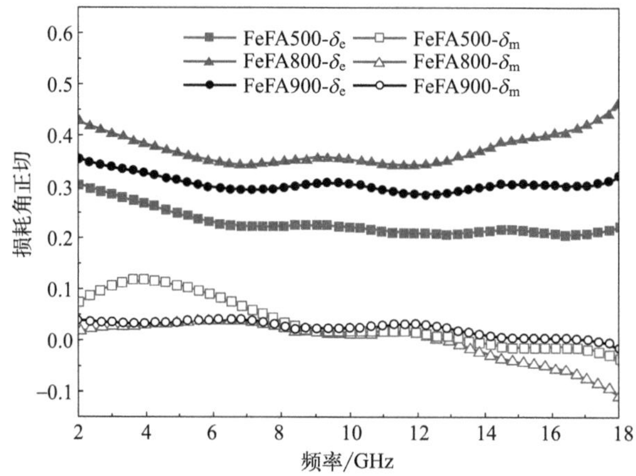

图 3.16 试样 FeFA500、FeFA800 和 FeFA900 的损耗因子曲线图

$$\varepsilon_r=\varepsilon'+i\varepsilon''=\varepsilon_\infty+\frac{\varepsilon_s-\varepsilon_\infty}{1+i\omega\tau_0}-i\left(\frac{\sigma}{\omega\varepsilon_0}\right) \tag{3.10}$$

式中，ε_s 和 ε_∞ 分别为静态介电常数和高频极限下的相对介电常数；σ、ω 和 τ_0 分别为电导率、角速度和弛豫时间。根据式(3.10) 推出 ε' 和 ε'' 的相关表达式如下：

$$\varepsilon'=\varepsilon_\infty+(\varepsilon_s-\varepsilon_\infty)/[1+(\omega\tau_0)^2] \tag{3.11}$$

$$\varepsilon''=\omega\tau_0(\varepsilon_s-\varepsilon_\infty)/[1+(\omega\tau_0)^2]+\sigma/\omega\varepsilon_0 \tag{3.12}$$

结合式(3.11) 和式(3.12) 进一步推导出 ε' 和 ε'' 的关系式如下：

$$[\varepsilon'-(\varepsilon_s+\varepsilon_\infty)/2]^2+(\varepsilon''-\sigma/\omega\varepsilon_0)^2=[(\varepsilon_s-\varepsilon_\infty)/2]^2 \tag{3.13}$$

式(3.13) 是关于 ε' 和 ε'' 的标准半圆公式，即关系曲线理论上为一个半圆，定义为 Cole-Cole 半圆，通常代表一个 Debye 极化弛豫过程[76,77]。复合材料 FeFA500、FeFA800 和 FeFA900 的相应 ε' 和 ε'' 的关系曲线如图 3.17 所示。可以看出，三个试样均呈现出四个 Cole-Cole 半圆，意味着材料内部存在多个 Debye 极化弛豫过程。除此之外，导电损耗的存在也是提高材料的介电损耗能力的另一重要因素，进而改善复合材料 FeFA 的微波吸收性能。

此外，阻抗匹配特性则是评价材料微波吸收性能的另一个重要参数，其主要描述自由空间（阻抗为 377Ω）和吸波材料之间界面处的边界条件。具体表现为：若界面处的阻抗失配，电磁波无法进入材料内部而被反射掉，尽管材料本身具有较强的衰减能力，但仍表现出较差的微波吸收能力。基于此，为了评价材料的阻抗匹配特性，采用一种增量函数法进行计算，其相应的公式如下[78,79]：

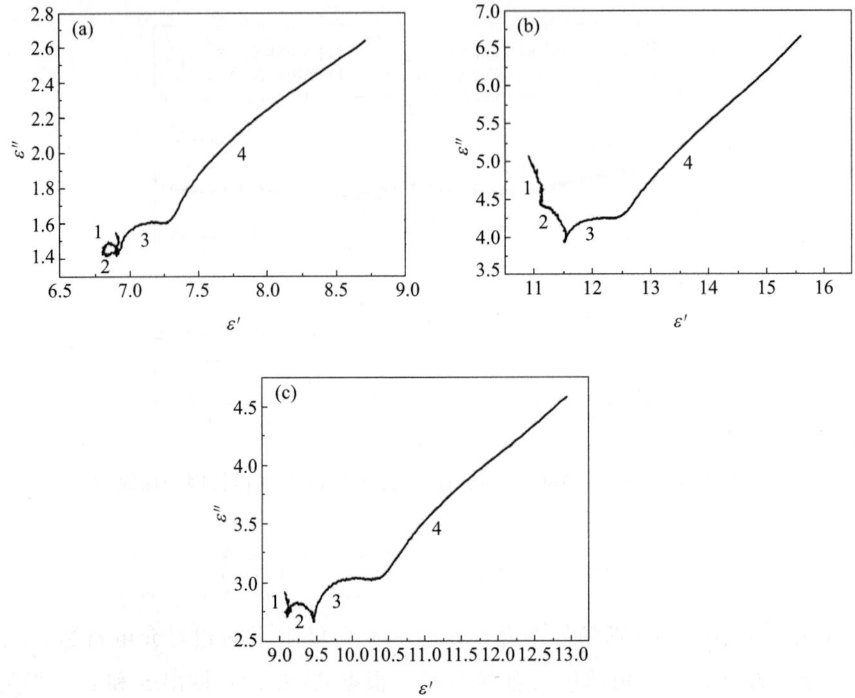

图 3.17　试样的 ε′和 ε″关系曲线图

(a) FeFA500；(b) FeFA800；(c) FeFA900

1～4—Cole-Cole 半圆

$$|\Delta|=|\sinh^2(Kfd)-M| \tag{3.14}$$

式中，K 和 M 的值可以通过复介电常数和复磁导率计算得到：

$$K=\frac{4\pi\sqrt{\mu_r'\varepsilon_r'}\sin\dfrac{\delta_e+\delta_m}{2}}{c\cos\delta_e\cos\delta_m} \tag{3.15}$$

$$M=\frac{4\mu_r'\cos\delta_e\varepsilon_r'\cos\delta_m}{(\mu_r'\cos\delta_e-\varepsilon_r'\cos\delta_m)^2+\left[\tan\left(\dfrac{\delta_m}{2}-\dfrac{\delta_e}{2}\right)\right]^2(\mu_r'\cos\delta_e+\varepsilon_r'\cos\delta_m)^2} \tag{3.16}$$

由上式可知，良好阻抗匹配允许的最大 $|\Delta|$ 值通常定义为 0.4，如果复合材料的阻抗匹配越好，则计算的 $|\Delta|$ 值应越小，即对应 $|\Delta|\leqslant 0.4$ 的区域面积越大越好[79,80]。如图 3.18 所示，给出了试样 FeFA500、FeFA800 和 FeFA900 在相应频率下的 $|\Delta|$ 值。通过对比，试样 FeFA500 的 $|\Delta|\leqslant 0.4$ 对应的区域较小，表现出较差的阻抗匹配。而试样 FeFA800 和 FeFA900

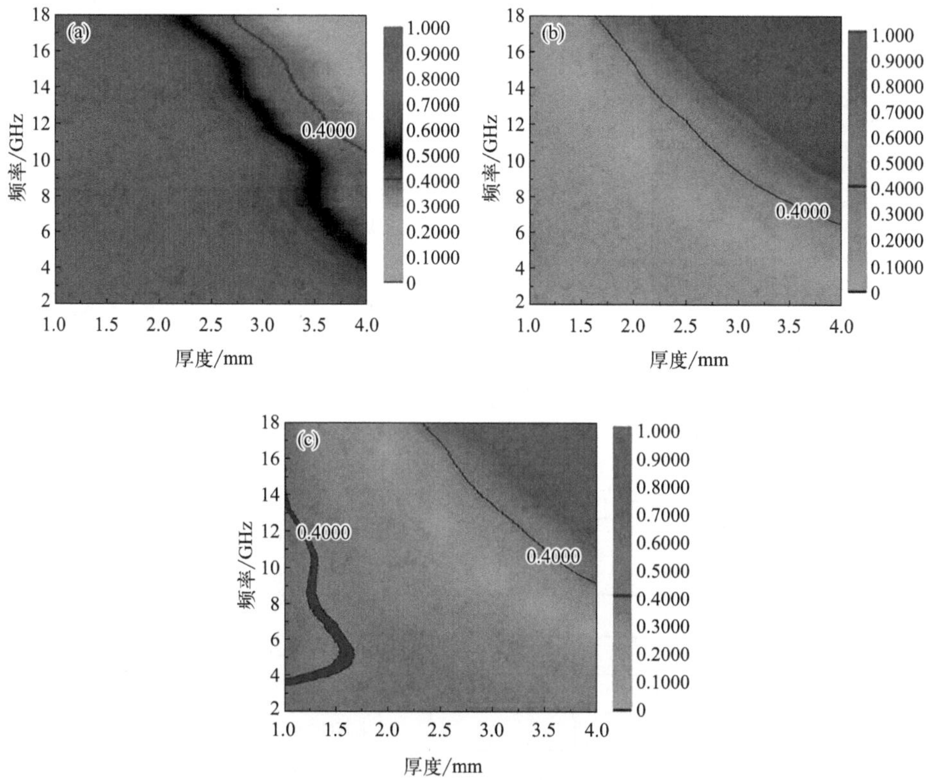

图 3.18 试样 FeFA500 (a)、FeFA800 (b) 和 FeFA900 (c) 的阻抗匹配（见文后彩图）

的 $|\Delta| \leqslant 0.4$ 对应的区域较大，且峰值位置向左移动，则说明试样良好的阻抗匹配对应的区域逐渐向较小厚度转移，这一结论恰好与上述的 RL 结果相一致。

3.6 磁性组分负载量对 FeFA 微波吸收性能的影响

为了探究磁性组分负载量对复合材料 FeFA 微波吸收性能的影响，我们选择三个温度阶段下的代表性试样（FeFA500、FeFA800 和 FeFA900）作为研究对象。通过调控前驱体溶液的浓度来观察负载物组成及形貌的变化规律，最终实现对复合材料 FeFA 微波吸收性能的优化。图 3.19 为试样 FeFA500、FeFA800 和 FeFA900 在不同浓度下（0.5mol/L、1.0mol/L 和 1.5mol/L）的 XRD 图谱。可以看出，随前驱体溶液浓度的增加，同一温度下试样的衍射峰明显增强，且衍射峰更加尖锐平滑，晶体的结晶度也随之提高。此外，通过对比发现，同一温度下不同浓度的试样物相组成没有变化，这说明前驱体溶液浓度对复合材料 FeFA 的物相组成没有影响。

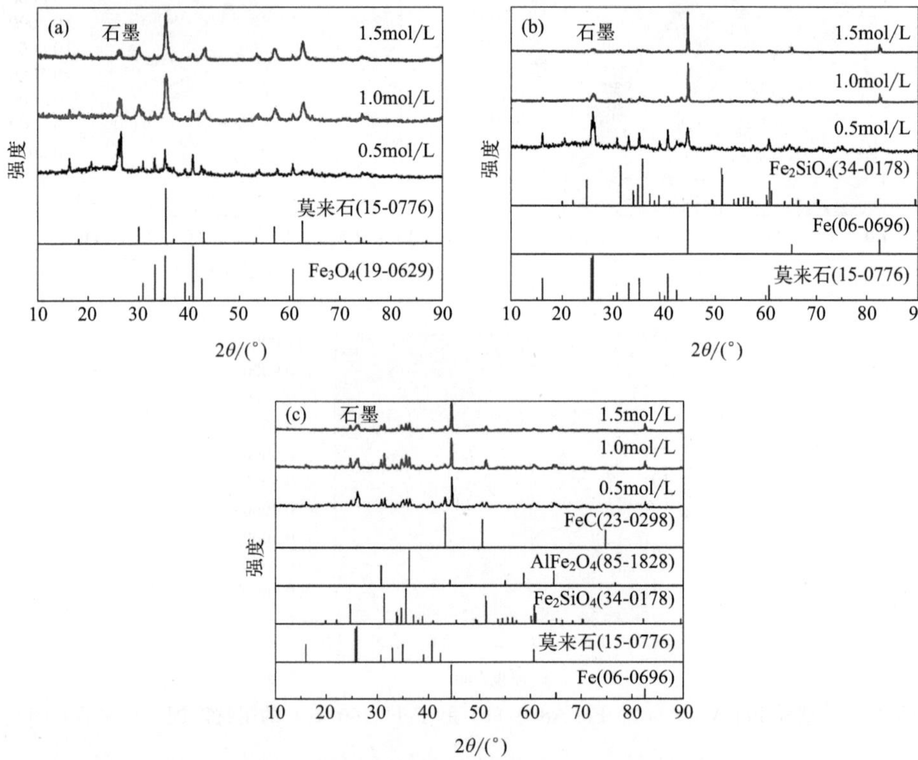

图 3.19 不同浓度前驱体溶液下的 XRD 图谱

(a) FeFA500；(b) FeFA800；(c) FeFA900

图 3.20 为不同前驱体浓度下试样 FeFA500、FeFA800 和 FeFA900 的 SEM 图。对于试样 FeFA500［见图 3.20(a_1)～(a_3)］，随前驱体浓度的增加，附着在基体表面的絮状 Fe_3O_4 的分布密度明显提高，且伴随颗粒的逐渐长大。相比之下，从试样 FeFA800［见图 3.20(b_1)～(b_3)］和 FeFA900［见图 3.20(c_1)～(c_3)］中可以观察到 Fe 颗粒均匀地嵌入在基体表面，且其负载量随前驱体浓度的增加而明显增加，相应的颗粒尺寸也随之增大，这与 XRD 结果恰好一致。

结合上述 XRD 和 SEM 结果可知，前驱体溶液浓度的改变直接影响了磁性组分颗粒尺寸大小以及含量的变化，进而决定了复合材料 FeFA 的磁损耗能力。基于此，我们固定涂层厚度，改变前驱体溶液的浓度来研究微波吸收性能的变化情况。图 3.21 为复合材料 FeFA500、FeFA800 和 FeFA900 在 1.5mm

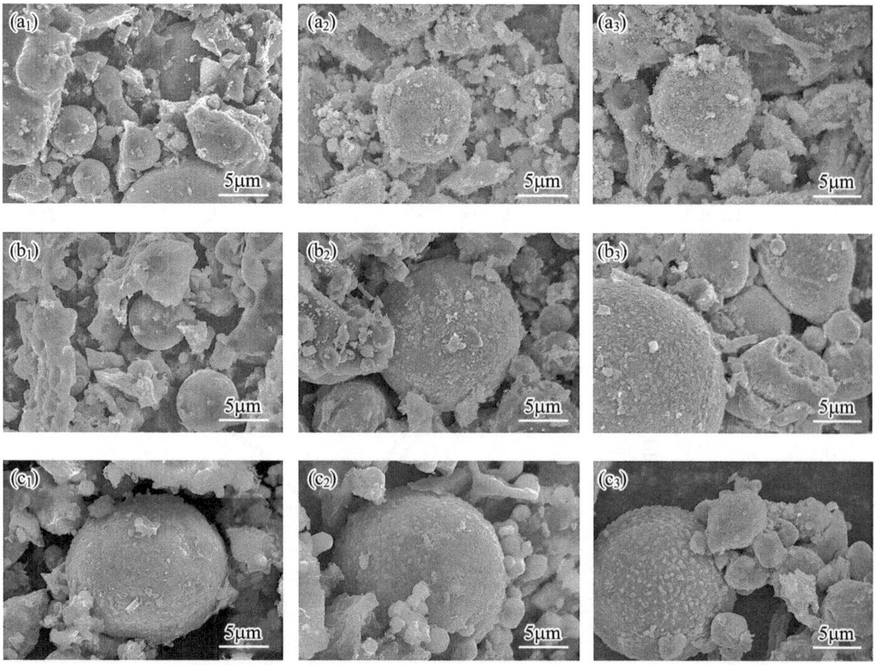

图 3.20 试样在不同前驱体溶液浓度下（0.5mol/L、1.0mol/L 和 1.5mol/L）的 SEM 照片

(a_1)～(a_3) FeFA500；(b_1)～(b_3) FeFA800；(c_1)～(c_3) FeFA900

涂层厚度下的反射损耗曲线图。可以看出，当复合材料 FeFA500、FeFA800 和 FeFA900 的前驱体溶液浓度依次为 1.5mol/L、1.0mol/L 和 1.0mol/L 时，它们的 RL_{min} 值分别达到－20.1dB、－35.9dB 和－17.5dB，且对应的有效带宽分别为 3.1GHz、4.7GHz 和 4.6GHz。上述结果表明，复合材料 FeFA 的 RL_{min} 值以及有效吸收带宽可以通过改变前驱体溶液浓度进行调控，进而达到优化微波吸收性能的目的，相似的现象在之前的文献中也有报道[81]。

如图 3.22 所示，所有代表性试样的相关 ε'值随频率的增加先降低后趋于稳定，这是一种典型的“频散”现象。对于试样 FeFA500 而言，其 ε'和 ε''值均随前驱体溶液浓度的增大而增加［见图 3.22(a_1)］。相比之下，试样 FeFA800 和 FeFA900 的相对复介电常数随前驱体溶液浓度的增加而减小［见图 3.22(a_2) 和 (a_3)］。根据自由电子理论，这主要是由于试样内磁性组分的增加消耗大量的碳，破坏了复合物内导电网络，使得其导电损耗能力降低，进而造成试样的相对复介电常数值减小。同时，还可以看出二者的 ε''曲线存在相似的波动峰，即证实自然共振和交换共振仍是介电损耗的重要组成机制。此外，图 3.22(b_1)～(b_3) 分别为复合材料 FeFA500、FeFA800 和 FeFA900 在不同浓度下的复磁导率曲线图。与相对复介电常数变化情况不同，从图 3.22

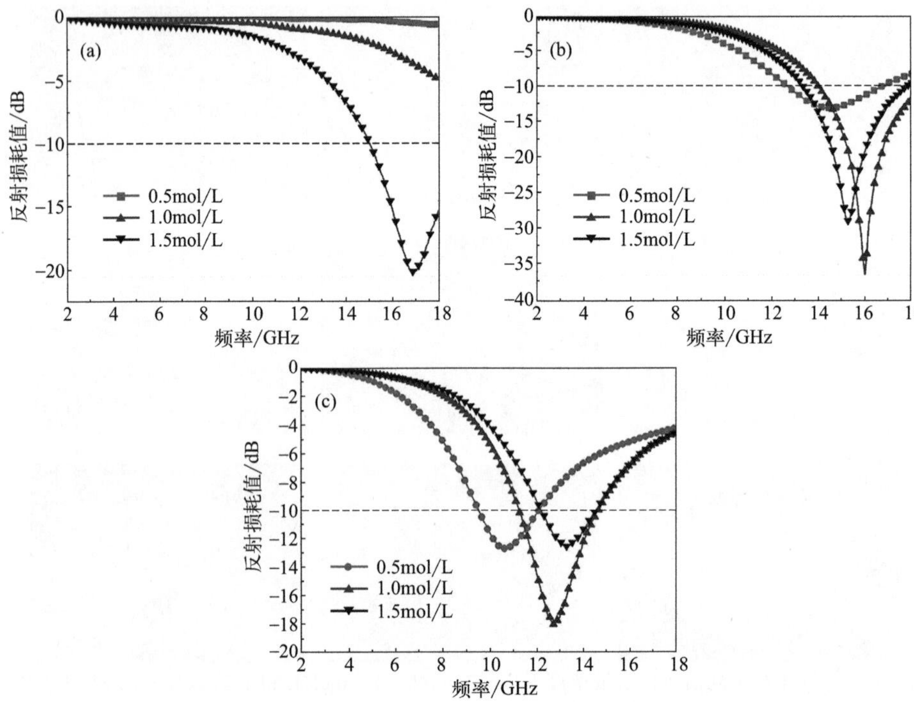

图 3.21　试样 FeFA 在 1.5mm 涂层厚度下的 RL 曲线图

(a) FeFA500；(b) FeFA800；(c) FeFA900

$(b_1)\sim(b_3)$ 中还可以观察到，改变前驱体溶液的浓度，三个代表性试样的相对复磁导率值变化并不明显，即说明通过提高试样磁性组分的负载量并不能够有效改善磁导率。

图 3.23 为试样在不同前驱体浓度下的损耗因子曲线图。可以看出，所有试样的介电损耗因子值均大于磁损耗因子值，即随磁性组分负载量的增加，并不能有效提高试样的磁损耗能力，介电损耗能力在微波吸收性能中仍起着主导作用。

调整前驱体溶液的浓度，提高负载物组分的含量，复合材料 FeFA 的微波吸收能力不能得到有效提高。然而，适量的负载量有助于改善材料的吸波性能，从而实现复合材料 FeFA 在多频段下的实际应用。

通过控制煅烧温度实现对复合材料 FeFA 物相组成及形貌结构的调控，进而改善 FeFA 的 RL_{min} 值及有效吸收带宽。其中 FeFA800 具有最佳的微波吸收性能，当涂层厚度为 1.5mm 时，RL_{min} 值达到 −35.7dB，最大有效吸收带宽达到 4.1GHz。复合材料 FeFA 的成功制备，降低了吸波材料的成本，为粉煤灰的有效利用开辟了新的途径。

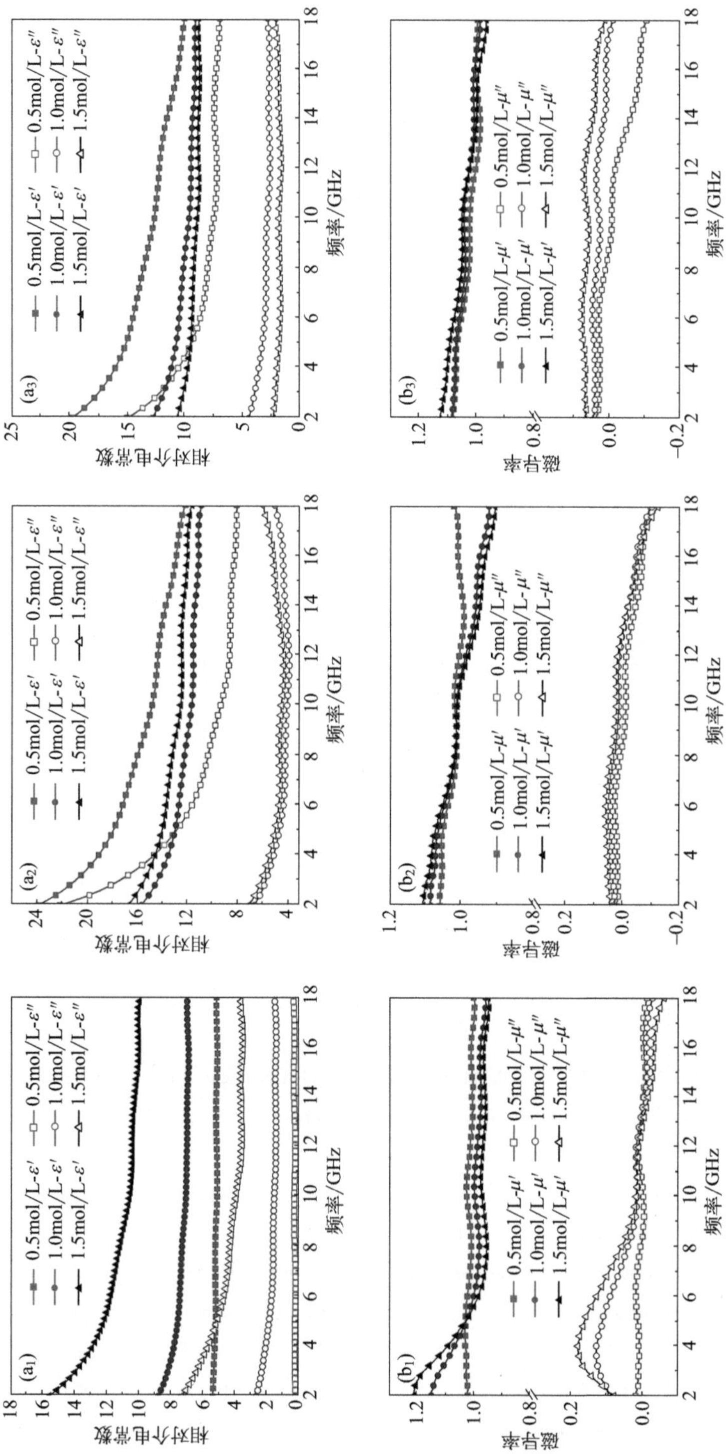

图 3.22 试样 FeFA500、FeFA800 和 FeFA900 在不同前驱体溶液浓度下的相对复介电常数[$(a_1)\sim(a_3)$]和复磁导率[$(b_1)\sim(b_3)$]（见文后彩图）

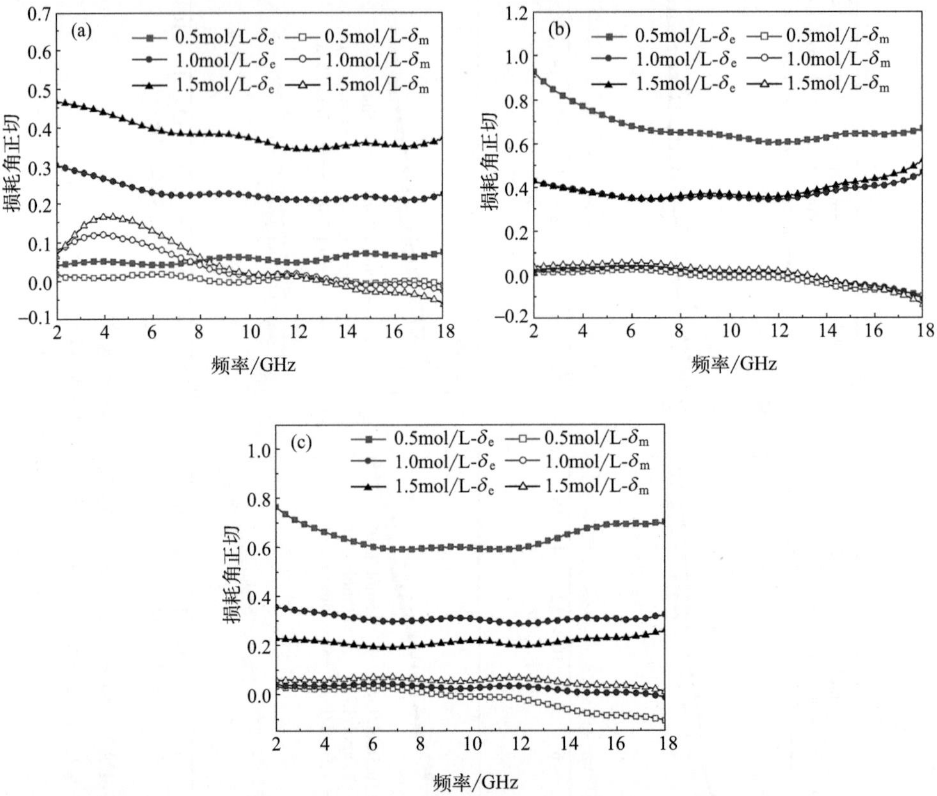

图 3.23 试样 FeFA 在不同前驱体溶液浓度下的损耗因子（见文后彩图）

(a) FeFA500；(b) FeFA800；(c) FeFA900

参 考 文 献

[1] Zhou M，Zhang X，Wei J M，et al. Morphology-controlled synthesis and novel microwave absorption properties of hollow urchinlike R-MnO_2 nanostructures [J]. Journal of Physical Chemistry C，2011，115：1398-1402.

[2] Ma C，Zhao B，Dai Q F，et al. Porous structure to improve microwave absorption properties of lamellar ZnO [J]. Advanced Powder Technology，2017，28：438-442.

[3] Cheng Y，Li Z Y，Li Y，et al. Rationally regulating complex dielectric parameters of mesoporous carbon hollow spheres to carry out efficient microwave absorption [J]. Carbon，2018，127：643-652.

[4] Chen R F，Cheng J H，Wei Y. Preparation and magnetic properties of Fe_3O_4 microparticles with adjustable size and morphology [J]. Journal of Alloys and Compounds，2012，520：266-271.

[5] Wu M，Rao L，Liu L，et al. Urchin-like Fe_3O_4@C hollow spheres with core-shell structure：

Controllable synthesis and microwave absorption [J]. Journal of Colloid and Interface Science, 2023, 649: 313-324.

[6] Gong Y X, Zhen L, Jiang J T, et al. Synthesis of Fe-ferrite composite nanotubes with excellent microwave absorption performance [J]. CrystEngComm, 2011, 13: 6839-6844.

[7] Golchinvafa S, Masoudpanah S M, Jazirehpour M. Magnetic and microwave absorption properties of FeCo/$CoFe_2O_4$ composite powders [J]. Journal of Alloys and Compounds, 2019, 809: 151746.

[8] Liu X F, Zhang Y, Guo Y L, et al. Optimization of electromagnetic wave absorption performance for magnesium phosphate cement using Fe_3O_4@SiO_2 nanoparticles [J]. Construction and Building Materials, 2024, 435: 136796.

[9] Zhang D F, Xu F X, Lin J. Electromagnetic characteristics and microwave absorption properties of carbon-encapsulated cobalt nanoparticles in 2-18GHz frequency range [J]. Carbon, 2014, 80: 103-111.

[10] Deng Z M, Li Y, Zhang H B, et al. Lightweight Fe@C hollow microspheres with tunable cavity for broadband microwave absorption [J]. Composites Part B, 2019, 177 107346.

[11] Li S P, Huang Y, Ling D, et al. Enhanced microwave-absorption with carbon encapsulated Fe-Co particles on reduced graphene oxide nanosheets with nanoscaleholes in the basal plane [J]. Journal of Colloid and Interface Science, 2019, 544: 188-197.

[12] Zhou P P, Wang X K, Wang L X, et al. Walnut shell-derived nanoporous carbon@Fe_3O_4 composites for outstanding microwave absorption performance [J]. Journal of Alloys and Compounds, 2019, 805: 1071-1080.

[13] Zeng S F, Yao Y, Feng W L, et al. Constructing a 3D interconnected Fe@graphitic carbon structure for a highly efficient microwave absorber [J]. Journal of Materials Chemistry C, 2020, 8 (4): 1326-1334.

[14] Zhang X C, Qi S, Zhao Y, et al. Synthesis and microwave absorption properties of Fe@carbon fibers [J]. RSC Advances, 2020, 10: 32561.

[15] Wu G L, Jia Z R, Zhou X F, et al. Interlayer controllable of hierarchical MWCNTs@C@Fe_xO_y cross-linked composite with wideband electromagnetic absorption performance [J]. Composites Part A, 2020, 128: 105687.

[16] Wang L H, Guan H T, Huang Q, et al. Fe_3O_4/Fe/C composites prepared by a facile thermal decomposition method and their application as microwave absorbers [J]. Journal of Alloys and Compounds, 2019, 784: 1123-1129.

[17] Zhu L Y, Zeng X J, Chen M, et al. Controllable permittivity in 3D Fe_3O_4/CNTs network for remarkable microwave absorption performances [J]. RSC Advances, 2017, 7: 26801-26808.

[18] Bora P J, Porwal M, Vinoy K J, et al. Industrial waste fly ash cenosphere composites based broad band microwave absorber [J]. Composites Part B, 2018, 134: 151-163.

[19] Kim S S, Kim S T, Ahn J M, et al. Magnetic and microwave absorbing properties of Co-Fe thin films plated on hollow ceramic microspheres of low density [J]. Journal of Magnetism and Magnetic

Materials, 2004, 271: 39-45.

[20] Mu G H, Shen H G, Qiu J X, et al. Microwave absorption properties of composite powders with low density [J]. Applied Surface Science, 2006, 253: 2278-2281.

[21] Mu J, Perlmutter D D. Thermal decomposition of metal nitrates and their hydrates [J]. Thermochimica Acta, 1982, 3: 253-260.

[22] Zong P J, Jiang Y, Tian Y Y, et al. Pyrolysis behavior and product distributions of biomass six group components: starch, cellulose, hemicellulose, lignin, protein and oil [J]. Energy Conversion and Management, 2020, 216: 112777.

[23] Wu G L, Cheng Y H, Yang Z H, et al. Design of carbon sphere/magnetic quantum dots with tunable phase compositions and boost dielectric loss behavior [J]. Chemical Engineering Journal, 2018, 333: 519-528.

[24] Sato T, Kurumada M, Kamitsuji K, et al. Influence of plasma on formation of crystalline Fe_2SiO_4 grains [J]. Planetary and Space Science, 2006, 54: 612-616.

[25] Aslam M A, Ding W, Rehman S U, et al. Low cost 3D bio-carbon foams obtained from wheat straw with broadened bandwidth electromagnetic wave absorption performance [J]. Applied Surface Science, 2021, 543: 148785.

[26] Botta P M, Aglietti E F, López J M P. Mechanochemical synthesis of hercynite [J]. Materials Chemistry and Physics, 2002, 76: 104-109.

[27] Yamashita T, Hayes P. Analysis of XPS spectra of Fe^{2+} and Fe^{3+} ions in oxide materials [J]. Applied Surface Science, 2008, 254: 2441-2449.

[28] Wang K, Chen M M, He Z S, et al. Hierarchical Fe_3O_4@C nanospheres derived from Fe_2O_3/MIL-100 (Fe) with superior high-rate lithium storage performance [J]. Journal of Alloys and Compounds, 2018, 755: 154-162.

[29] Dou Y Y, Li W D, Chen G B, et al. Multiple pore-forming mechanisms towards crumpled porous Fe_3O_4/C composite microspheres for lightweight and high-efficient electromagnetic wave absorption [J]. Journal of Alloys and Compounds, 2025, 1021: 179501.

[30] Pan G H, Zhu J, Ma S L, et al. Enhancing the electromagnetic performance of Co through the phase-controlled synthesis of hexagonal and cubic Co nanocrystals grown on grapheme [J]. ACS Applied Materials & Interfaces, 2013, 5: 12716-12724.

[31] Paparazzo E. XPS and auger spectroscopy studies on mixtures of the oxides SiO_2, Al_2O_3, Fe_2O_3, and Cr_2O_3 [J]. Journal of Electron Spectroscpy, 1987, 43: 97-112.

[32] Ji X X, Wang H L, Xu D, et al. Facile and scalable preparation of Ni/NiO/SiO_2@porous carbon network with strong and wide bandwidth microwave absorption [J]. Applied Surface Science, 2024, 669: 160546.

[33] Wu J D, Wang T C, Kong J. Microwave absorption properties of Ni/porous carbon fiber composites derived from flax fiber templates [J]. Carbon, 2025, 238: 120305.

[34] Dillon R O, Woollam J A. Use of Raman scattering to investigate disorder and crystallite forma-

tion in as-deposited and annealed carbon films [J]. Physical Review B, 1984, 29: 3482-3489.

[35] Wen F S, Zhang F, Liu Z Y, et al. Investigation on microwave absorption properties for multi-walled carbon nanotubes/Fe/Co/Ni nanopowders as lightweight absorbers [J]. ACS Journal of Physical Chemistry C, 2011, 115: 14025-14030.

[36] Jian X, Xiao X Y, Deng L J, et al. Heterostructured nanorings of Fe-Fe_3O_4@C hybrid with enhanced microwave absorption performance [J]. ACS Applied Materials & Interfaces, 2018, 10: 9369-9378.

[37] Du Y C, Wang J Y, Cui C K, et al. Pure carbon microwave absorbers from anion-exchange resin pyrolysis [J]. Synthetic Metals, 2010, 160: 2191-2196.

[38] Cavallini M. Thermodynamics applied to iron smelting techniques [J]. Applied Physics A, 2013, 113: 1049-1053.

[39] Li Y X, Liu R G, Pang X Y, et al. Fe@C nanocapsules with substitutional sulfur heteroatoms in graphitic shells for improving microwave absorption at gigahertz frequencies [J]. Carbon, 2018, 126: 372-381.

[40] Zhang Y A, Liu W, Quan B, et al. Achieving the interfacial polarization on C/Fe_3C heterojunction structures for highly efficient lightweight microwave absorption [J]. Journal of Colloid and Interface Science, 2017, 508: 462-468.

[41] Li Z N, Han X J, Ma Y, et al. MOFs-derived hollow Co/C microspheres with enhanced microwave absorption performance [J]. ACS Sustainable Chemistry & Engineering, 2018, 6: 8904-8913.

[42] Xiang J, Li J L, Zhang X H, et al. Magnetic carbon nanofibers containing uniformly dispersed Fe/Co/Ni nanoparticles as stable and high-performance electromagnetic wave absorbers [J]. Journal of Materials Chemistry A, 2014, 2: 16905-16914.

[43] Liu Q H, Cao Q, Bi H, et al. CoNi@SiO_2@TiO_2 and CoNi@Air@TiO_2 microspheres with strong wideband microwave absorption [J]. Advanced Materials, 2016, 28: 486-490.

[44] Duan Y P, Zhang Y H, Wang T M, et al. Evolution study of microstructure and electromagnetic behaviors of Fe-Co-Ni alloy with mechanical alloying [J]. Materials Science and Engineering B, 2014, 185: 86-93.

[45] Liu Q H, Cao Q, Zhao X B, et al. Insights into size-dominant magnetic microwave absorption properties of CoNi micro-flowers via off-axis electron holography [J]. ACS Applied Materials & Interfaces, 2015, 7 (7): 4233-4240.

[46] Zhang M, Li Z J, Wang T, et al. Preparation and electromagnetic wave absorption performance of Fe_3Si/SiC@SiO_2 nanocomposites [J]. Chemical Engineering Journal, 2019, 362: 619-627.

[47] 王翠平. 聚苯胺铁氧体纳米复合材料的制备及吸波性能 [D]. 合肥：安徽大学，2014.

[48] Huang Y X, Zhang H Y, Zeng G X, et al. The microwave absorption properties of carbon-encapsulated nickel nanoparticles/silicone resin flexible absorbing material [J]. Journal of Alloys and Compounds, 2016, 682: 138-143.

[49] Xia F, Liu J W, Gu D, et al. Microwave absorption enhancement and electron microscopy characterization of $BaTiO_3$ nano-torus [J]. Nanoscale, 2011, 3: 3860-3867.

[50] Wang G Z, Gao Z, Wan G P, et al. High densities of magnetic nanoparticles supported on graphene fabricated by atomic layer deposition and their use as efficient synergistic microwave absorbers [J]. Nano Research, 2014, 7 (5): 704-716.

[51] Huang H, Gao Y, Fang C F, et al. Spray granulation of Fe and C nanoparticles and their impedance match for microwave absorption [J]. Journal of Materials Science & Technology, 2018, 34: 496-502.

[52] Wang L, Wen B, Yang H B, et al. Hierarchical nest-like structure of Co/Fe MOF derived CoFe@C composite as wide-bandwidth microwave absorber [J]. Composites Part A, 2020, 135: 105958.

[53] Wang X X, Ma T, Shu J C, et al. Confinedly tailoring Fe_3O_4 clusters-NG to tune electromagnetic parameters and microwave absorption with broadened bandwidth [J]. Chemical Engineering Journal, 2018, 332: 321-330.

[54] Mahdikhah V, Ataie A, Babaei A, et al. $CoFe_2O_4$/Fe magnetic nanocomposite: Exchange coupling behavior and microwave absorbing property [J]. Ceramics International, 2020, 46 (11): 17903-17916.

[55] Li G M, Wang L C, Li W X, et al. $NiFe_2O_4$, Fe_3O_4-Fe_xNi_y or Fe_xNi_y loaded porous activated carbon balls as lightweight microwave absorbents [J]. RSC Advances, 2015, 5 (11): 8248-8257.

[56] Wu T, Liu Y, Zeng X, et al. Facile hydrothermal synthesis of Fe_3O_4/C core-shell nanorings for efficient low-frequency microwave absorption [J]. ACS Applied Materials & Interfaces, 2016, 8 (11): 7370-7380.

[57] Acharya J W, Raj B G S, Ko T H, et al. Facile one pot sonochemical synthesis of $CoFe_2O_4$/MWCNTs hybrids with well-dispersed MWCNTs for asymmetric hybrid supercapacitor applications [J]. International Journal of Hydrogen Energy, 2020, 45: 3073-3085.

[58] Li G M, Wang L C, Li W X, et al. Mesoporous Fe/C and core-shell Fe-Fe_3C@C composites as efficient microwave absorbents [J]. Microporous and Mesoporous Materials, 2015, 211: 97-104.

[59] Liu Y, Chen Z, Xie W H, et al. Enhanced microwave absorption performance of porous and hollow CoNi@C microspheres with controlled component and morphology [J]. Journal of Alloys and Compounds, 2019, 809: 151837.

[60] Wang L, Duan X M, Liu S J, et al. Synergistic microwave absorption effect of graphene-BN-Fe_3O_4 composite at thin thickness [J]. Applied Surface Science, 2024, 675: 160959.

[61] Jia L Y, Yang T T, Chen Z X, et al. In-situ chemically synthesized Fe_3O_4/K-geopolymer composite with microwave absorbency for additive manufacturing [J]. Ceramics International, 2024, 50: 45692-45702.

[62] Ding D, Wang Y, Li X D, et al. Rational design of core-shell Co@C microspheres for high-per-

formance microwave absorption [J]. Carbon, 2017, 11: 722-732.

[63] Li G M, Wang L C, Li W X, et al. Fe-, Co-, and Ni-Loaded porous activated carbon balls as lightweight microwave absorbents [J]. ChemPhysChem, 2015, 16 (16): 3458-3467.

[64] Lv J, Liang X H, Quan B, et al. Structural and carbonized design of 1D FeNi/C nanofibers with conductive network to optimize its electromagnetic parameters and absorption abilities [J]. ACS Sustainable Chemistry & Engineering, 2018, 6 (6): 7239-7249.

[65] Yusoff A N, Abdullah M H, Ahmad S H, et al. Electromagnetic and absorption properties of some microwave absorbers [J]. Journal of Applied Physics, 2002, 92 (2): 876-882.

[66] Wang L, Huang Y, Sun X, et al. Synthesis and microwave absorption enhancement of graphene@ Fe_3O_4@SiO_2@NiO nanosheet hierarchical structures [J]. Nanoscale, 2014, 6: 3157-3164.

[67] Wang T, Wang H D, Chi X, et al. Synthesis and microwave absorption properties of Fe-C nanofibers by electrospinning with disperse Fe nanoparticles [J]. Carbon, 2014, 74: 312-318.

[68] Wu M Z, Zhang Y D, Hui S. et al. Microwave magnetic properties of Co_{50}/ $(SiO_2)_{50}$ nanoparticles [J]. Applied Physics Letters, 2002, 80: 4404-4406.

[69] Yang Y, Xu C L, Xia Y X, et al. Synthesis and microwave absorption properties of FeCo nanoplates [J]. Journal of Alloys and Compounds, 2010, 493: 549-552.

[70] Quan B, Xu G Y, Gu W H, et al. Cobalt nanoparticles embedded nitrogen-doped porous graphitized carbon composites with enhanced microwave absorption performance [J]. Journal of Colloid and Interface Science, 2019, 533: 297-303.

[71] Wang L, Wen B, Bai X Y, et al. Facile and green approach to the synthesis of zeolitic imidazolate framework nanosheet-derived 2D Co/C composites for a lightweight and highly efficient microwave absorber [J]. Journal of Colloid and Interface Science, 2019, 540: 30-38.

[72] Wen S L, Liu Y, Zhao X C, et al. Synthesis, permeability resonance and microwave absorption of flake-assembled cobalt superstructure [J]. Journal of Magnetism and Magnetic Materials 2015, 385: 182-187.

[73] Aharoni A. Exchange resonance modes in a ferromagnetic sphere [J]. Journal Applied Physics, 1991, 69: 7762-7764.

[74] Wang F Y, Sun Y Q, Li D R, et al. Microwave absorption properties of 3D cross-linked Fe/C porous nanofibers prepared by electrospinning [J]. Carbon, 2018, 134: 264-273.

[75] Li X L, Yin X W, Han M K, et al. A controllable heterogeneous structure and electromagnetic wave absorption properties of Ti_2CT_x MXene [J]. Journal of Materials Chemistry C, 2017, 5 (30): 7621-7628.

[76] Xu X F, Wang G Z, Wan G P, et al. Magnetic Ni/graphene connected with conductive carbon nano-onions or nanotubes by atomic layer deposition for lightweight and low-frequency microwave absorption [J]. Chemical Engineering Journal, 2020, 382: 122980.

[77] Li X P, Deng Z M, Li Y, et al. Controllable synthesis of hollow microspheres with Fe@Carbon dual-shells for broad bandwidth microwave absorption [J]. Carbon, 2019, 147: 172-181.

[78] An X, Ding H L, Wang Y, et al. Microwave-assisted one-step synthesis of Fe_3O_4/ZnO@MXene multi-dimensional composite for photocatalysis and electromagnetic wave absorption [J]. Applied Surface Science, 2025, 706: 163532.

[79] Wang C, Chen N K, Xiao Y Y, et al. Exceeding natural resonance frequency limit and enhanced microwave absorption performance of Fe_3O_4 nanorods coated with SiO_2 layer [J]. Ceramics International, 2023, 49: 36233-3624.

[80] Wu N N, Xu D M, Yang F, et al. Porous Fe hollow structures with optimized impedance matching as highly efficient, ultrathin, and lightweight electromagnetic wave absorbers [J]. ACS Industrial & Engineering Chemistry Resarch, 2019, 58 (16): 6446-6455.

[81] Tong G X, Liu F T, Wu W H, et al. Rambutan-like Ni/MWCNT heterostructures: Easy synthesis, formation mechanism, and controlled static magnetic and microwave electromagnetic characteristics [J]. Journal of Materials Chemistry A, 2014, 2: 7373-7382.

第4章

负载Co/Ni粉煤灰基复合材料

4.1 引言

前一章主要介绍利用成球工艺制备得到了陶瓷基体，并利用传统的湿化学浸渍工艺成功将 Fe^{3+} 分散于陶瓷基体上，之后在惰性气氛下经不同煅烧温度（300～900℃）处理，制备得到一系列负载 Fe/Fe_3O_4 的 FeFA 复合材料。基于此，Co、Ni 作为典型的软磁性金属，同样具有较强的磁性能，其磁性组分的负载也可赋予复合物一定的磁性能。因此我们进一步尝试制备 CoFA、NiFA 复合材料，分别将单体系的 Co^{2+}、Ni^{2+} 负载于陶瓷基体上，随着还原温度的升高，Co^{2+}、Ni^{2+} 被还原为 Co、Ni 单质，即可制备得到 CoFA、NiFA 复合体系。

燕山大学的温福昇等人[1]采用简单的化学法分别将 Co^{2+} 和 Ni^{2+} 引入到轻质的多壁碳纳米管上，经氢气还原制备得到 MWCNTs/Co、MWCNTs/Ni 复合微波吸收材料。实验证明，磁性组分 Co 和 Ni 与多壁碳纳米管复合可有效改善微波吸收性能。北京化工大学的赵东林等人[2]采用湿化学方法在碳纳米管中填充 Co 纳米颗粒，与碳纳米管相比，复合物的介电损耗因子降低，磁损耗因子显著提高，阻抗匹配特性明显改善。兰州大学的吴志国等人[3]利用静电纺丝和一系列的热处理工艺将 Ni 纳米颗粒均匀地嵌入多孔碳纳米纤维中，制备得到 NiCPNFs 复合微波吸收材料。结果表明，金属 Ni 的参与使复合材料的微波吸收能力大幅度提高。南京航空航天大学的何建平课题组[4]利用微波辅助加热法制备得到 Ni 负载在还原氧化石墨烯（RGO）的复合材料，纳米级镍颗粒均匀地生长在 RGO 板上，形成的导电网络引起电子极化效应，进而增强复合物的微波吸收性能。

因此，本章继续采用前一章的实验设计思路，将前驱体溶液分别更换为

$Co(NO_3)_2 \cdot 6H_2O$、$Ni(NO_3)_2 \cdot 6H_2O$ 溶液，通过调控煅烧温度制备得到负载 Co 单质（CoFA）和 Ni 单质（NiFA）复合吸波材料。同时，探究不同煅烧温度下试样 CoFA 和 NiFA 的物相组成、微观形貌、静态磁性能和电磁参数，进而分析负载物相演变对材料微波吸收性能的影响及作用机制。

4.2 负载 Co/Ni 粉煤灰基复合材料的制备

(1) 粉煤灰的预处理

详见第 3 章的 3.2 节的粉煤灰酸洗工艺。

(2) 陶瓷基体的制备

详见第 3 章的 3.2 节的陶瓷基体的制备步骤。

(3) 前驱体溶液的配制

分别称取硝酸盐溶液（Co^{2+}、Ni^{2+}）与一定质量比的可溶性淀粉混合，依次加入 100mL 去离子水中，持续搅拌直至溶质完全溶解，分别配制浓度为 1.0mol/L 的前驱体溶液。

(4) Co、Ni 负载陶瓷复合材料的制备

取一定量的陶瓷基体分别放入配制的前驱体溶液中，在磁力搅拌器作用下持续搅拌 6h，使得 Co^{2+}、Ni^{2+} 充分进入多孔陶瓷基体表面和内部孔隙。经过滤，将前驱体溶液和陶瓷基体进行分离，并将过滤后的陶瓷基体置于 75℃ 的烘箱中进行干燥处理。接着，把烘干后的陶瓷复合物置于瓷舟中，并移至管式炉中，在氩气气氛下进行烧结，烧结制度（升温速率为 5℃/min，保温时间为 2h）与前一章实验一致，进而通过控制煅烧温度（300℃、400℃、500℃、600℃、700℃和 800℃）来制备得到不同的产物。根据前驱体溶液和热处理温度的不同，复合材料分别命名为：CoFA300、CoFA400、CoFA500、CoFA600、CoFA700 和 CoFA800；NiFA300、NiFA400、NiFA500、NiFA600、NiFA700 和 NiFA800。

4.3 CoFA 和 NiFA 在不同温度下物相及形貌演变

4.3.1 CoFA 和 NiFA 的物相演变

图 4.1 为 CoFA 复合材料经不同热处理得到的相关 XRD 图谱。考虑到产

物的非晶特性，我们选择300℃作为起始温度点，以此来研究热处理过程中物相演变规律。对于复合材料CoFA基体组分而言，在第3章3.3.1部分已经详细说明，其主要物相组成主要为Mullite、Al_2O_3 和 SiO_2。因此，本次XRD测试结果主要针对CoFA复合材料的负载组分进行分析。对于试样CoFA300，在 $2\theta=36.5°$、42.4°、61.5°、73.7°及77.5°处存在明显的衍射峰，对应为CoO（JCPDS No. 77-1060）的（110）、（200）、（220）、（311）和（222）晶面，这归因于硝酸钴的分解反应[5]。此外，对应的特征峰较宽，即说明CoO晶粒小且结晶度差。

$$2Co(NO_3)_2 \cdot 6H_2O \longrightarrow 2CoO + 4NO_2\uparrow + 12H_2O\uparrow + O_2\uparrow \qquad (4.1)$$

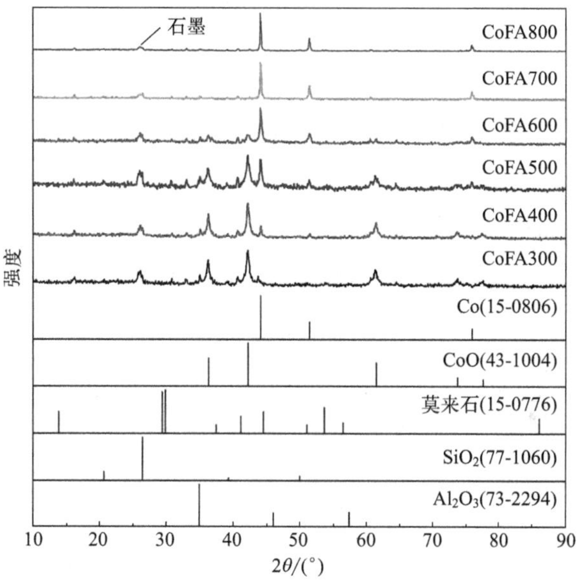

图4.1 CoFA在不同煅烧温度下的XRD图谱

随着煅烧温度升高至400℃，通过试样CoFA400的XRD图谱可以看出，在 $2\theta=44.2°$、51.5°和75.9°处存在微弱的衍射峰，指示为面心立方（*fcc*）Co（JCPDS No. 15-0806）的（110）、（200）和（220）晶面，这意味着初步的碳热还原反应已经开始。淀粉热分解产物碳将CoO还原为Co单质，其较弱的特征峰，说明碳热还原产生的Co的量较少。

$$CoO + C \longrightarrow Co + CO\uparrow \qquad (4.2)$$

当煅烧温度进一步升高至500～600℃，整个过程可以看出CoO的衍射峰逐渐减弱至最终消失，对应的Co衍射峰逐渐增强，且峰越来越尖锐，这意味着碳热还原反应不断进行，碳最终将CoO全部还原为Co单质，且伴随着晶粒尺寸的不断长大。随着温度继续升高，无新的特征峰出现，而单质 Co 的特征峰更加尖锐、平滑，表明 Co 颗粒的不断长大。此外，在 $2\theta=26.5°$处存在石墨碳的（002）晶面，这归因于淀粉热分解产生的碳，在第 3 章 3.3.2 节也已进行详细分析。

就复合材料 NiFA 而言，我们同样选择 300℃作为起始温度点，以此来研究热处理过程中物相演变规律。NiFA 复合材料的基体组分同样为物相莫来石、Al_2O_3 和 SiO_2。因此，本次 XRD 测试结果主要针对 NiFA 复合材料的负载组分进行分析。如图 4.2 所示，对于试样 NiFA300，在 $2\theta=37.3°$、43.3°、62.9°、62.9°和 75.4°处存在衍射峰，对应于 NiO（JCPDS No. 47-1049）的（111）、（200）、（220）、（311）和（222）晶面，即说明 NiO 存在于 NiFA 复合材料中，这归因于硝酸镍的分解反应。同时，在 $2\theta=44.5°$、51.9°和 76.4°处观察到三个明显的特征峰，对应于 Ni（JCPDS No. 04-0850）的（111）、（200）和（220）晶面。相比于微弱的 NiO 特征峰，Ni 的衍射峰更强，这说明碳热还原反应已经进行大半，NiO 晶粒在反应中还没来得及长大，进而被淀粉热解产物碳还原生成 Ni 单质[6]。

$$2Ni(NO_3)_2 \cdot 6H_2O \longrightarrow 2NiO + 4NO_2\uparrow + 12H_2O\uparrow + O_2\uparrow \quad (4.3)$$

$$NiO + C \longrightarrow Ni + CO\uparrow \quad (4.4)$$

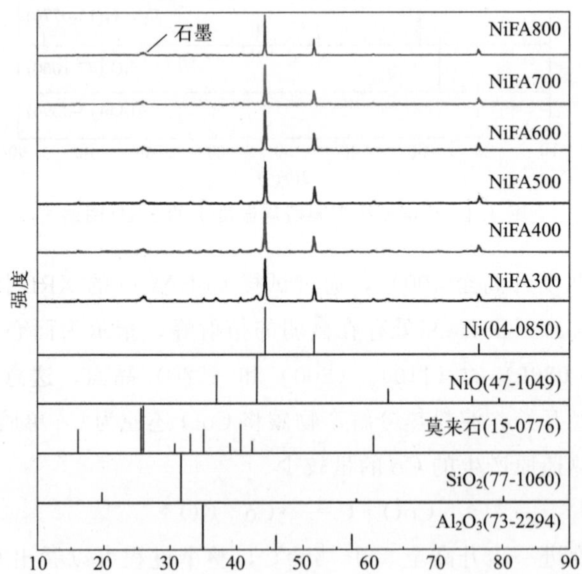

图 4.2 NiFA 复合材料在不同煅烧温度下的 XRD 图谱

当温度升高至 600℃，可以观察到 NiO 的特征峰已经全部消失，而 Ni 的衍射峰变得更加尖锐且平滑，这说明碳热还原反应已经完成，NiO 已经全部还原为 Ni 单质。随着煅烧温度进一步升高，无新的特征峰出现，而单质 Ni 的特征峰更加尖锐、平滑，表明 Ni 颗粒的不断长大。与此同时，在 $2\theta=26.5°$处的特征峰也对应于石墨化碳，这一结果在前一章也得到了证实。

图 4.3 为 CoFA 和 NiFA 复合材料在不同热处理温度下的拉曼图谱。显然，在 500～2500cm^{-1} 范围内存在两个明显的宽峰，即 1350cm^{-1} 处的 D 带和 1580cm^{-1} 处的 G 带，分别对应于碳的 A_{1g} 呼吸模式和 E_{2g} 振动模式[7,8]。其中前者与布里渊区边界附近由于选择定则不再适用而被激活的声子的振动相关，而后者不仅仅代表着石墨碳，它归因于 sp^2 键的拉伸振动，是由所有 sp^2

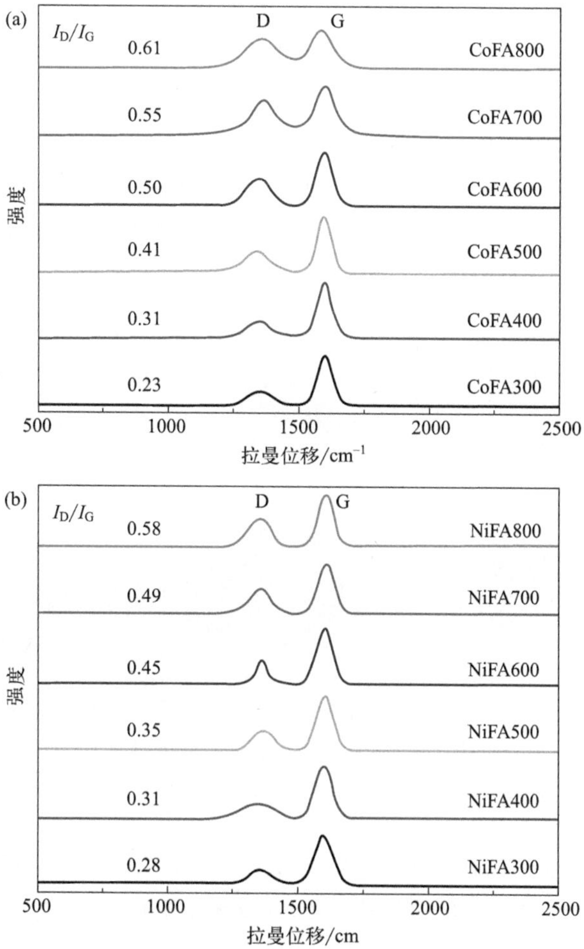

图 4.3 复合材料 CoFA (a) 和 NiFA (b) 的拉曼光谱

位点产生的。通常，碳的石墨化度由 D 带与 G 带的强度比（$R=I_D/I_G$）来表示。如图 4.3 所示，不同烧结温度下（300～800℃）CoFA 和 NiFA 复合材料的 R 值变化范围分别为 0.23～0.61 和 0.28～0.58，二者相应的 R 值随温度的升高而增大。根据“三步模型”理论[9]，R 值的逐渐增加意味着无定形碳逐渐转变为纳米晶石墨，这在第 3 章 3.3.2 节已进行相关解释。

4.3.2 CoFA 和 NiFA 在不同煅烧温度下的微观形貌

为考察复合材料 CoFA 和 NiFA 在不同煅烧温度下的微观形貌变化，选择复合材料 CoFA300、CoFA500、CoFA700 和复合材料 NiFA300、NiFA500、NiFA700 作为研究对象，利用 SEM 进行表征分析。图 4.4 为代表性试样 CoFA300、CoFA500 和 CoFA700 的微观形貌图。对于试样 CoFA300［见图 4.4(a_1) 和 (a_2)］而言，可以观察到大量絮状物均匀地分布在基体表面，这主要源于硝酸钴的分解反应形成大量无定形的 CoO。随着温度升高至 500℃，可以看到表面形貌呈现明显的变化，基体表面的絮状 CoO 逐渐转变为无定形的 Co 颗粒［见图 4.4(b_1) 和 (b_2)］。当煅烧温度进一步升高至 700℃，絮状的 CoO 完全消失，取而代之的是大量的 Co 颗粒均匀地分散在基体表面［见图 4.4(c_1) 和 (c_2)］。

图 4.4 试样 CoFA 的扫描电镜照片

(a_1) CoFA300；(b_1) CoFA500；(c_1) CoFA700；(a_2)、(b_2) 和 (c_2) 分别为相应放大图

图 4.5 为代表性试样 NiFA300、NiFA500 和 NiFA700 的微观形貌图。当煅烧温度为 300℃时，大量的片状 NiO 以及无定形的 Ni 分布在基体表面［见图 4.5(a_1) 和 (a_2)］，这主要归因于硝酸镍的分解以及初步的碳热还原反应。

随着煅烧温度升高至500℃，基体表面的片状 NiO 逐渐转变为 Ni 颗粒，呈现明显的形貌演变过程［见图 4.5(b_1) 和 (b_2)］。对于试样 NiFA700［见图 4.5(c_1) 和 (c_2)］，分布在基体表面的薄片状 NiO 完全消失，大量的米粒状 Ni 颗粒逐渐长大，并很好地分散在基体的表面。

图 4.5　复合材料 NiFA 的扫描电镜照片

(a_1) NiFA300；(b_1) NiFA500；(c_1) NiFA700；(a_2)、(b_2) 和 (c_2) 分别为相应放大图

为了进一步确认 Co、Ni 颗粒均匀分散在基体表面，试样 CoFA700 和 NiFA700 的 EDS 元素 mapping 照片如图 4.6 所示。可以看出，CoFA700 和 NiFA700 中的 O、Si 和 Al 元素分别呈现相似的元素分布，这主要归因于基体的主要化学组成。此外，Co、Ni 元素均匀地分散在基体表面，这也进一步验证了 Co、Ni 颗粒已经负载于基体表面，与上述的 SEM 结果恰好一致。

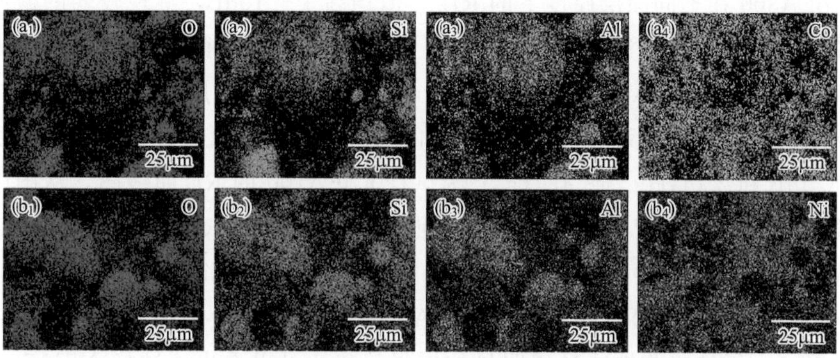

图 4.6　试样 CoFA700［(a_1)～(a_4)］和 NiFA700［(b_1)～(b_4)］的元素 mapping 图（见文后彩图）

4.4 CoFA和NiFA的微波吸收性能评价及电磁参数分析

4.4.1 CoFA和NiFA的微波吸收性能评价

为了揭示复合材料CoFA和NiFA的微波吸收性能，分别对它们的相对复介电常数（$\varepsilon_r=\varepsilon'-j\varepsilon''$）和磁导率（$\mu_r=\mu'-j\mu''$）进行测定，并将测试得到的不同频率下电磁参数值代入式(1.1）和式(1.2）计算得出反射损耗值，进而评价材料的吸波能力。通常，涂层厚度是影响电磁波吸收频段以及吸收强度的重要影响因素，因此我们选定模拟涂层厚度为1.0mm、1.5mm、2.0mm、2.5mm、3.0mm、3.5mm以及4.0mm，分别计算不同涂层厚度下试样的RL曲线。通过上述XRD结果可知，经不同的煅烧温度处理，可将复合材料CoFA和NiFA分为不同的物相组成阶段，基于此，我们选择二者在300℃、500℃以及700℃下的产物作为研究对象，以此探讨物相组成对复合材料微波吸收性能的影响。如图4.7所示，可以看出，随模拟涂层厚度的增加，代表性试样的最低反射损耗峰向低频区移动，类似的规律在先前的报道中也已提到[10]，根据RL_{min}值对应的厚度d与频率f满足的关系式：$f=c/2\pi d\mu''$[11]，可进一步解释该现象。因此，在实际应用中，通过改变复合材料的涂层厚度来调节吸收频段，进而实现对电磁波不同频带的吸收。

众所周知，当RL值低于-10dB时，意味着吸波材料对电磁波吸收效率达到90%，则满足实际的应用价值[12]。此外，通常将RL$\leqslant-10$dB的频带宽度称之为有效吸收带宽。对于复合材料CoFA而言，从图4.7(a_1）可知，试样CoFA300在不同涂层厚度下的RL_{min}值均高于-10dB，呈现较弱的微波吸收能力。相比之下，试样CoFA500和CoFA700的整体微波吸收性能显著提高。对于试样CoFA500［见图4.7(a_2)］，当涂层厚度为4.0mm时，在6.8GHz处存在最低反射损耗峰，对应的RL_{min}值和最大有效吸收带宽分别为-16.2dB和2.0GHz。图4.7(a_3）为试样CoFA700的RL曲线图，从图中可以看出，当涂层厚度为2.0mm时，在12.6GHz处的RL_{min}值为-40.5dB，对应的最大有效吸收带宽为4.6GHz。对于复合材料NiFA而言，其对应的RL曲线如图4.7(b_1)～(b_3)，与CoFA的整体吸波性能变化相似，随煅烧温度的升高，微波吸收性能呈现明显的增强趋势。可以看出，试样NiFA700具有最佳的微波吸收性能，当涂层厚度为1.6mm时，在15.2GHz处的RL_{min}

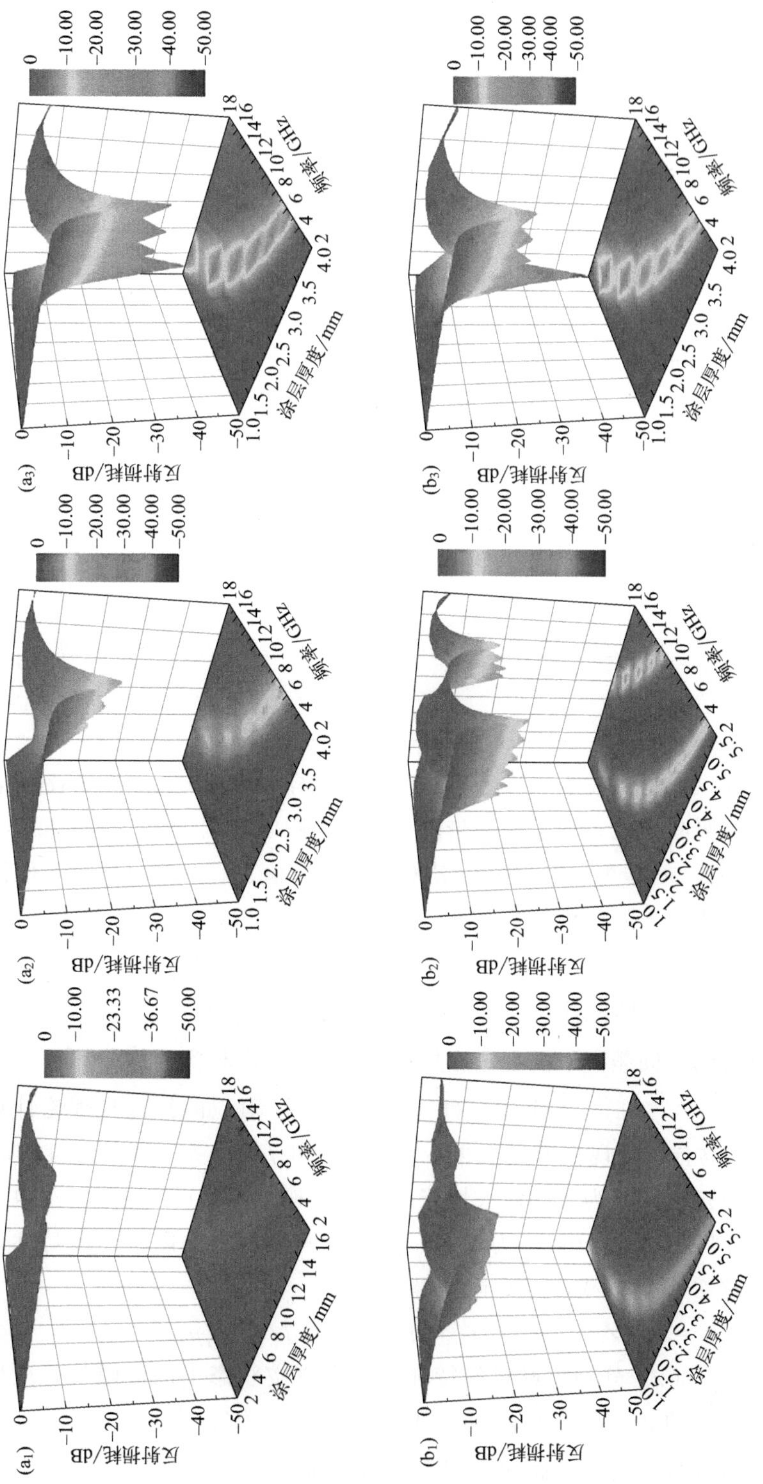

图 4.7 试样在不同涂层厚度下的反射损耗曲线三维图（见文后彩图）

(a_1)～(a_3) CoFA300、CoFA500、CoFA700；(b_1)～(b_3) NiFA300、NiFA500、NiFA700

值为−45.7dB，对应的最大有效吸收带宽为 5.0GHz。综上所述，复合材料 CoFA 和 NiFA 表现出优异的微波吸收性能，与此前报道的吸波材料相比，具有较薄的涂层厚度、较强的吸收能力、较宽的频段以及较低的密度，相应的微波吸收性能列于表 4.1。

表 4.1　近期报道的吸波材料的微波吸收性能对比

样品	RL_{min} /dB	有效吸收带宽 /GHz	涂层厚度 /mm
Ni/NCNTs	−34.1	4.2	3.2
RGO/Ni	−39.0	4.3	2.0
Co/NCNTs	−20.5	4.08	2.4
Co@C	−25.0	6.0	3.0
CoCB	−20.6	3.8	1.3
NiCB	−20.4	4.1	1.3
Ni/C 纳米胶囊	−40.0	1.2	7.8
Ni/MWCNT	−37.8	2.1	4.0
CoFA	−40.5	4.6	1.5
NiFA	−45.7	5.0	1.6

通过上述试样的微波吸收性能对比可知，试样 CoFA700 和 NiFA700 表现出优异的微波吸收性能，为了进一步研究材料的吸收机制，我们选择试样 CoFA700 和 NiFA700 作为研究对象，其对应的 RL 值、$\lambda/4$ 模型下的匹配涂层厚度以及标准化输入阻抗模 $|Z_{in}/Z_0|$ 与频率的关系曲线如图 4.8 所示。首先，根据 $\lambda/4$ 厚度理论[13,14]，$t_m = n\lambda_0/4(|\varepsilon_r||\mu_r|)^{1/2} = nc/4f_m(|\varepsilon_r||\mu_r|)^{1/2}$，其中 t_m、f_m 分别为匹配涂层厚度和频率，λ_0、c 分别为自由空间波长和光波速度，计算得到不同频率下的理论涂层厚度 t_m^{cal}，进而与实验涂层厚度 t_m^{exp} 对比。如图 4.8(a_1)、(a_2)、(b_1)、(b_2) 所示，t_m^{exp} 对应的红点与理论计算的 $\lambda/4$ 曲线基本吻合，呈现良好的匹配，说明 t_m 和 f_m 的关系服从 $\lambda/4$ 波长模型。此外，阻抗匹配作为影响吸波性能的重要因素之一，直接决定入射电磁波在空气-吸收剂界面处的反射，为了进一步研究复合材料的阻抗匹配特性，标准化输入阻抗 Z 值通过式(4.5) 计算得到[15,16]。

$$Z = Z_{in}/Z_0 = (\mu_r/\varepsilon_r)^{1/2}\tanh[j(2\pi fd/c)(\varepsilon_r\mu_r)^{1/2}] \tag{4.5}$$

式中，Z_{in} 和 Z_0 分别为材料的特征阻抗和真空状态下的波阻抗，理想状态下，当吸收剂的 Z_{in} 值等于 Z_0 值，即 $|Z| = |Z_{in}/Z_0| = 1$，则表示入射电磁波全部进入到材料内部，而在空气-吸收剂界面处不存在反射[17]。如图 4.8

(a_1)、(a_3)、(b_1)、(b_3）所示，反映了复合材料 CoFA 和 NiFA 对应的反射损耗峰与相对输入阻抗的对应关系。对于 CoFA 而言，当涂层厚度为 1.5mm、2.0mm、2.5mm、3.0mm、3.5mm 和 4.0mm 时，对应的 $|Z|$ 值分别为 0.96、0.97、0.90、0.89、0.90 和 0.87，整体表现出良好的阻抗匹配特性。尤其是涂层厚度 2.0mm 下的 $|Z|$ 值最大，具有最为优异的阻抗匹配，这恰好与复合材料的微波吸收结果相一致。对于 NiFA 而言，同样表现出良好阻抗匹配，当涂层厚度为 1.6mm 时，$|Z|$ 值达到最大接近于 1.0，具有优异的微波吸收性能。

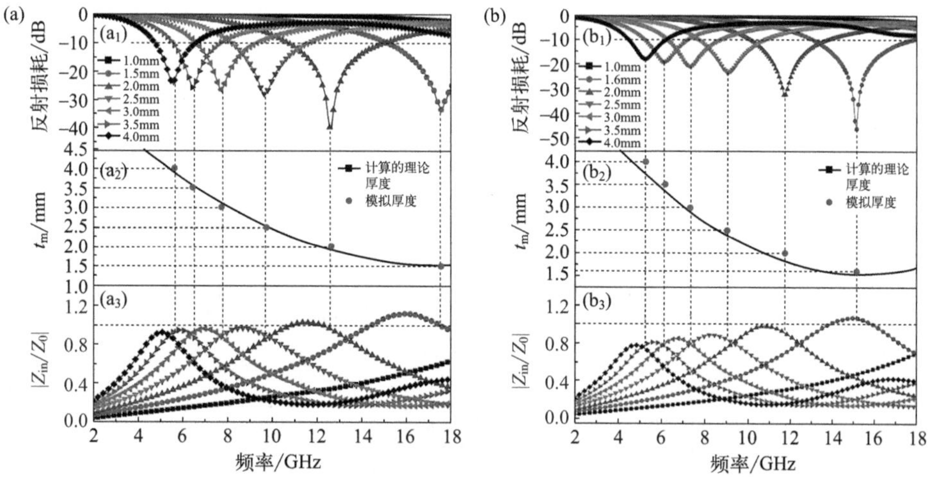

图 4.8 试样 CoFA700 (a) 和 NiFA700 (b) 的 RL 值、$\lambda/4$ 模型下的匹配涂层厚度以及标准化输入阻抗模 $|Z_{in}/Z_0|$ 与频率的关系曲线图（见文后彩图）

4.4.2 CoFA 和 NiFA 的电磁参数分析

根据上述吸波性能结果可知，复合材料的微波吸收性能随负载物组分的改变而发生变化。为了揭示 CoFA 和 NiFA 物相及形貌变化对吸波机理的影响，首先对复合材料的相对复介电常数（ε_r）和磁导率（μ_r）进行研究，其中介电常数和磁导率的实部（ε'、μ'）代表着吸收剂对电磁能的储存能力，而介电常数和磁导率的虚部（ε''、μ''）则代表着吸收剂对电磁波的衰减能力[18]。从图 4.9 中可以观察到，所有试样的相对复介电常数值随频率的增加，先降低后逐渐趋于稳定，呈现出典型的“频散”现象，通常有利于增强材料的微波吸收能力，这在先前相关的碳基材料中已进行报道[19]。如图 4.9(a)、(b) 所示，对于试样 CoFA300 和 NiFA300 而言，ε′和 ε″呈现相似的变化趋势，在整个频率范围内几乎保持恒定，相应的 ε″值均低于 1.0，呈现出较低的介电常数，即说明试样 CoFA300 和 NiFA300 的介电损耗能力较弱。相比之下，试样 CoFA500、CoFA700、NiFA500、NiFA700 的 ε_r 值显著提高，其对应的 ε′值从 10.2、13.4、15.9、15.7 降低至 7.7、8.7、12.5、10.2，而相关的 ε″值则从 2.7、6.7、2.3、7.9 降低至 1.9、3.2、1.8、4.1，与此同时，ε″的相关曲线在低频区和高频区均存在明显的波动峰。

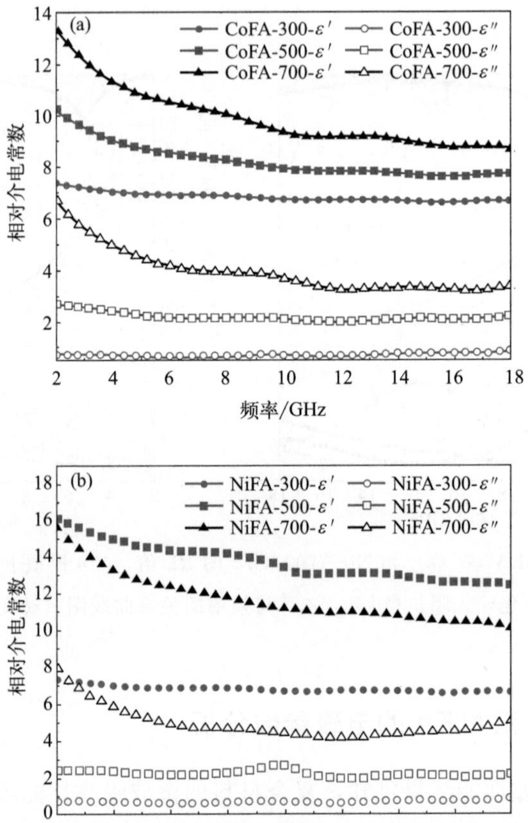

图 4.9　试样 CoFA（a）和 NiFA（b）的相对复介电常数随频率变化的曲线图

就介电损耗而言，通常归因于材料的导电损耗以及极化损耗的贡献[20,21]。根据自由电子理论[22,23]，$\varepsilon''=1/2\pi\rho f\varepsilon_0$（$\rho$ 为电阻率，ε_0 为真空介电常数），较高的 ε″值意味着较高的导电率，从而有助于材料导电损耗能力的提高，这在前一章也已经提到。此外，极化损耗通常来源于电子极化、离子极化、偶极子极化以及界面极化的作用，然而电子极化和离子极化往往发生在较低的测试频段，故可排除其作用[24]。基于此，可以推测，ε''的相关曲线存在的波动峰则是由多重界面极化和弛豫引起的。结合 SEM 结果可以看出，随着原位碳热还原反应的进行，分别将 Co^{2+} 和 Ni^{2+} 还原为金属 Co 颗粒和 Ni 颗粒，并与基体牢固地结合在一起，形成大量的有效界面。由于负载物组分与基体导电能力的差异，造成大量的自由电荷聚集在异质界面处，从而诱发产生多重界面极化[25,26]。与此同时，在外电磁场的作用下，复合材料内的有效界面也会诱发产生多重弛豫现象。通常，界面多重弛豫效应也称之为德拜弛豫效应，进而依据 Debye 理论进行解释[27,28]。一般而言，一个 Debye 弛豫过程通常由 ε'和 ε''计算得到的半圆来进行描述，且该半圆通常称为 Cole-Cole 半圆，这在前一章也已经提到。从图 4.10 中可以看出，所有试样均呈现出四个 Cole-Cole 半圆，即在试样中存在四个 Debye 极化弛豫过程，从而说明界面弛豫极化存在于复合材料内，并有助于提高材料的介电损耗能力。

图 4.11(a)、(b) 为复合材料 CoFA 和 NiFA 的相对复磁导率实部（μ'）和虚部（μ''）随频率变化曲线图。可以观察到，CoFA 和 NiFA 的 μ'值变化范围分别在 1.10～0.97、1.11～0.93、1.17～1.01 和 1.06～0.96、1.22～1.05、1.13～0.96，而相应的 μ''值则分别从 0.04、0.09、0.06、0.05、0.09、0.10 降低至－0.03、－0.05、0.01、－0.03、－0.01、－0.12，与此同时，μ''的相关曲线在 6.5GHz、11.6GHz 及 16.1GHz 处存在共振峰。μ''在高频区出现负值主要是由于高介电损耗类材料中的 Fabry-Pérot 共振引起，类似现象在前一章已经提到。对比各试样的相对复磁导率可知，各个 μ_r 值差异并不明显，这主要与复合材料内较低的磁性组分含量有关。

为了进一步分析对比各复合材料磁导率的差异，分别测定室温下各个试样的磁滞回线。考虑到试样 CoFA300 的主要负载物物相为 CoO，不具有磁性能。因此，测试得到 CoFA500、CoFA700、NiFA300、NiFA500 及 NiFA700 的饱和磁化强度（M_s）和剩余磁化强度（M_r）分别为 9.58emu/g、33.70emu/g、8.44emu/g、10.80emu/g、16.28emu/g 和 1.35emu/g、1.58emu/g、1.81emu/g、1.90emu/g、2.19emu/g，相应的矫顽力（H_c）为 200.50Oe、176.20Oe 和 179.30Oe、153.20Oe、136.70Oe。相比之下，复合材料 CoFA 和 NiFA 的 M_s 值均明显低于金属 Co、Ni 块体[29]，进一步说明复合材料内磁性组分含量相对较低，这也是导致相对复磁导率变化不明显的原因。此外，复合材料 CoFA 和 NiFA 的 H_c 值各有差异，这主要取决于晶体的形状各向异性以及磁晶各向异性的变化[30,31]。

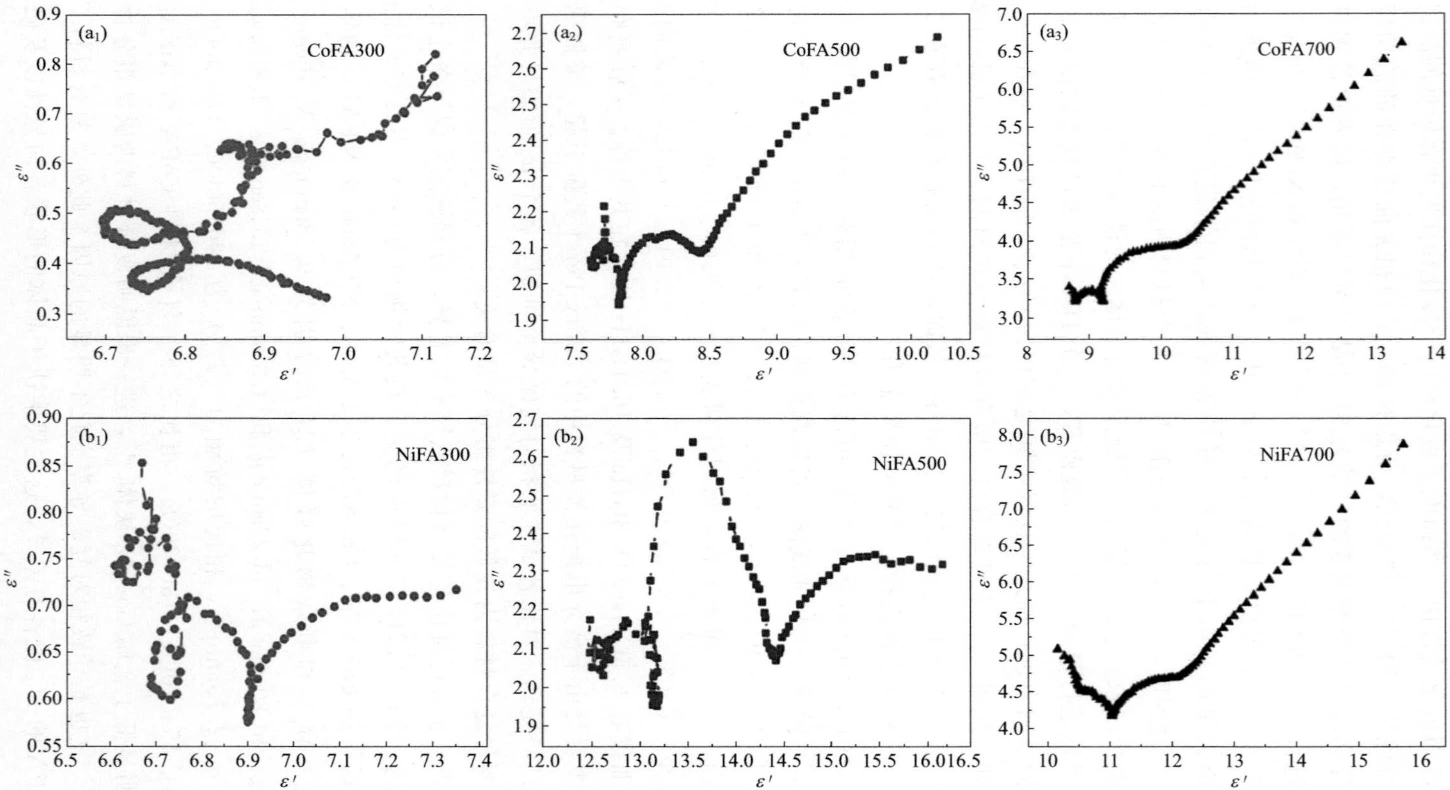

图 4.10 复合材料 CoFA 和 NiFA 的 ε′和 ε″关系曲线图（Cole-Cole 半圆）

(a_1)～(a_3) CoFA300、CoFA500、CoFA700；(b_1)～(b_3) NiFA300、NiFA500、NiFA700

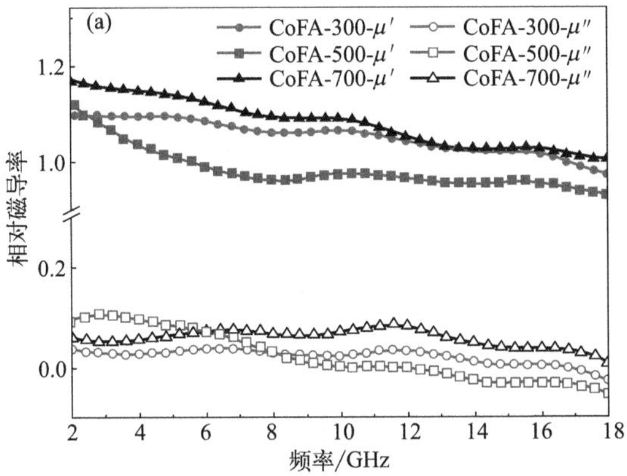

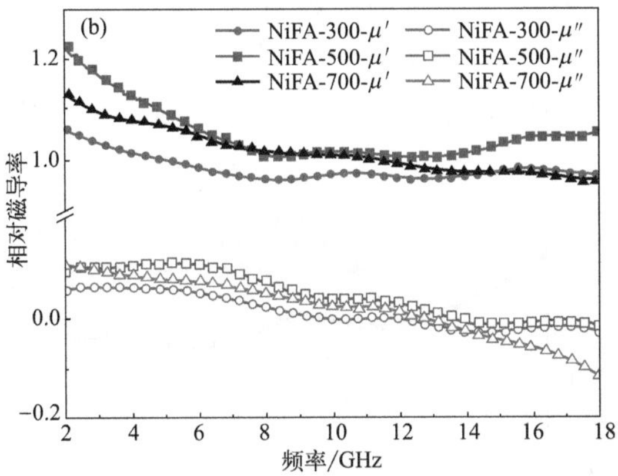

图 4.11　复合材料 CoFA（a）和 NiFA（b）的相对复磁导率随频率变化的曲线图

众所周知，磁损耗主要来自吸波材料内磁介质的涡流损耗、磁滞损耗、畴壁共振、交换共振和自然共振[32,33]。然而，磁滞损耗只有在弱电磁场作用下诱导产生，而畴壁共振往往发生在低频段（1～100MHz），故复合材料的磁损耗可归因于涡流损耗、交换共振以及自然共振的作用[34]。根据 Aharoni 理论，交换共振发生在高频区，自然共振则归因于低频区存在的共振峰。由此可知，μ'' 的相关曲线在 6.5GHz 处的波动峰是由自然共振引起的，而在 11.6GHz 和 16.1GHz 处的共振峰可归因于交换共振。除此之外，涡流损耗作为磁损耗的重要机制，通常根据 $\mu''(\mu')^{-2}f^{-1}$ 值的变化情况来判断涡流损耗对磁损耗的贡献[35,36]。如图 4.12 所示，复合材料 CoFA 和 NiFA 的 $\mu''(\mu')^{-2}f^{-1}$ 值在 2.0～9.0GHz 范围内随测试频率的增加而快速降低，而在 9.0～18.0GHz 频率范围内逐渐趋于稳定并伴随多个波动峰出现，说明 $\mu''(\mu')^{-2}f^{-1}$ 值在整个测试频段范围内不断变化，即涡流损耗对磁损耗的贡献可以忽略。综上所述，复合材料的磁损耗机制分别归属于低频区的自然共振以及高频区的交换共振。

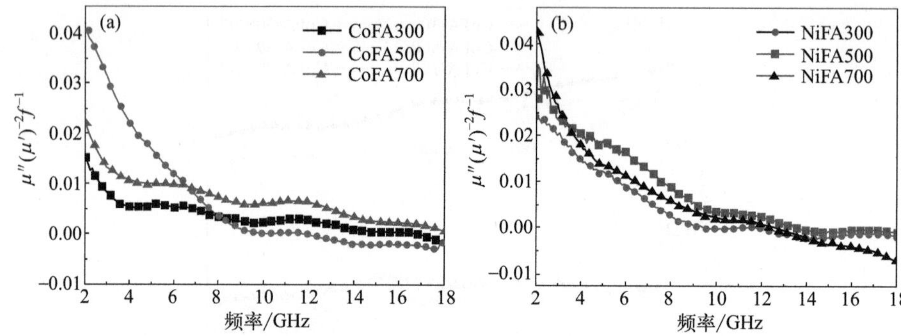

图 4.12 试样 CoFA(a) 和 NiFA(b) 的 $\mu''(\mu')^{-2}f^{-1}$ 值

为了进一步解释复合材料的损耗机理，通过计算得到介电损耗因子（$\tan\delta_e=\varepsilon''/\varepsilon'$）和磁损耗因子（$\tan\delta_m=\mu''/\mu'$），进而来评价介电损耗以及磁损耗对微波吸收能力的贡献。如图 4.13 所示，对于复合材料 CoFA 和 NiFA

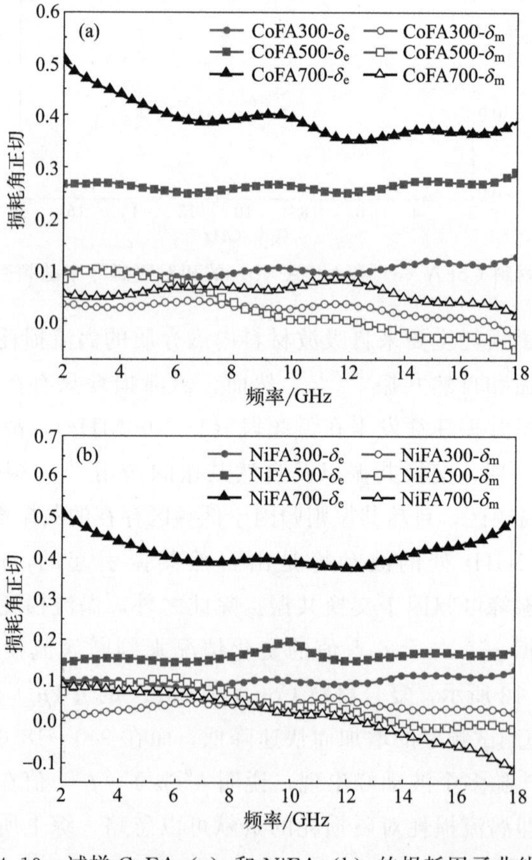

图 4.13 试样 CoFA（a）和 NiFA（b）的损耗因子曲线图

而言，在整个测试频段范围内，所有复合材料的介电损耗因子明显高于磁损耗因子，即说明介电损耗在损耗机制中起主导作用。

综上所述，复合材料 CoFA 和 NiFA 具有优异的微波吸收性能，详细的吸收衰减机制如图 4.14 所示。在我们看来，CoFA 和 NiFA 增强的微波吸收能力与多组分异质结构中的界面极化效应和阻抗匹配有关。首先，异质复合材料中存在大量的有效界面，主要在金属单质（Co、Ni）、基体以及碳网络之间形成，这导致多组分界面结构，进而激发多重界面极化，将大部分电磁能转化为热能，显著提高复合材料的衰减性能。另一方面，复合材料 CoFA 和 NiFA 存在的更多界面、空心微球和多孔结构会导致多次反射散射和电磁波的重复吸收。与此同时，复合材料优异的微波吸收性能是介电损耗和磁损耗协同作用的结果，这有助于改善阻抗匹配，使得入射电磁波进入到材料内而不被反射掉。

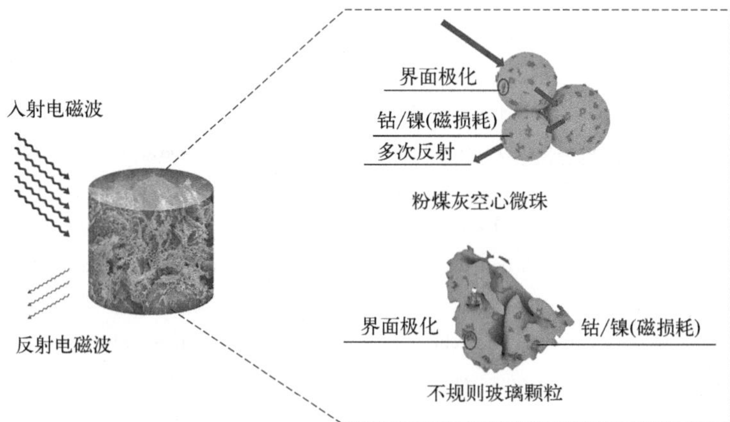

图 4.14　试样 CoFA700 和 NiFA700 微波吸收示意图（见文后彩图）

参考文献

[1] Wen F S，Zhang F，Liu Z Y，et al. Investigation on microwave absorption properties for multi-walled carbon nanotubes/Fe/Co/Ninanopowders as lightweight absorbers [J]. ACS Journal of Physical Chemistry C，2011，115：14025-14030.

[2] Zhao D L，Zhang J Mi，Li X，et al. Electromagnetic and microwave absorbing properties of Co-filled carbon nanotubes [J]. Journal of Alloys and Compounds，2010，505：712-716.

[3] Li D R，Guo K，Wang F Y，et al. Enhanced microwave absorption properties in C band of Ni/C porous nanofibers prepared by electrospinning [J]. Journal of Alloys and Compounds，2019，800：294-304.

[4] Zhu Z T，Sun X，Li G X，et al. Microwave-assisted synthesis of graphene-Ni composites with enhanced microwave absorption properties in Ku-band [J]. Journal of Magnetism and Magnetic Mate-

rials, 2015, 377: 95-103.

[5] Yuvaraj S, Yuan L F, Huei C T, et al. Thermal decomposition of metal nitrates in air and hydrogen environments [J]. Journal of Physical Chemistry C, 2003, 107: 1044-1047.

[6] Jagtap S B, Kale B B, Gokarn A N. Carbothermic reduction of nickel oxide: effect of catalysis on kinetics [J]. Metallurgical and Materials Transactions B, 1992, 23: 93-95.

[7] Zhang D F, Xu F X, Lin J. Electromagnetic characteristics and microwave absorption properties of carbon-encapsulated cobalt nanoparticles in 2-18GHz frequency range [J]. Carbon, 2014, 80: 103-111.

[8] Wang L H, Guan H T, Huang Q, et al. Fe_3O_4/Fe/C composites prepared by a facile thermal decomposition method and their application as microwave absorbers [J]. Journal of Alloys and Compounds, 2019, 784: 1123-1129.

[9] Ferrari A C, Robertson J. Interpretation of Raman spectra of disordered and amorphous carbon [J]. Physical Review B, 2000, 51 (20): 14095-14107.

[10] Li Y X, Wang J Y, Liu R G, et al. Dependence of gigahertz microwave absorption on the mass fraction of Co@C nanocapsules in composite [J]. Journal of Alloys and Compounds, 2017, 724: 1023-1029.

[11] Jiang Y P, Jin H Q, Liu X J, et al. Enhanced microwave absorption in Fe_3O_4@PS/MWCNT multicomponent composites: Fabrication, characterization, and performance analysis [J]. Ceramics International, 2024, 50: 45919-45928.

[12] Ning M, Li J, Kuang B, et al. One-step fabrication of N-doped CNTs encapsulating M nanoparticles (M=Fe,Co,Ni) for efficient microwave absorption [J]. Applied Surface Science, 2018, 447: 244-253.

[13] Wu M, Rao L, Liu L, et al. Urchin-like Fe_3O_4@C hollow spheres with core-shell structure: Controllable synthesis and microwave absorption [J]. Journal of Colloid and Interface Science, 2023, 649: 313-324.

[14] Zhu Z, Sun X, Li G, et al. Microwave-assisted synthesis of graphene-Ni composites with enhanced microwave absorption properties in Ku-band [J]. Journal of Magnetism and Magnetic Materials, 2015, 377: 95-103.

[15] Xu W, Wang G, Yin P. Designed fabrication of reduced graphene oxides/Ni hybrids for effective electromagnetic absorption and shielding [J]. Carbon, 2018, 139: 759-767.

[16] Xu D, Yang S, Chen P, et al. 3D nitrogen-doped porous magnetic graphene foam-supported Ni nanocomposites with superior microwave absorption properties [J]. Journal of Alloys and Compounds, 2019, 782: 600-610.

[17] Wang H, Guo H H, Dai Y Y, et al. Optimal electromagnetic-wave absorption by enhanced dipole polarization in Ni/C nanocapsules [J]. Applied Physics Letters, 2012, 101: 083116.

[18] Tong G, Liu F, Wu W, et al. Rambutan-like Ni/MWCNT heterostructures: Easy synthesis, formation mechanism, and controlled static magnetic and microwave electromagnetic characteristics [J]. Journal of Materials Chemistry A, 2014, 2: 7373-7382.

[19] Li S P, Huang Y, Ling D, et al. Enhanced microwave-absorption with carbon encapsulated Fe-

Co particles on reduced graphene oxide nanosheets with nanoscaleholes in the basal plane [J]. Journal of Colloid and Interface Science, 2019, 544: 188-197.

[20] Wang L, Duan X M, Liu S J, et al. Synergistic microwave absorption effect of graphene-BN-Fe_3O_4 composite at thin thickness [J]. Applied Surface Science, 2024, 675: 160959.

[21] Huang Y X, Zhang H Y, Zeng G X, et al. The microwave absorption properties of carbon-encapsulated nickel nanoparticles/silicone resin flexible absorbing material [J]. Journal of Alloys and Compounds, 2016, 682: 138-143.

[22] Deng Z M, Li Y, Zhang H B, et al. Lightweight Fe@C hollow microspheres with tunable cavity for broadband microwave absorption [J]. Composites Part B, 2019, 177 107346.

[23] Li D R, Zhang B S, Liu W, et al. Tailoring the input impedance of FeCo/C composites with efficient broadband absorption [J]. Dalton Transactions, 2017, 46 (43): 14926-14933.

[24] Jia L Y, Yang T T, Chen Z X, et al. In-situ chemically synthesized Fe_3O_4/Kgeopolymer composite with microwave absorbency for additive manufacturing [J]. Ceramics International, 2024, 50: 45692-45702.

[25] Lv J, Liang X H, Quan B, et al. Structural and carbonized design of 1D FeNi/C nanofibers with conductive network to optimize its electromagnetic parameters and absorption abilities [J]. ACS Sustainable Chemistry & Engineering, 2018, 6 (6): 7239.

[26] Zhou J, Shu X F, Wang Z C, et al. Hydrothermal synthesis of polyhedral FeCo alloys with enhanced electromagnetic absorption performances [J]. Journal of Alloys and Compounds, 2019, 794: 68-75.

[27] Zeng S F, Yao Y, Feng W L, et al. Constructing a 3D interconnected Fe@graphitic carbon structure for a highly efficient microwave absorber [J]. Journal of Materials Chemistry C, 2020, 8 (4): 1326-1334.

[28] Liu Q H, Cao Q, Bi H, et al. CoNi@SiO_2@TiO_2 and CoNi@Air@TiO_2 microspheres with strong wideband microwave absorption [J]. Advanced Materials, 2016, 28: 486-490.

[29] Cheng Y, Li Z Y, Li Y, et al. Rationally regulating complex dielectric parameters of mesoporous carbon hollow spheres to carry out efficient microwave absorption [J]. Carbon, 2018, 127: 643-652.

[30] Wang L, Wen B, Bai X Y, et al. Facile and green approach to the synthesis of zeolitic imidazolate framework nanosheet-derived 2D Co/C composites for a lightweight and highly efficient microwave absorber [J]. Journal of Colloid and Interface Science, 2019, 540: 30-38.

[31] Li G M, Wang L C, Li W X, et al. Fe-, Co-, and Ni-Loaded porous activated carbon balls as lightweight microwave absorbents [J]. ChemPhysChem, 2015, 16 (16): 3458-3467.

[32] Zhao X C, Zhang Z M, Wang L Y, et al. Excellent microwave absorption property of graphene-coated Fe nanocomposites [J]. Science Reports, 2013, 3: 3421.

[33] Xu X F, Wang G Z, Wan G P, et al. Magnetic Ni/graphene connected with conductive carbon nano-onions or nanotubes by atomic layer deposition for lightweight and low-frequency microwave absorption [J]. Chemical Engineering Journal, 2020, 382: 122980.

[34] Ning M Q, Li J B, Kuang B Y, et al. One-step fabrication of N-doped CNTs encapsulating M

nanoparticles (M=Fe, Co, Ni) for efficient microwave absorption [J]. Applied Surface Science, 2018, 447: 244-253.

[35] An X, Ding H L, Wang Y, et al. Microwave-assisted one-step synthesis of Fe_3O_4/ZnO@MXene multi-dimensional composite for photocatalysis and electromagnetic wave absorption [J]. Applied Surface Science, 2025, 706: 163532.

[36] Xiang J, Li J L, Zhang X H, et al. Magnetic carbon nanofibers containing uniformly dispersed Fe/Co/Ni nanoparticles as stable and high-performance electromagnetic wave absorbers [J]. Journal of Materials Chemistry A, 2014, 2: 16905-16914.

第5章

负载FeCo粉煤灰基复合微波吸收材料

5.1 引言

在第 3 章和第 4 章中，通过“两步法”制备得到吸波性能优异的复合材料 FeFA、CoFA 以及 NiFA。首先利用成球工艺制备得到了孔结构的陶瓷基体作为载体，然后再分别配制硝酸铁、硝酸钴及硝酸镍溶液作为前驱体溶液，通过湿化学浸渍将含有 Fe^{3+}、Co^{2+}、Ni^{2+} 的前驱体溶液分别引入至陶瓷基体上，经过后续热处理，制备得到一系列负载金属氧化物及其单质的陶瓷复合吸波材料。然而，考虑到上述陶瓷基体的合成工艺相对复杂，我们尝试优化设计思路，简化其制备流程，从而实现规模化生产。基于此，我们设计了一种简单的“一锅法”，利用旋转蒸发法可直接把金属离子引入到粉煤灰基体内部，相比于传统的湿化学浸渍法，可以实现对负载物组分的定量分析。

此外，上述复合材料中的负载物组分主要为单一的金属氧化物及金属单质，尤其是在低温阶段硝酸盐分解得到的氧化物不具有磁性能，相比于双体系的金属氧化物及合金，磁损耗能力较弱。基于此，本章主要介绍配制一定比例的 $Fe(NO_3)_3$ 和 $Co(NO_3)_2$ 混合溶液，以此制备得到负载物组分为 $CoFe_2O_4$ 或 Co_xFe_y 的复合微波吸收材料，相比于软磁金属单质 Fe 和 Co，二者形成的合金相（Co_xFe_y）具有较高的居里温度、低的矫顽力以及较高饱和磁化强度[1,2]，有助于提高材料的磁性能以及热稳定性。

陕西科技大学杨海波课题组[3]设计了一种通过调节 Co/Fe 摩尔比来调节 CoFe-金属有机骨架的形貌，控制 Co/Fe 摩尔比为 3∶1，经 800℃热处理，制备得到多孔 CoFe@C 纳米棒构筑的多层巢状结构。哈尔滨工业大学甄良课题组[4]采用一种简单且可扩展的液相还原方法来合成 Co_7Fe_3，通过改进的 Stöber 方法制备得到 Co_7Fe_3@SiO_2，复合材料优异的微波吸收性能可归因于

磁芯 Co_7Fe_3 的磁损耗与 SiO_2 壳层介电损耗之间的协同作用。北京航空航天大学的于荣海课题组[5]以天然海藻酸钠纤维为模板，通过控制 Fe^{3+}、Co^{2+} 的吸附以及碳化温度，进而实现对负载物颗粒组分和含量的调控，制备得到 CoFe 合金修饰分层多孔碳纤维，有助于产生大量的界面极化以及电磁波的多次散射。中南大学的岳建岭等[6]利用直流磁控溅射法在碳纤维表面涂覆一层 FeCo 合金，相比纯碳纤维，FeCo 涂层的引入赋予碳纤维较强的微波吸收能力。总的来说，FeCo 合金与碳基材料或其他介电材料进行有效复合，增强了复合材料的磁损耗能力和介电损耗能力，改善了其阻抗匹配特性，进而提高了吸波材料的微波吸收性能。

本章主要介绍利用简便的“一锅法”来合成复合微波吸收材料，直接以粉煤灰作为基体，利用旋转蒸发法将硝酸铁和硝酸钴的混合溶液引入到基体表面和内部，经不同温度下热处理，即可制备得到负载 $CoFe_2O_4$ 或 Co_xFe_y 的复合吸波材料（FeCo/C/FA）。

5.2 负载 FeCo 粉煤灰基复合微波吸收材料的制备

(1) 粉煤灰的预处理

详见第 3 章 3.2 节粉煤灰酸洗工艺。

(2) 负载 $CoFe_2O_4$-Co_xFe_y 或者 Co_3Fe_7 陶瓷复合材料的制备

首先，称取一定质量比的 $Fe(NO_3)_3 \cdot 9H_2O$ 和 $Ni(NO_3)_2 \cdot 6H_2O$ 加入去离子水中，经不断搅拌、超声处理至溶液混合均匀。接着将一定量的可溶性淀粉分散于 100mL 沸腾的去离子水中，持续搅拌 1h，直至淀粉完全溶解。将上述两种溶液混合在一起，并不断搅拌至完全混合均匀。

其次，将预处理好的粉煤灰分散到上述混合溶液中，磁力搅拌 6h，并超声处理 0.5h，确保混合溶液充分进入到粉煤灰颗粒内部和表面。然后转移至旋转蒸发器中以除去大部分的液体，待蒸发掉大部分的液体后，将残留的固体粉末置于 75℃±5℃ 烘箱中干燥处理。最后，将烘干后的固体粉末置于瓷舟中，并移至管式炉，在 Ar 气氛下进行烧结，升温速率保持 5℃/min，保温时间为 2h，通过调控烧结温度（300℃、400℃、500℃、600℃、700℃、800℃和 900℃）得到不同的 FeCo/C/FA 复合材料。为了便于下文描述，特以不同烧结温度的复合材料分别命名为：S300、S400、S500、S600、S700、S800 和 S900。

5.3 负载 FeCo 复合材料晶相及形貌演变

5.3.1 负载 FeCo 复合材料的晶相演变

复合材料 FeCo/C/FA 在不同热处理温度下的物相组成如图 5.1 所示。可以发现，煅烧温度是影响复合材料晶相转变的重要因素。由于低温阶段（≤300℃）下物相的非晶特性，因此我们选择烧结温度范围为 300～900℃，以此来系统分析 FeCo/C/FA 的物相演变规律。对于负载物组分而言，观察试样 S300 的 XRD 图谱可以看出，在 2θ=33.2°、35.6°、49.5°、54.1°、62.5°和 64.0°处存在的特征峰对应于 Fe_2O_3（JCPDS No. 33-0664），2θ = 30.1°、35.4°、40.1°、57.0°和 62.6°处的衍射峰则标记为 $CoFe_2O_4$（JCPDS No. 22-1086），而 2θ=45.2°、65.7°及 83.3°的特征峰对应于 Co_7Fe_3（JCPDS No. 50-0795）的（110）、（200）以及（211）晶面。这些物相的出现可归因于

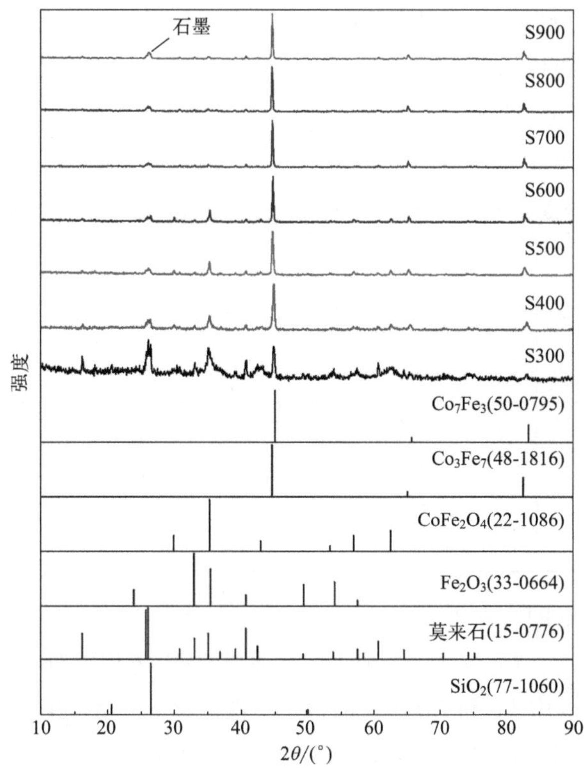

图 5.1 FeCo/C/FA 复合物在不同煅烧温度下的 XRD 图谱

$Fe(NO_3)_3 \cdot 9H_2O$ 和 $Co(NO_3)_2 \cdot 6H_2O$ 的分解反应以及一系列碳热还原反应。此外，根据先前的报道[7]，不同种类的 FeCo 合金的形成通常与反应中的 Fe/Co 摩尔比以及热处理温度有关。基于此，S300 中物相 Co_7Fe_3 出现归因于 Fe_2O_3 的存在，导致 Fe/Co 的摩尔比降低，这也验证了该反应体系的高活性。随着煅烧温度升高至 400℃，对应的 XRD 图谱中的物相 Fe_2O_3 和 Co_7Fe_3 特征峰完全消失，而在 $2\theta=44.8°$、65.1°和 82.4°处的衍射峰开始出现，对应于 Co_3Fe_7（JCPDS No. 48-1816）的（110）、（200）和（211）晶面。值得注意的是，Co_3Fe_7 衍射峰所处衍射角位置均低于 Co_7Fe_3，类似的现象在以前的文献中也有报道[8]。随着煅烧温度进一步升高至 700～900℃，XRD 图谱中的 $CoFe_2O_4$ 衍射峰已经消失，而 Co_3Fe_7 特征峰更加尖锐平滑，表明碳热还原反应已经完成，且 Co_3Fe_7 晶粒逐渐长大。

此外，通过对比分析所有试样的 XRD 图谱可知，FeCo/C/FA 复合材料中莫来石（JCPDS No. 15-0776）和 SiO_2（JCPDS No. 77-1060）对应的衍射峰一直存在，且二者的特征峰强度随煅烧温度的升高而逐渐减弱，这是由于复合材料中负载物组分对应的衍射峰逐渐增强造成的。同时，XRD 图谱中位于 $2\theta=26.5°$的特征峰应归属于石墨碳的（002）晶面，这在前一章也有提到。为了便于比较，不同煅烧温度下 FeCo/C/FA 复合材料对应的体积密度和负载物物相组成列于表 5.1 中。

表 5.1　不同煅烧温度下复合材料 FeCo/C/FA 的负载物晶相组成、密度及石墨化程度（I_D/I_G）

煅烧温度/℃	物相组成	体密度/(g/cm³)	I_D/I_G
300	$CoFe_2O_4$、Fe_2O_3、Co_7Fe_3、C	1.60	0.23
400	$CoFe_2O_4$、Co_3Fe_7、C	1.67	0.30
500	$CoFe_2O_4$、Co_3Fe_7、C	1.66	0.36
600	$CoFe_2O_4$、Co_3Fe_7、C	1.65	0.44
700	Co_3Fe_7、C	1.68	0.51
800	Co_3Fe_7、C	1.67	0.66
900	Co_3Fe_7、C	1.70	0.75

根据上述 XRD 结果可知，试样 S300 中负载物的主要物相组成为 $CoFe_2O_4$、Fe_2O_3、Co_7Fe_3，为了进一步证实上述物相组分，通过 XRS 测试分析来研究 S300 中 Fe 和 Co 元素的价态。图 5.2(a) 显示了试样 S300 的全谱图，可以证实元素 Si、Al、O、C、Fe 和 Co 存在于复合材料中。S300 的 C 元素的高分辨光谱如图 5.2(b) 所示，C 1s 拟合成三个峰，对应的结合能为

284.80eV、286.05eV 和 288.55eV，分别分配给 C—C/C═C、C—O—C 和 O═C═O，它们应归因于淀粉的热解[9]。与此同时，观察图 5.2(c) 可以看出，经拟合后，元素 Fe 的高分辨图谱中存在四个峰，在 711.6eV 结合能处的 Fe $2p_{3/2}$ 峰和 724.1eV 处的 Fe $2p_{1/2}$ 峰归因于 Fe^{3+} 离子，另外两个在 707.3eV 和 719.3eV 结合能处的峰则归属于单质 Fe[10,11]。同样，如图 5.2 (d) 所示，Co $2p_{3/2}$ (781.0eV)、Co $2p_{1/2}$ (796.16eV) 及其卫星峰存在于元素 Co 的高分辨谱图中，表明试样 S300 中含有 Co^{2+}[12]。此外，在结合能为 778.0eV 附近的峰则归属于金属 Co[13]。综上所述，元素 Fe 的价态可分为 Fe^{3+} 和 Fe^0，元素 Co 的价态则分为 Co^{2+} 和 Co^0，即可说明 S300 中负载物的化学成分由 $CoFe_2O_4$、Fe_2O_3、Co_7Fe_3 组成，这与 XRD 结果恰好吻合。

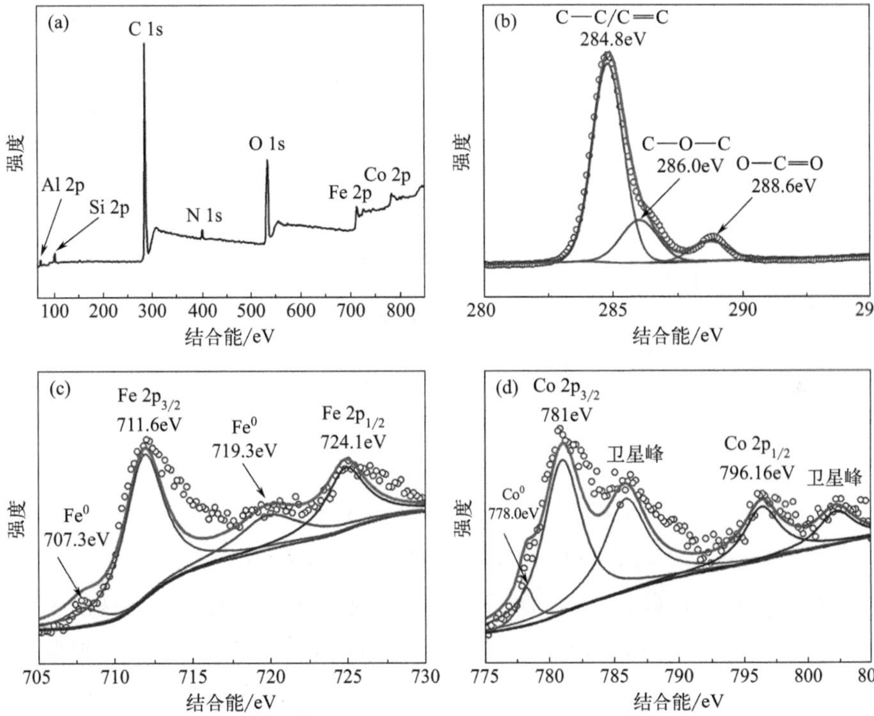

图 5.2　试样 S300 的 XPS 光谱（见文后彩图）

(a) 全谱图；(b) Fe 2p；(c) C 1s；(d) O 1s

由上述 XRD 结果可知，在整个热处理过程中伴随多个复杂的化学反应，并产生多个物相，因此需要借助热重-差示扫描量热仪（TG-DSC）精确测试复合材料在各个反应阶段的热量变化以及质量损失，进而来揭示物相的转变过程。复合材料 FeCo/C/FA 的 TG、DSC 曲线如图 5.3 所示，可以看出，反应的第一阶段主要发生在 25～268℃范围内，存在一个明显的吸热谷，涉及复合材料内粉煤灰、淀粉以及硝酸盐中自由水的挥发以及结晶水的脱除，主要的化学反应为硝酸盐和淀粉的热分解，相关的化学反应方程式如下[14,15]：

$$4Fe(NO_3)_3 \cdot 9H_2O \longrightarrow 2Fe_2O_3 + 12NO_2\uparrow + 36H_2O\uparrow + 3O_2\uparrow \quad (5.1)$$

$$2Co(NO_3)_2 \cdot 6H_2O \longrightarrow 2CoO + 4NO_2\uparrow + 12H_2O\uparrow + O_2\uparrow \quad (5.2)$$

$$(C_6H_{12}O_6)_n \longrightarrow C + H_2O\uparrow + \text{含 C 气体}\uparrow \quad (5.3)$$

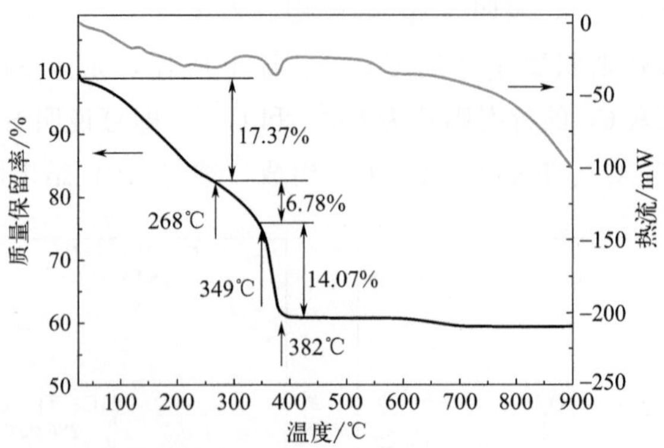

图 5.3　复合材料 FeCo/C/FA 的 TG、DSC 曲线图

反应的第二阶段主要发生在 268～349℃范围内，可以观察到明显的放热峰，相应的 6.78%质量损失可归因于金属氧化物之间的化合反应以及初步的碳热还原反应，涉及物相 $CoFe_2O_4$ 和 Co_7Fe_3 的生成。推测出的相关化学反应式如下[16,17]：

$$Fe_2O_3 + CoO \longrightarrow CoFe_2O_4 \quad (5.4)$$

$$3NO_2 + 2C \longrightarrow 3NO + CO + CO_2 \quad (5.5)$$

$$CoFe_2O_4 + CO \longrightarrow Co_7Fe_3 + CO_2\uparrow \quad (5.6)$$

在反应的最后阶段（382～700℃），可以观察到微小的失重，这主要归因于持续的碳热还原反应，$CoFe_2O_4$ 被 CO 还原生成 Co_3Fe_7，类似的现象在先前也有报道[18]，即还原温度低于 710℃时，CO 的还原性较 C 强。因此，相关的碳热还原方程式如下：

$$CoFe_2O_4 + CO \longrightarrow Co_3Fe_7 + CO_2\uparrow \quad (5.7)$$

当煅烧温度升高至 800℃，热重曲线已趋于稳定，即说明全部的反应已经完成。

众所周知，拉曼光谱通常可以用来分析碳基材料的石墨化程度，图 5.4 为复合材料 FeCo/C/FA 在不同煅烧温度下的拉曼光谱。从图中可以观察到，在

1350cm^{-1} 和 1580cm^{-1} 处存在显著的 D 峰和 G 峰，分别对应于布里渊区边界附近由于选择定则不再适用而被激活的声子的振动以及 sp^2 键的拉伸振动[19]。基于此，D 峰与 G 峰的强度比（I_D/I_G）通常用来表示碳的石墨化程度。通过计算复合材料 FeCo/C/FA 的 I_D/I_G 值可知，相应的值列于表 5.1。观察可知，I_D/I_G 值随煅烧温度的升高逐渐增大。与此同时，结合典型的“三步模型”理论[20]，可将碳的转化过程分为：石墨碳转化为纳米晶石墨碳（步骤一），纳米晶石墨转化为无定形碳（步骤二），无定形碳转化为四面体无定形碳（步骤三）。考虑到淀粉热解产物为无定形碳，因此将本研究中碳的转变过程归属于步骤二，即随煅烧温度的升高，无定形碳转化为纳米晶石墨，这说明复合材料中碳的石墨化程度逐渐提高。

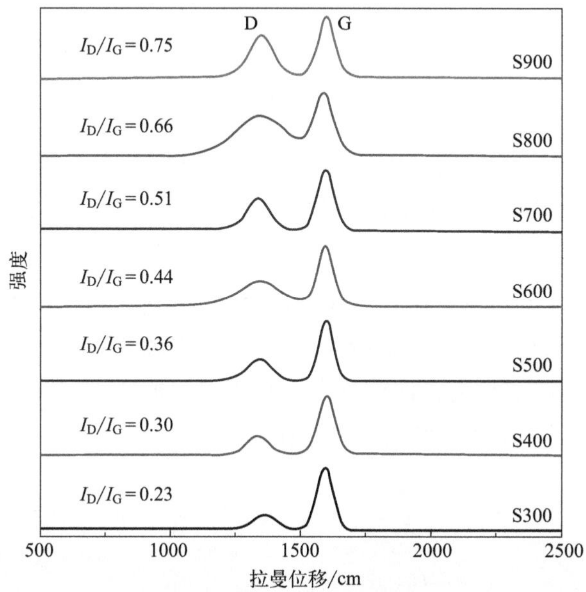

图 5.4　复合材料 FeCo/C/FA 的拉曼光谱

5.3.2　负载 FeCo 复合材料在不同煅烧温度下的微观形貌

为了观察分析系列 FeCo/C/FA 的微观形貌和结构，选取试样 S300、S600 和 S800 作为代表性试样，利用扫描电子显微镜（SEM）观察试样微观结构的演变规律。图 5.5 为试样 S300 和 S600 的微观形貌图，可以看出，复合材料基体的微观形貌主要由不规则的玻璃块体和微球组成。当煅烧温度为 300℃，由无定形碳和负载物组分混合形成的絮凝层沉积在基体表面［见图 5.5(a_1）和

图 5.5　FeCo/C/FA 的扫描电镜照片

（a_1）（a_2）S300；（b_1）（b_2）S600

（a_2）]，呈现明显的均匀分布。随着煅烧温度继续升高至 600℃，基体表面的絮凝层中逐渐析出大量尺寸大小不一的颗粒［见图 5.5（b_1）和（b_2）］，结合 XRD 结果可知，絮凝层中包裹的颗粒主要为逐渐长大的 $CoFe_2O_4$ 和 Co_3Fe_7 晶粒。

继续观察图 5.6 可以看出，试样 S800 中的负载物颗粒呈现出明显的增长趋势，部分碳层逐渐被碳热还原反应消耗掉，呈现单层碳网络覆盖在基体和 Co_3Fe_7 颗粒上。碳层与负载物颗粒以及基体有效地结合在一起，这有利于在复合材料 FeCo/C/FA 内部形成更多的有效界面。

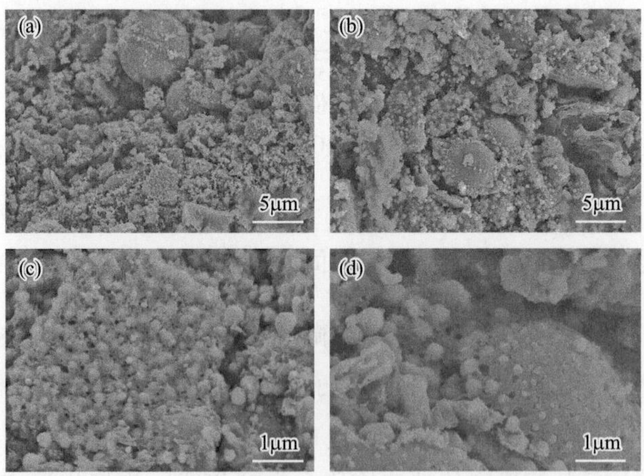

图 5.6　试样 S800 的不同放大倍数下的扫描电镜照片

为了进一步证实试样 S800 中晶粒的物相组成以及碳的存在形式，我们利用 EDS 光谱进行点扫描表征，从图 5.7(a) 中可以看出，主要的元素组成为 Fe、Co，同时存在少量的 Si、Al、O 以及 C，即证明基体表面存在的晶体颗粒为 Co_3Fe_7。此外，从图 5.7(b) 中可以看出，点扫描在基体表面层状物上，C 元素的含量明显提高，即说明基体表面覆盖的层状物为碳层，这一结果刚好与上述 SEM 分析相一致。

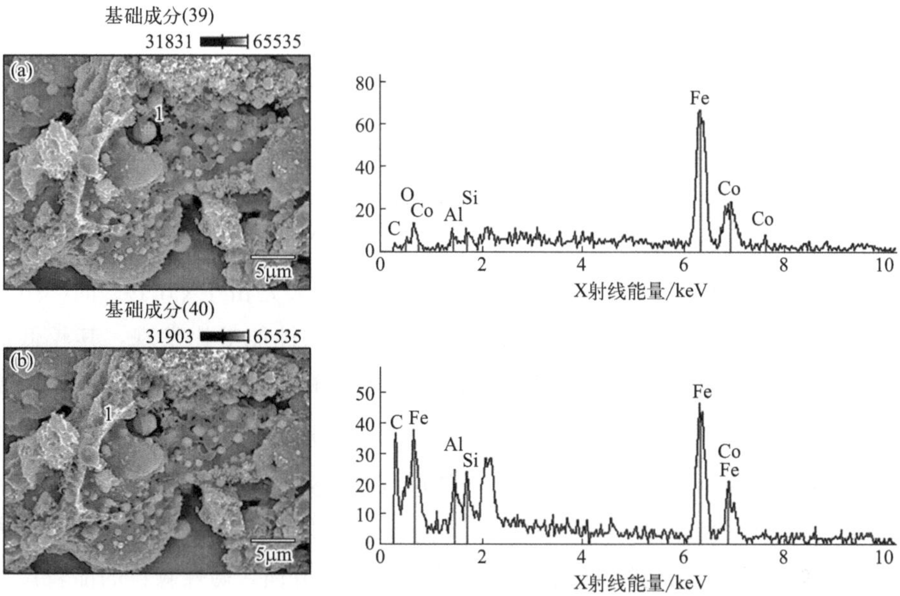

图 5.7　试样 S800 的 EDS 光谱图（见文后彩图）

此外，图 5.8 显示了试样 S800 表面的元素 mapping 图。可以观察到复合材料中 Fe、Co、O、Al、Si 和 C 的分布不同，这主要归因于基体和负载组分

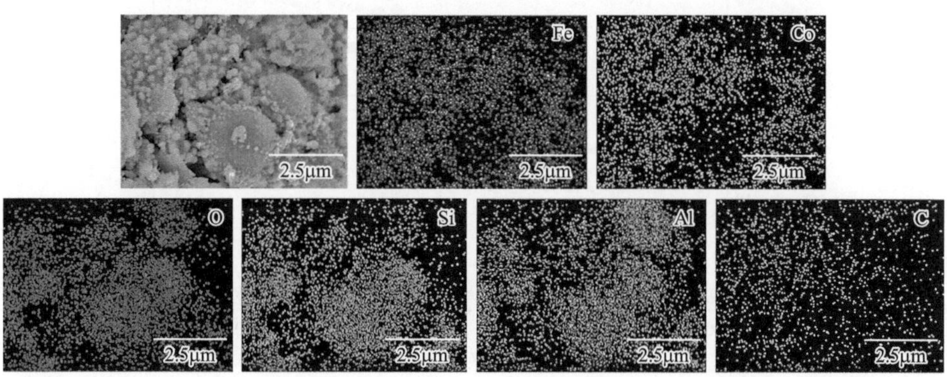

图 5.8　试样 S800 表面的元素 mapping 图（见文后彩图）

的化学组成不同。根据第 3 章的 XRD 结果可知，基体主要物相组成为莫来石、SiO_2 及 Al_2O_3，因此，Si、Al 和 O 呈现相似的元素分布。而 Fe 和 Co 则表现出相似的分布，且 Fe 元素的分布密度明显高于 Co 元素。同时，还可以观察到 C 元素均匀分布在复合材料表面，基于以上分析，这与 SEM 结果分析恰好一致。

5.4 负载 FeCo 复合材料的静态磁性能

图 5.9 显示了 VSM 在室温下测试得到的试样 S300、S600 和 S800 的磁滞回线。由图可知，三个代表性试样对应的 M_s 和 H_c 的值分别为 22.52emu/g、38.82emu/g、69.23emu/g 和 282.21Oe、183.89Oe、48.63Oe。通常，磁性能的差异归因于磁性组分的种类、结晶度以及尺寸大小[21]。从图中可以看出，复合材料的 M_s 值随煅烧温度的升高而增加，这主要是由于 Co_3Fe_7 的产生及晶粒的长大造成的。同时，与块体 FeCo 合金的磁性能对比发现，其较低的 M_s 值则归因于材料中非磁性组分碳和基体的存在[22]。根据畴壁钉扎模型[23]，磁性颗粒表面的无序缺陷通常作为磁畴壁运动的钉扎点，有效地阻碍畴壁运动并导致较高的 H_c。在整个热处理过程中，伴随着非磁性组分含量的不断降低以及磁性组分（$CoFe_2O_4$ 和 Co_3Fe_7）含量的增加，磁性组分颗粒表面缺陷随之减少，相应的 H_c 值也逐渐降低。另一方面，磁性颗粒的晶粒尺寸

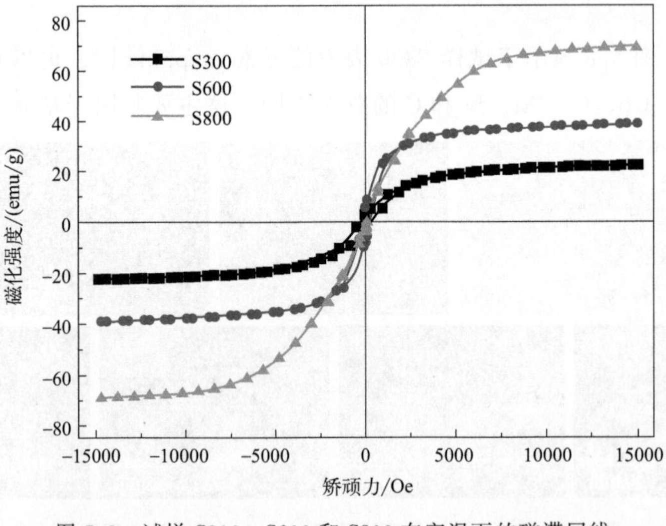

图 5.9　试样 S300、S600 和 S800 在室温下的磁滞回线

和磁晶各向异性对 H_c 也起着重要作用[24]。然而，由于 $CoFe_2O_4$ 和 Co_3Fe_7 颗粒不呈现独特的形态和高晶面指数，H_c 值的降低应归因于 $CoFe_2O_4$ 和 Co_3Fe_7 晶粒尺寸的增加。综上所述，与试样 S300 和 S600 相比，S800 表现出更高的 M_s 和更低的 H_c 值，这种现象有利于提高磁损耗能力[25]。

5.5 负载 FeCo 复合材料的微波吸收性能及机理探讨

5.5.1 负载 FeCo 复合材料的微波吸收性能分析

为了进一步探究复合材料 FeCo/C/FA 的微波吸收性能，复合材料的反射损耗值（RL）可通过式(1.1）和式(1.2）计算得到。根据上述复合材料的物相组成，我们选择代表性试样 S300、S600 以及 S800 作为微波吸收性能的研究对象，并分别设定模拟涂层厚度为 1.0mm、1.5mm、2.0mm、2.5mm、3.0mm、3.5mm 和 4.0mm，基于此，以频率 f（2～18GHz）和涂层厚度 d（1.0～4.0mm）作为两个独立变量，得到 S300、S600 以及 S800 的三维反射损耗曲线如图 5.10(a)～(c)所示。可以看出，试样 S300 在任一涂层厚度下的 RL_{min} 值均低于－10dB，呈现出最差的微波吸收性能，不能达到实际应用的要求[26,27]。相比之下，随着热处理温度的进一步升高，试样 S600 和 S800 的 RL 值显著提高，二者的 RL_{min} 值在 8.0GHz 和 16.8GHz 处分别达到－22.3dB 和－32.5dB，其对应的涂层厚度分别为 3.0mm 和 1.5mm。此外，规定 RL 值低于－10dB 的带宽称之为有效吸收带宽，该频段范围内的吸收效率高达 90%，通常是用来评估吸波性能的另一个重要指标[28,29]。对于试样 S600 和 S800 而言，固定涂层厚度为 2.0mm，它们对应的有效吸收带宽分别为 3.1GH（11.1～14.3GHz）和 4.7GHz（9.9～14.6GHz）。鉴于上述结果，可以得出试样 S800 具有最佳的微波吸收性能。这种良好的微波吸收性能可以扩展到 Ku 波段、X 波段甚至 C 波段，整体的吸收频段可以覆盖在 4.3～18GHz 频率范围内。考虑到试样 S800 具有较强的吸收强度（－32.5dB）、较宽的频带（4.7GHz）、较薄的厚度（1.5mm）、较低的密度（1.67g/cm^3），可见，复合材料 S800 是一种满足“薄、轻、宽、强”要求的轻质高效微波吸收材料。这与最近报道的各种低成本吸收材料相比，具有较强的竞争力，相关的微波吸收性能对比列于表 5.2。

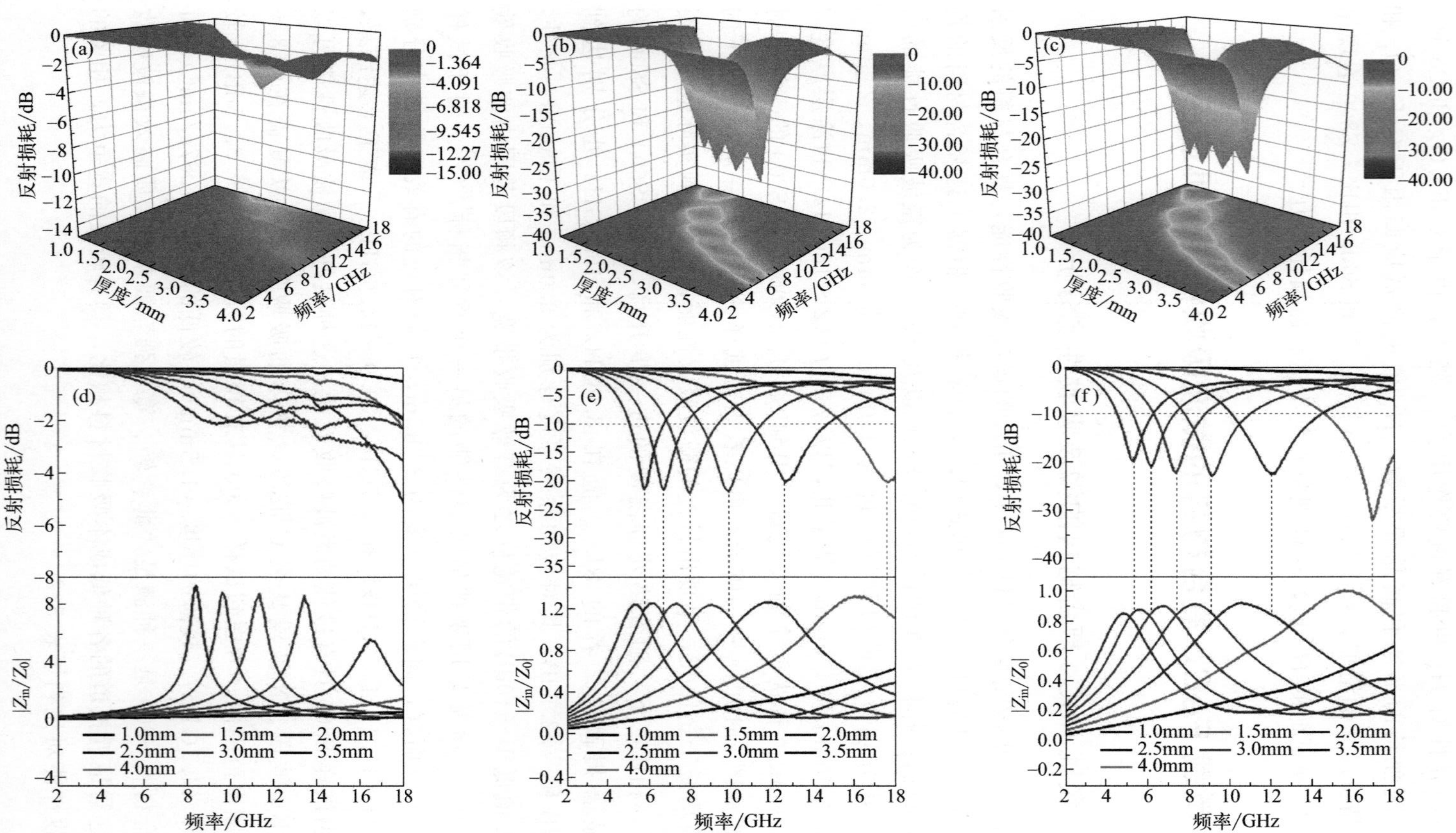

图 5.10　试样 S300、S600 以及 S800 的三维反射损耗图（a）～（c）以及反射损耗与阻抗匹配特性（$Z=Z_{in}/Z_0$）的关系曲线图（见文后彩图）

表 5.2 最近报道的关于各种低成本吸收剂的微波吸收性能

吸波剂	最小反射损耗值/dB	有效吸收带宽/GHz	涂层厚度/mm	参考文献
BFCMs	−31	4.0	—	[30]
PVB-NiO-FAC	−49.7	4.5	2.5	[31]
FeG	41.9	4.1	2.0	[32]
SiC	−32.5	4.1	1.3	[33]
FeO_x/Fe/C	−37	6.5	2.0	[34]
BCF	−37	8.8	2.5	[35]
NBC@Fe_3O_4	−40.3	6.6	2.5	[36]
FeCo/C/FA	−32.5	4.7	1.5	本章

众所周知，阻抗匹配特性是影响材料微波吸波性能的重要影响因素，通常由标准化输入阻抗模 $|Z|=|Z_{in}/Z_0|$ 值来评估。通常，只有当输入阻抗（Z_{in}）无限接近于或等于自由空间波阻抗（Z_0）时，电磁波才能最大限度地进入到材料内部而不是在空气-吸收剂的界面处被直接反射掉[37,38]。图 5.10(d)～(f) 为复合材料 S300、S600 和 S800 在不同涂层厚度下的 RL 值与 Z 值的关系曲线图。显然，与试样 S300 相比，S600 和 S800 的 Z 值更接近于 1，表现出良好的阻抗匹配特性，特别是试样 S800 在 1.5mm 涂层厚度下的 Z 值约为 0.93，表现出更强的微波衰减能力和更宽的吸波频段，这一结果刚好与微波吸收结果相吻合。此外，从图 5.10(d)～(f) 中还可以观察到，随复合材料涂层厚度的增加，RL_{min} 的峰位均向低频区移动，即吸波材料的涂层厚度（t_m）遵循 $\lambda/4$ 波长理论模型，详见式(3.9)。基于此，通过调节材料的涂层厚度，即可实现对不同频段电磁波的吸收，进而来满足实际应用的要求。综上所述，本研究提出的利用固体废物粉煤灰作为原材料来制备微波吸收材料，满足“薄、轻、宽、强、易”的优异吸波特性，符合“变废为宝，以废治污”的可持续发展理念。

此外，为了进一步探讨复合材料 FeCo/C/FA 微波吸收性能的差异，还进行了相关的衰减常数（α）的计算，来反映三个代表性试样的固有损耗能力，详见式(1.3)。试样 S300、S600 和 S800 的相关 α 变化曲线如图 5.11 所示。可以看出，S800 在整个测试频段范围内的 α 值远大于其他试样，即说明复合材料 S800 具有较强的固有衰减能力，这刚好与上述微波吸收结果一致。

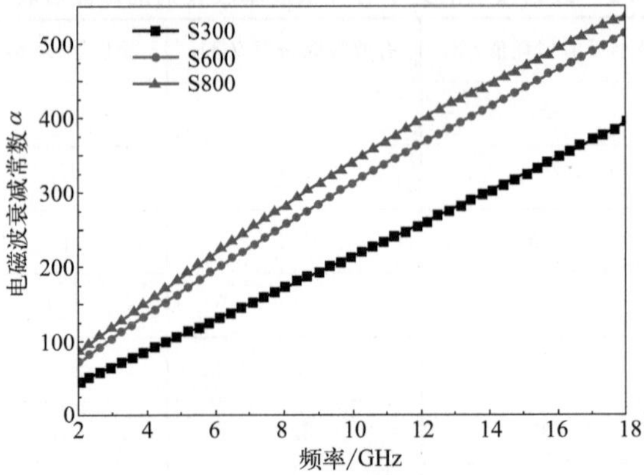

图 5.11 试样 S300、S600 和 S800 的衰减常数变化曲线图

5.5.2 负载 FeCo 复合材料的微波吸收机理探讨

介电损耗和磁损耗作为吸波材料重要的衰减机制，直接影响材料的微波吸收性能。因此，通过测定相对复介电常数（$\varepsilon_r=\varepsilon'-j\varepsilon''$）和相对复磁导率（$\mu_r=\mu'-j\mu''$）来探讨材料的微波吸收机制。其中，相对复介电常数实部（ε'）和虚部（ε''）分别代表对电能的储存以及消耗能力，这在前一章中也已经提到。图 5.12 为复合材料 S300、S600 和 S800 的相对复介电常数随频率变化的关系曲线。可以看出，试样 S300 的 ε'和 ε''呈现相似的变化趋势，在整个频率范围内几乎保持恒定，相应的 ε''值均低于 0.5，具有较低的介电常数，说明试样 S300 的介电损耗能力较弱。然而，观察 S600 和 S800 的相对复介电常数曲线可以看出，二者对应的 ε'值分别从 12.3、14.7 降低至 9.1、9.4，而 ε''值则从 4.5、7.9 降低至 2.4、3.8。它们的相对复介电常数值随频率的增加，先降低后逐渐趋于稳定，呈现出典型的“频散”现象，即说明存在偶极子极

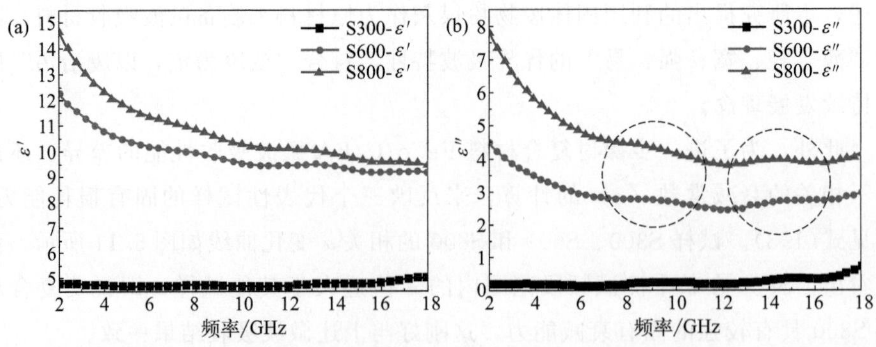

图 5.12 试样 S300、S600 和 S800 的相对复介电常数实部（ε'）和虚部（ε''）变化曲线图

化，类似现象在碳基材料的相关报道中已经提出[39]。此外，对于复合材料的虚部（ε''）而言，在 9.2GHz 和 14.6GHz 处存在明显的波动峰，这主要是由极化损耗存在造成的。

通常，介电损耗主要来源于极化损耗以及导电损耗的共同作用[40,41]。一方面，极化损耗主要归因于电子极化、离子极化、偶极子极化以及界面极化[42,43]，这在前面的章节也已经提到，其中，电子极化和离子极化由于存在于较低的测试频段而排除掉[44,45]。此外，考虑到“频散”现象是由于偶极子极化造成的，则可以推测出，ε''曲线存在的两个波动峰是由多重界面极化和弛豫引起的。结合 SEM 图像可以看出，随着原位碳热还原反应的进行，Fe^{3+} 和 Co^{2+} 被逐渐还原为铁氧体 $CoFe_2O_4$ 颗粒和合金相 Co_7Fe_3、Co_3Fe_7 颗粒，并与基体和碳层牢固地结合在一起，形成大量的有效界面。由于负载物组分与基体、碳层的导电能力差异，造成大量的自由电荷聚集在异质界面处，从而诱发产生多重界面极化[46,47]。与此同时，还可以观察到，随着热处理温度的不断升高，碳层逐渐被消耗，形成网格状的碳层网络，覆盖在基体和负载物颗粒上，形成良好的导电网络，有利于改善导电损耗能力。根据自由电子理论[48,49]，ε''值随热处理温度的升高而增大，这说明随着导电能力的不断提高，其对应的导电损耗能力得到明显的改善，进而增强材料的介电损耗能力。

此外，在外电磁场的作用下，复合材料内的有效界面也会诱发产生多重弛豫现象，也称之为德拜弛豫效应，可依据 Debye 理论进行解释[50-52]。一般而言，一个 Debye 弛豫过程通常由 ε'和 ε''计算得到的半圆来进行描述，且该半圆通常称为 Cole-Cole 半圆[53,54]，这在前一章也已经提到。从图 5.13 中可以看出，所有试样均呈现出四个 Cole-Cole 半圆，即在试样中存在四个 Debye 极化弛豫过程，从而说明界面弛豫极化存在于复合材料 FeCo/C/FA 内，这有助于改善材料的介电损耗能力。

磁损耗能力作为吸波材料另一重要的损耗机制，直接影响材料的微波吸收性能。图 5.14(a) 为试样 S300、S600 和 S800 的相对复磁导率（μ_r）随频率变化的曲线图。可以看出，S300 的 μ'和 μ''在整个测试频段范围内几乎保持恒定，且具有较低的值。我们知道，相对复磁导率实部（μ'）和虚部（μ''）分别表示材料在交变磁场中对于磁能的储存能力以及衰减能力。显然，S300 具有较差的磁损耗能力。相比之下，试样 S600 和 S800 的 μ'和 μ''显著提高，相应的 μ'值变化范围分别在 1.13～0.97 和 1.16～0.98，而 μ''值则从 0.09、1.03 降低至 0.01、−0.02。同时，注意到 μ''曲线在 6.5GHz 和 11.5GHz 位置处出现明显的波动峰，主要是由于磁共振效应引起的[55]。众所周知，磁损耗机制

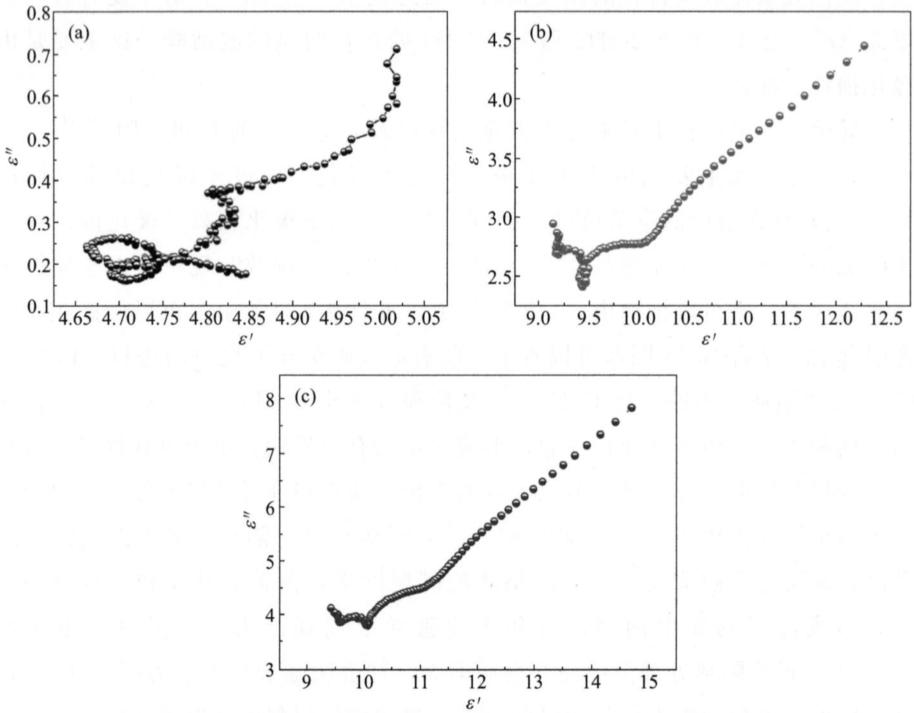

图 5.13　试样的 ε′和 ε″关系曲线图（Cole-Cole 半圆）

（a）S300；（b）S600；（c）S800

主要由涡流损耗、畴壁共振、磁滞损耗、自然共振以及交换共振组成[56,57]，然而，考虑到较强的电磁场以及较高的测试频段，故畴壁共振以及磁滞损耗的贡献均可排除掉，这在前一章也已经提到。根据 Aharoni 的理论[58]，自然共振通常发生在低频区，而高频区的共振峰则归因于交换共振。因此，μ''曲线在 6.5GHz 处的波动峰归因于自然共振，11.5GHz 处的波动峰为交换共振。此外，就涡流损耗而言，其在磁损耗机制中的作用通常根据 $\mu''(\mu')^{-2}f^{-1}$ 值的变化情况来判断，如果 $\mu''(\mu')^{-2}f^{-1}$ 值恒定不变，且保持为一常数值，则涡流损耗在磁损耗机制中起到至关重要的作用。从图 5.14(b) 中可以看出，三个代表性试样的 $\mu''(\mu')^{-2}f^{-1}$ 值呈现相似的变化趋势，分别在 2～4GHz 频率范围内快速降低，在 4～14GHz 范围内存在明显的波动峰，而在 14～18GHz 范围内保持恒定。基于此，说明 2～14GHz 频率范围内的磁损耗并非由涡流损耗起主导作用，而在高频区（14～18GHz）则主要来源于涡流损耗的贡献。

一般而言，介电损耗和磁损耗对于吸波材料的贡献，通常用二者的正切值

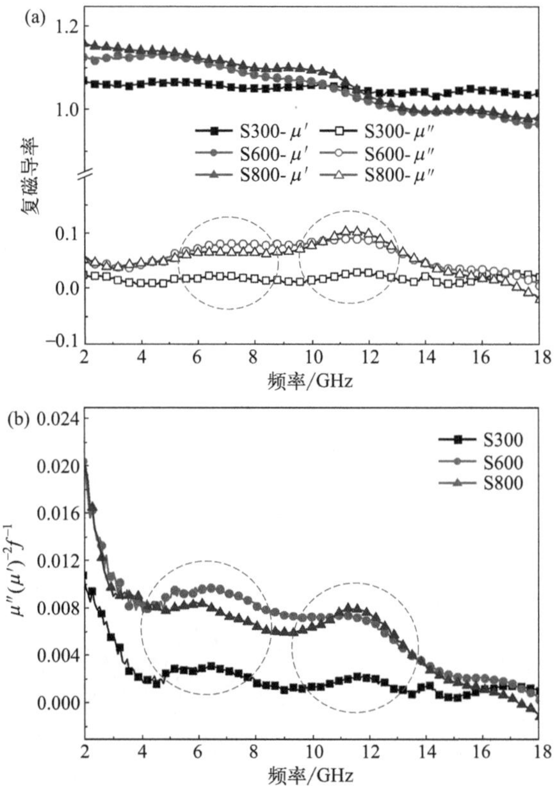

图 5.14 试样 S300、S600 和 S800 的相对复磁导率（a）和 μ''（μ'）$^{-2}f^{-1}$（b）变化曲线图

（$\tan\delta_e=\varepsilon''/\varepsilon'$，$\tan\delta_m=\mu''/\mu'$）来表示[59,60]。图 5.15 为复合材料 S300、S600 和 S800 的损耗因子的变化曲线图，可以看出，三个试样的 $\tan\delta_e$ 值和 $\tan\delta_m$ 值在整个测试频段范围内呈对称分布，且相应的介电损耗因子明显高于

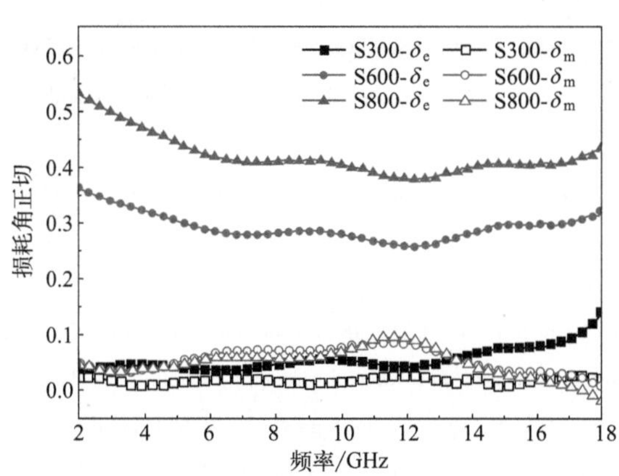

图 5.15 试样 S300、S600 和 S800 的损耗因子曲线图

磁损耗因子，则说明介电损耗在损耗机制中起到主导作用。此外，相比于试样 S300，合金相（Co_3Fe_7）存在的复合材料 S600 和 S800 的磁损耗能力明显增强，这主要归因于 Co_3Fe_7 较高的磁性能。

基于以上分析，对于复合材料 FeCo/C/FA 的微波吸收机理主要分为以下三个方面，试样 S800 相应的微波吸收示意图如图 5.16 所示。首先，由碳网络、Co_3Fe_7 颗粒和基体组成的独特的微观结构在复合材料 FeCo/C/FA 内产生大量的有效界面，有利于形成多个界面极化和相关弛豫效应。同时，基体表面覆盖的碳层网络也有利于增强材料的导电损耗能力。其次，Co_3Fe_7 颗粒和碳层网络很好地调节材料内部介电损耗和磁损耗之间的协同效应。换句话说，介电损耗与磁损耗的有效匹配形成良好的阻抗匹配，有助于更多的电磁波进入到材料内而不在吸收剂-空气界面被反射掉。另一方面，基体内独特的空心微球以及蜂窝状孔隙的存在，有助于延长电磁波在材料内部的传播途径，从而在吸收剂内形成多次反射以及散射。综上所述，良好的阻抗匹配特性、较强的介电损耗能力以及独特的微观形貌直接决定了复合材料的微波吸收性能。

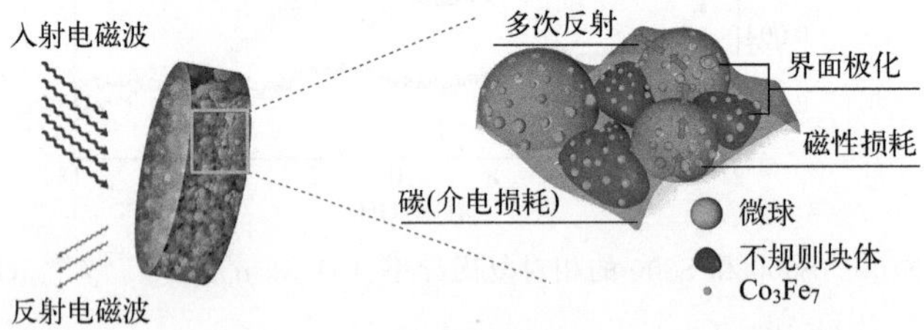

图 5.16　试样 S800 微波吸收示意图（见文后彩图）

参 考 文 献

[1] Li S P, Huang Y, Zhang N, et al. Synthesis of polypyrrole decorated FeCo@SiO_2 as a high-performance electromagnetic absorption material [J]. Journal of Alloys and Compounds, 2019, 774: 532-539.

[2] Wang Y, Wu X M, Zhang W Z, et al. Synthesis of ferromagnetic sandwich FeCo@graphene@PPy and enhanced electromagnetic wave absorption properties [J]. Journal of Magnetism and Magnetic Materials, 2017, 443: 358-365.

[3] Wang L, Wen B, Yang H B, et al. Hierarchical nest-like structure of Co/Fe MOF derived CoFe@C composite as wide-bandwidth microwave absorber [J]. Composites Part A, 2020, 135: 105958.

[4] Chen N, Jiang J T, Xu C Y, et al. Co_7Fe_3 and Co_7Fe_3@SiO_2 nanospheres with tunable diameters for high-performance electromagnetic wave absorption [J]. ACS Applied Materials & Interfaces, 2017, 9: 21933-21941.

[5] Song Z M, Liu X F, Sun X, et al. Alginate-templated synthesis of CoFe/carbon fiber composite and the effect of hierarchically porous structure on electromagnetic wave absorption performance [J]. Carbon, 2019, 151: 36-45.

[6] Huang B, Yue J L, Wei Y S, et al. Enhanced microwave absorption properties of carbon nanofibers functionalized by FeCo coatings [J]. Applied Surface Science, 2019, 483: 98-105.

[7] Li X A, Li M J, Wang H Y, et al. One-pot synthesis of FeCo alloy and iron borate composite nanorods with excellent electromagnetic wave absorption properties [J]. RSC Advance, 2016, 6: 109346-109353.

[8] Li M, Yang J R, Lu M J, et al. Facile design of ultrafine Co_7Fe_3 nanoparticles coupled with nitrogen-doped porous carbon nanosheets for non-enzymatic glucose detection [J]. Journal of Colloid and Interface Science, 2019, 555: 449-459.

[9] Li S P, Huang Y, Ling D, et al. Enhanced microwave-absorption with carbon encapsulated Fe-Co particles on reduced graphene oxide nanosheets with nanoscaleholes in the basal plane [J]. Journal of Colloid and Interface Science, 2019, 544: 188-197.

[10] Xu S Y, Zhou R, Sun Q H, et al. Plasma-inducing formation of Si@SiC@Fe_3O_4/C composite with multi-interfaces for high thermal microwave absorption [J]. Ceramics International, 2025, 51: 25446-25458.

[11] Li Y J, Song C M, Chen J C, et al. Sulfur and nitrogen Co-doped activated $CoFe_2O_4$@C nanotubes as an efficient material for supercapacitor applications [J]. Carbon, 2020, 162: 124-135.

[12] Acharya J W, Raj B G S, Ko T H, et al. Facile one pot sonochemical synthesis of $CoFe_2O_4$/MWCNTs hybrids with well-dispersed MWCNTs for asymmetric hybrid supercapacitor applications [J]. International Journal of Hydrogen Energy, 2020, 45: 3073-3085.

[13] Pan G H, Zhu J, Ma S L, et al. Enhancing the electromagnetic performance of Co through the phase-controlled synthesis of hexagonal and cubic Co nanocrystals grown on graphene [J]. ACS Applied Materials & Interfaces, 2013, 5: 12716-12724.

[14] Mu J, Perlmutter D D. Thermal decomposition of metal nitrates and their hydrates [J]. Thermochimica Acta, 1982, 3: 253-260.

[15] Zong P J, Jiang Y, Tian Y Y, et al. Pyrolysis behavior and product distributions of biomass six group components: starch, cellulose, hemicellulose, lignin, protein and oil [J]. Energy Conversion and Management, 2020, 216: 112777.

[16] Venturini J, Zampiva R Y S, Sabrina A. et al. Sol-gel synthesis of substoichiometric cobalt ferrite ($CoFe_2O_4$) spinels. influence of additives on their stoichiometry and magnetic properties [J]. Ceramics International, 2018, 44 (11): 12381-12388.

[17] Deng Y M, Zou X, Liu Z R, et al. Co_7Fe_3/$CoFe_2O_4$@C Lamellar composites derived from Co-Fe LDH/PVA as an effective heterogeneous activator of peroxymonosulfate [J]. Journal of Alloys and Compounds, 2021, 854: 157244.

[18] Li N, Sun H, Chen J. et al. Watermelon pulp biochar decorated with Co_3Fe_7 for high-efficiency electromagnetic wave absorption [J] . Journal of Magnetism and Magnetic Materials, 2024, 593: 171832.

[19] Ferrari A C, Robertson J. Interpretation of Raman spectra of disordered and amorphous carbon [J], Physical Review B, 2000, 51 (20): 14095-14107.

[20] Du Y, Wang J, Cui C, et al. Pure carbon microwave absorbers from anion-exchange resin pyrolysis [J]. Synthetic Metals, 2010, 160: 191-196.

[21] Liu Q H, Xu X H, Xia W X, et al. Dependency of magnetic microwave absorption on surface architecture of $Co_{20}Ni_{80}$ hierarchical structures studied by electron holography [J]. Nanoscale, 2015, 7 (5): 1736-1743.

[22] Li Z N, Han X J, Ma Y, et al. MOFs-derived hollow Co/C microspheres with enhanced microwave absorption performance [J], ACS Sustainable Chemistry & Engineering, 2018, 6: 8904-8913.

[23] Wang Y H, Li X D, Han X J, et al. Ternary Mo_2C/Co/C composites with enhanced electromagnetic waves absorption [J]. Chemical Engineering Journal, 2020, 387: 124159.

[24] Cui L R, Wang Y H, Han X J, et al. Phenolic resin reinforcement: A new strategy for hollow NiCo@C microboxes against electromagnetic pollution [J]. Carbon, 2021, 174: 673-682.

[25] Wu M Z, Zhang Y D, Hui S, et al. Microwave magnetic properties of Co_{50}/ $(SiO_2)_{50}$ nanoparticles [J]. Applied Physics Letters, 2002, 80: 4404-4406.

[26] Qing X T, Yue X X, Wang B, et al. Facile synthesis of size-tunable, multilevel nanoporous Fe_3O_4 microspheres for application in electromagnetic wave absorption [J]. Journal of Alloys and Compounds, 2014, 595: 131-137.

[27] Aslam M A, Ding W, Rehman S U, et al. Low cost 3D bio-carbon foams obtained from wheat straw with broadened bandwidth electromagnetic wave absorption performance [J]. Applied Surface Science, 2021, 543: 148785.

[28] Li G M, Wang L C, Li W X, et al. $NiFe_2O_4$, Fe_3O_4-Fe_xNi_y or Fe_xNi_y loadedporous activated carbon balls as lightweight microwave absorbents [J]. RSC Advances, 2015, 5 (11): 8248-8257.

[29] Li G M, Wang L C, Li W X, et al. Fe-, Co-, and Ni-loaded porous activated carbon balls as lightweight microwave absorbents [J]. ChemPhysChem, 2015, 16 (16): 3458-3467.

[30] Mu G H, Shen H G, Qiu J X, et al. Microwave absorption properties of composite powders with low density [J]. Applied Surface Science, 2006, 253: 2278-2281.

[31] Bora P, Porwal M, Vinoy K, et al. Industrial waste fly ash cenosphere composites based broad band microwave absorber [J]. Compos Part B-Engineering, 2018, 134: 151-163.

[32] Li G M, Mao L T, Zhu B S, et al. Novel ceramic-based microwave absorbents derived from gangue [J]. Journal of Materials Chemistry C, 2020, 8: 14238-14245.

[33] Wang G, Gao Z, Wan G, et al. High densities of magnetic nanoparticles supported on graphene fabricated by atomic layer deposition and their use as efficient synergistic microwave absorbers, Nano Research, 2014, 7: 704-716.

[34] Tan R, Zhou J, Yao Z, et al. A low-cost lightweight microwave absorber: Silicon carbide synthesized from tissue [J]. Ceramics International, 2021, 47: 2077-2085.

[35] Chen W, Zhao H, Xu B, et al. Rational construction and microwave absorption properties of porous FeO_x/Fe/C composites [J]. Journal of Alloys and Compounds, 2020, 829: 154519.

[36] Aslam M, Ding W, Rehman S, et al. Low cost 3D bio-carbon foams obtained from wheat straw

with broadened bandwidth electromagnetic wave absorption performance [J]. Applied Surface Science, 2021, 543: 148785.

[37] Zhou P, Wang X, Wang L, et al. Walnut shell-derived nanoporous carbon@Fe_3O_4 composites for outstanding microwave absorption performance [J]. Journal of Alloys and Compounds, 2019, 805: 1071-1080.

[38] Mu G H, Shen H G, Qiu J X, et al. Microwave absorption properties of composite powders with low density [J]. Applied Surface Science, 2006, 253: 2278-2281.

[39] Li Q, Pang J F, Wang B, et al. Preparation, characterization and microwave absorption properties of barium-ferrite-coated fly-ash cenospheres [J]. Advanced Powder Technology, 2013, 24: 288-294.

[40] Zhou P P, Wang X K, Wang L X, et al. Walnut shell-derived nanoporous carbon@Fe_3O_4 composites for outstanding microwave absorption performance [J]. Journal of Alloys and Compounds, 2019, 805: 1071-1080.

[41] Liu D W, Qiang R, Du Y C, et al. Prussian blue analogues derived magnetic FeCo alloy/carbon composites with tunable chemical composition and enhanced microwave absorption [J]. Journal of Colloid and Interface Science, 2018, 514: 10-20.

[42] Ding D, Wang Y, Li X D, et al. Rational design of core-shell Co@C microspheres for high-performance microwave absorption [J]. Carbon, 2017, 11: 722-732.

[43] Liu Y R, Zhang J H, Ga Q Y, et al. Fabrication of hollow Fe_3O_4 microspheres encapsulated by single-walled carbon nanohorns for high-performance microwave absorption [J]. Ceramics International, 2024, 50: 55879-55891.

[44] Zhang D F, Xu F X, Lin J. Electromagnetic characteristics and microwave absorption properties of carbon-encapsulated cobalt nanoparticles in 2-18 GHz frequency range [J]. Carbon, 2014, 80: 103-111.

[45] Yang Y, Xu C L, Xia Y X, et al. Synthesis and microwave absorption properties of FeCo nanoplates [J]. Journal of Alloys and Compounds, 2010, 493: 549-552.

[46] Zhang Y A, Liu W, Quan B, et al. Achieving the interfacial polarization on C/Fe_3C heterojunction structures for highly efficient lightweight microwave absorption [J]. Journal of Colloid and Interface Science, 2017, 508: 462-468.

[47] Zheng H, Li R Q, Dong S J, et al. Iron carbide interface modulating for synergies of 3D-graphene-like and iron-coated Fe_3O_4 particles for high microwave absorption performance [J]. Journal of Alloys and Compounds, 2023, 945: 169283.

[48] Cheng Y, Li Z Y, Li Y, et al. Rationally regulating complex dielectric parameters of mesoporous carbon hollow spheres to carry out efficient microwave absorption [J]. Carbon, 2018, 127: 643-652.

[49] Song C Q, Yin X W, Han M K, et al. Three-dimensional reduced graphene oxide foam modified with ZnO nanowires for enhanced microwave absorption properties [J]. Carbon, 2017, 116: 50-58.

[50] Ning M Q, Li J B, Kuang B Y, et al. One-step fabrication of N-doped CNTs encapsulating M

nanoparticles (M=Fe, Co, Ni) for efficient microwave absorption [J]. Applied Surface Science, 2018, 447: 244-253.

[51] Zhu Z T, Sun X, Li G X, et al. Microwave-assisted synthesis of graphene-Nicomposites with enhanced microwave absorption properties in Ku-band [J]. Journal of Magnetism and Magnetic Materials, 2015, 377: 95-103.

[52] Fang J Y, Liu T, Chen Z, et al. A wormhole-like porous carbon/magnetic particles composite as an efficient broad band electromagnetic wave absorber [J]. Nanoscale, 2016, 8 (16): 8899-8909.

[53] Li X A, Du D X, Wang C S, et al. In situ synthesis of hierarchical rose-like porous Fe@C with enhanced electromagnetic wave absorption [J]. Journal of Materials Chemistry C, 2018, 6: 558-567.

[54] Singh V K, Shukla A, Patra M K, et al. Microwave absorbing properties of a thermally reduced graphene oxide/nitrile butadiene rubber composite [J]. Carbon, 2012, 2202-2208.

[55] Wang G Z, Gao Z, Wan G P, et al. High densities of magnetic nanoparticles supported on graphene fabricated by atomic layer deposition and their use as efficient synergistic microwave absorbers [J]. Nano Research, 2014, 7 (5): 704-716.

[56] Wen F S, Zhang F, Liu Z Y, et al. Investigation on microwave absorption properties for multiwalled carbon nanotubes/Fe/Co/Ni nanopowders as lightweight absorbers [J]. ACS Journal of Physical Chemistry C, 2011, 115: 14025-14030.

[57] Wang X X, Ma T, Shu J C, et al. Confinedly tailoring Fe_3O_4 clusters-NG to tune electromagnetic parameters and microwave absorption with broadened bandwidth [J]. Chemical Engineering Journal, 2018, 332: 321-330.

[58] Aharoni A. Exchange resonance modes in a ferromagnetic sphere [J]. Journal of Applied Physics, 1991, 69: 7762-7764.

[59] Yuan S T, Wang T C, Feng T, et al. Electromagnetic wave absorption of fabricated Fe/Fe_3O_4/C hollow fibers derived from ceiba fiber templates [J]. Materials Science and Engineering B, 2024, 299: 117057.

[60] Wu T, Liu Y, Zeng X, et al. Facile hydrothermal synthesis of Fe_3O_4/C core-shell nanorings for efficient low-frequency microwave absorption [J]. ACS Applied Materials & Interfaces, 2016, 8 (11): 7370-7380.

第6章

负载FeNi粉煤灰基复合微波吸收材料

6.1 引言

前一章提到以粉煤灰直接作为基体，硝酸盐混合溶液（Fe^{2+} ∶ Co^{2+} =2∶1）作为前驱体溶液，利用简单的“一锅法”来制备得到负载 $CoFe_2O_4$-Co_xFe_y 或 Co_3Fe_7 的陶瓷复合吸波材料。显然，相比于“两步法”制备的陶瓷复合材料，这大大简化了生产工艺并降低了生产成本。同时，通过调控煅烧温度可以改变复合材料的物相组成，进而影响其微波吸收性能。另一方面，通过调节试样涂层的厚度进而实现在不同频段的吸收效果。结果证实，复合材料 FeCo/C/FA 是一种价格低廉、工艺简单、具有潜在利用价值的轻质高效微波吸收材料。

基于此，大量关于 FeNi 合金与各类基体复合来制备微波吸收材料的研究已经被报道，研究发现，FeNi 合金同样具有优异的磁损耗能力，与碳基材料有效复合可以获得性能优异的新型吸波材料。温福晟等人[1]利用简单湿化学法浸渍硝酸铁和硝酸镍的混合溶液，引入到多孔碳纳米管中，经氢气还原制备得到 FeNi/MWCNTs 复合吸波材料，使材料兼具介电损耗和磁损耗能力，进而达到优化吸波性能的目的。兰州大学的杜雪岩等人[2]通过静电纺丝技术和原位煅烧工艺合成 FeNi/$NiFe_2O_4$/NiO/C 纳米纤维复合物，磁性纳米颗粒嵌入在碳纤维表面并沿纤维均匀分布，造成大量的缺陷偶极子极化以及界面极化，进而提高材料的微波吸收性能。青岛大学的吴广磊等人[3]以还原氧化石墨烯薄片作为载体，氮掺杂的碳和 FeNi 合金覆盖在还原氧化石墨烯薄片上，制备得到 rGO/N-C/FeNi 复合材料，这种独特的结构和物相组成改善了材料的介电损耗和磁损耗能力，赋予复合物优异的微波吸收性能。Kuchi 等人[4]利用原位共弧放电工艺和煅烧处理制备得到 FeNi/SWCNT 复合材料，Fe_1Ni_1 颗粒很好地分散在单壁碳纳米管上，增强了材料的界面极化能力、改善了阻抗匹配，实现了 FeNi 合金引入对于碳纳米管吸波性能的优化。中南大学王世良课题组[5]采用一种简单且可扩展的金属有机化学气相沉积法制备得到核壳 FeNi@C 纳米粒子，其独特的磁介电核壳结构和较小的尺寸使材料成为轻质高效的吸波材料。

本章继续沿用第五章的设计思路，直接以粉煤灰作为基体，区别在于将前驱体溶液换为硝酸铁和硝酸镍的混合溶液（Fe^{2+} ∶ Ni^{2+} =2∶1），后经旋转蒸发工艺以及烧结工艺，制备得到负载 $NiFe_2O_4$、Fe_3O_4-$Fe_{0.64}Ni_{0.36}$ 或 $Fe_{0.64}Ni_{0.36}$ 的陶瓷复合吸波材料（FeNi/C/FA）。通过研究不同煅烧温度下复合物的物相组成、微观形貌、静态磁性能和微波吸收性能，进而分析负载物组分和微观形貌演变对吸波机理的影响。

6.2 负载 FeNi 粉煤灰基复合微波吸收材料的制备

(1) 粉煤灰的预处理

详见第 3 章 3.2 部分的粉煤灰酸洗工艺。

(2) 负载 $NiFe_2O_4$、Fe_3O_4-$Fe_{0.64}Ni_{0.36}$ 或 $Fe_{0.64}Ni_{0.36}$ 陶瓷复合材料的制备

分别称取 $Fe(NO_3)_3 \cdot 9H_2O$ 和 $Ni(NO_3)_2 \cdot 6H_2O$ 依次加入去离子水中，经不断搅拌、超声处理至溶质完全溶解。随后，将一定质量的可溶性淀粉分散于 100mL 沸腾的去离子水中，持续搅拌 1h，直至淀粉完全溶解。将上述两种溶液混合在一起，并不断搅拌至完全混合均匀。

预处理好的粉煤灰加入上述硝酸盐和淀粉混合溶液中，不断进行搅拌并伴随超声处理，使得 Fe^{3+}、Ni^{2+} 及淀粉分子分散到粉煤灰基体表面和内部。然后，将混合物移入到旋转蒸发器中去除大部分的液体，残留的黑色固体置于 (75±5)℃烘箱中干燥。接着，将烘干后的固体粉末放入瓷舟中，并移至管式炉，在 Ar 保护气氛下进行热处理，烧结制度分别设置为：温度分别为 300℃、400℃、500℃、600℃、700℃、800℃和 900℃，升温速率保持 5℃/min，保温时间为 2h，制备得到不同温度下的复合材料 FeNi/C/FA。为了便于下文描述，特以不同烧结温度对复合材料分别命名为：S300、S400、S500、S600、S700、S800 和 S900。

6.3 负载 FeNi 复合材料的晶相及形貌演变

6.3.1 负载 FeNi 复合材料的晶相演变

为了探讨复合材料 FeNi/C/FA 的物相演变规律，利用 XRD 测试手段来表征材料的晶相组成，考虑到低温阶段（≤300℃）物相的非晶特性，因此选择 300℃作为起始温度，不同热处理温度下的 XRD 图谱如图 6.1 所示。观察试样 S300 的衍射图谱可以看出，在 $2\theta=30.3°$、$35.7°$、$43.4°$、$57.4°$及 $63.0°$ 处存在 5 个明显的衍射峰，归属于 $NiFe_2O_4$（JCPDS No. 74-2081）的（220）、（311）、（400）、（511）及（440）晶面。与此同时，在 $2\theta=24.1°$、$33.2°$、$35.6°$、$40.9°$、$54.1°$处的特征峰刚好对应于 α-Fe_2O_3（JCPDS No. 33-0664）的（012）、（104）、（110）、（113）和（116）晶面。显然，二者作为主要的负载物组分存在于试样 S300 中，这主要归因于硝酸盐和淀粉的分解以及化合反应的发生，考虑到 $NiFe_2O_4$ 生成温度大约发生在 300℃，结合吉布斯自由能（$\Delta G=\Delta H-Tr\Delta S$，$Tr=573K$）的理论计算[6]，其对应 $\Delta G<0$，即说明该化合反应在理论上可以发生。

$$4Fe(NO_3)_3 \cdot 9H_2O \longrightarrow 2Fe_2O_3+12NO_2\uparrow+36H_2O\uparrow+3O_2\uparrow \quad (6.1)$$

$$2Ni(NO_3)_2 \cdot 6H_2O \longrightarrow 2NiO+4NO_2\uparrow+12H_2O\uparrow+O_2\uparrow \quad (6.2)$$

$$(C_6H_{12}O_6)_n \longrightarrow C+H_2O\uparrow+\text{含 C 气体}\uparrow \quad (6.3)$$

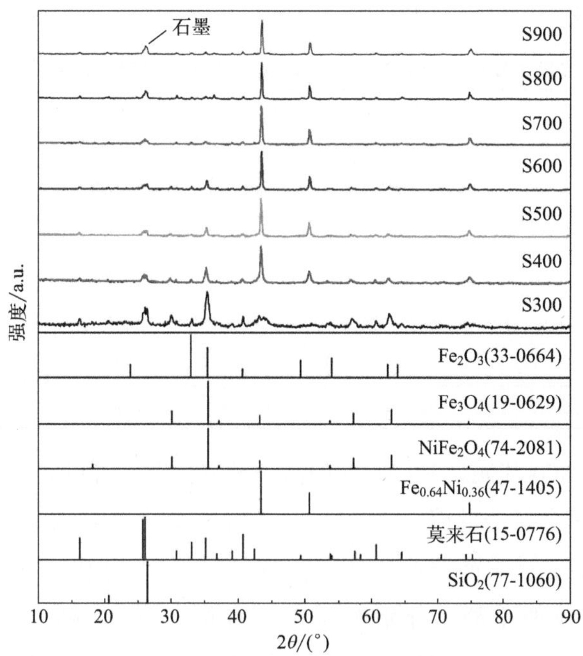

图 6.1 复合材料 FeNi/C/FA 在不同煅烧温度下的 XRD 图谱

随着温度升高至 400℃，物相 α-Fe_2O_3 和 $NiFe_2O_4$ 的特征峰消失，而在 $2\theta=30.1°$、$35.4°$、$43.0°$、$56.9°$和 $62.5°$处则出现对应于 Fe_3O_4（JCPDS

No. 19-0629）的（220）、（311）、（400）、（511）及（440）晶面的特征峰。同时，观察到 $Fe_{0.64}Ni_{0.36}$ 合金相（JCPDS No. 47-1405）的衍射峰在 $2\theta=43.6°$、50.8°和 74.7°处也开始出现并增强，这主要是由于初步的碳热还原反应造成的，类似的结果在先前的报道中也已经提到[7,8]，相应的反应式如下：

$$3Fe_2O_3+C \longrightarrow 2Fe_3O_4+CO\uparrow \tag{6.4}$$

$$NiFe_2O_4+C \longrightarrow Fe_{0.64}Ni_{0.36}+CO_2\uparrow \tag{6.5}$$

在温度 400～700℃范围内，观察发现复合材料中物相 Fe_3O_4 的特征峰逐渐减弱至最后消失，而 $Fe_{0.64}Ni_{0.36}$ 合金对应的衍射峰变得更加尖锐平滑，这说明在该反应阶段 Fe_3O_4 被逐渐还原生成 $Fe_{0.64}Ni_{0.36}$ 合金。此外，通过对比分析所有复合材料的 XRD 图谱可知，物相莫来石（JCPDS No. 15-0776）和 SiO_2（JCPDS No. 77-1060）对应的衍射峰一直存在，且二者的特征峰强度随煅烧温度的升高相对减弱，这是由于复合材料中负载物组分对应的衍射峰逐渐增强造成的。此外，XRD 图谱中位于 $2\theta=26.5°$的特征峰应归属于石墨碳的（002）晶面，这在前一章也有提到。为了便于分析观察不同煅烧温度下物相的变化，具体的物相组成列于表 6.1。

表 6.1　不同煅烧温度下复合材料 FeNi/C/FA 的负载物晶相组成、密度及石墨化程度（I_D/I_G）

煅烧温度/℃	物相组成	体密度/(g/cm³)	I_D/I_G
300	$NiFe_2O_4$、Fe_2O_3、C	1.64	0.28
400	Fe_3O_4、$Ni_{0.64}Fe_{0.36}$、C	1.69	0.31
500	Fe_3O_4、$Ni_{0.64}Fe_{0.36}$、C	1.70	0.35
600	Fe_3O_4、$Ni_{0.64}Fe_{0.36}$、C	1.72	0.45
700	$Ni_{0.64}Fe_{0.36}$、C	1.69	0.48
800	$Ni_{0.64}Fe_{0.36}$、C	1.67	0.58
900	$Ni_{0.64}Fe_{0.36}$、C	1.75	0.65

图 6.2 为 S300 的元素 Fe 和 Ni 的高分辨光谱图，可以看出元素 Fe 的高分辨图谱中存在两个显著的峰，即 711.6eV 结合能处的 Fe $2p_{3/2}$ 峰和 724.1eV 处的 Fe $2p_{1/2}$ 峰，二者的存在可归因于 Fe^{3+}[9]。与此同时，Ni 元素的高分辨图谱同样拟合成两个峰，分别对应于结合能为 856.4eV 和 874.7eV 处的 Ni $2p_{3/2}$ 和 Ni $2p_{1/2}$，这表明试样 S300 中含有 Ni^{2+}[10]。因此，S300 中的 Fe 元素以及 Ni 元素主要以 Fe^{3+} 和 Ni^{2+} 价态存在。结合上述 XRD 结果，即说明试样 S300 的负载物组分主要为 Fe_2O_3 和 $NiFe_2O_4$。

结合上述 XRD 结果可知，复合材料的整个热处理过程存在大量的化学反

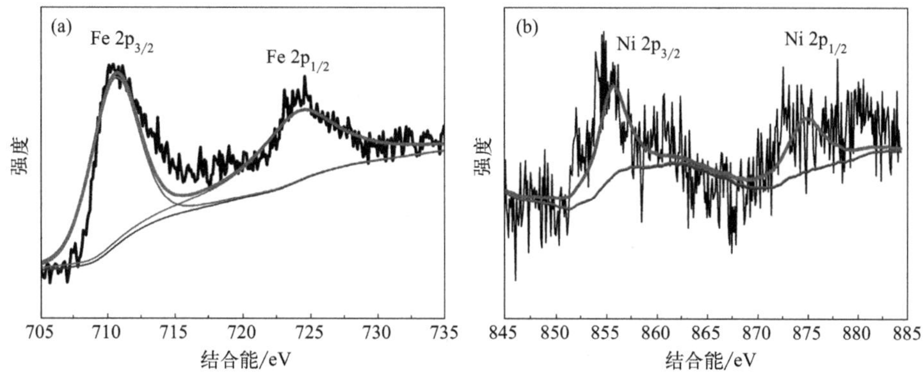

图 6.2　试样 S300 的 XPS 光谱（见文后彩图）

(a) Fe 2p；(b) Ni 2p

应，并产生了多个物相，根据具体的物相组成可将其分为三个阶段。为了精确测试复合材料在各个反应阶段的热量变化以及质量损失，借助热重-差示扫描量热仪（TG-DSC）进行测试分析。图 6.3 为复合材料 FeNi/C/FA 的 TG、DSC 曲线图。如图 6.3 所示，在 105℃附近处存在明显的吸热谷，这归因于低温阶段粉煤灰和淀粉中结晶水和自由水的脱除和蒸发，相应的质量损失达到 18.51%。在 143～320℃范围内观察到一个明显的吸热谷，这可以归因于硝酸铁和淀粉的热分解［式(6.1)～式(6.3)］，释放大量的气体，造成试样明显的质量损失，对应最大失重为 14.39%。与此同时，还可以观察到，在 326～382℃温度范围内存在一个放热峰，相应的失重约为 15.21%，主要归因于初步的碳热还原反应，涉及 $NiFe_2O_4$ 被碳还原为 $Fe_{0.64}Ni_{0.36}$，消耗大量的碳。随着温度进一步升高至 600℃，可以看到一个明显的放热峰，意味着深度的碳热还原反应将 Fe_3O_4 逐渐还原生成 $Fe_{0.64}Ni_{0.36}$ 合金。这刚好与 XRD 结果相

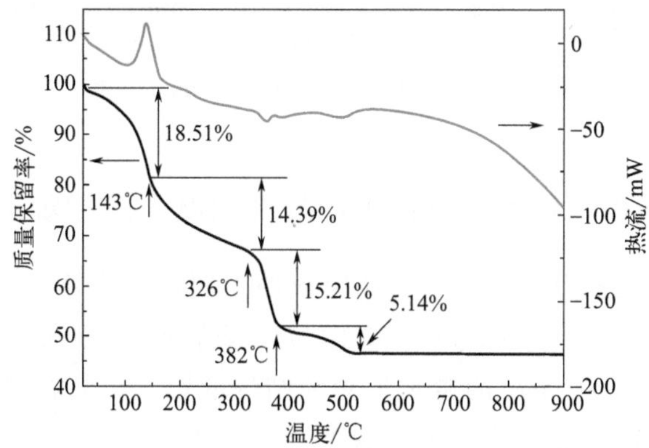

图 6.3　复合材料 FeNi/C/FA 的 TG、DSC 曲线图

一致。

根据上述 XRD 结果，推测 $2\theta=26.5°$的特征峰对应于碳的（002）晶面。为了进一步判断碳的存在形态，借助 Raman 光谱仪进行测试表征复合材料中碳的石墨化程度[11,12]。图 6.4 为 FeNi/C/FA 的 Raman 图谱。显然，在 $1350cm^{-1}$ 和 $1580cm^{-1}$ 处存在两个明显的特征峰，分别对应于 D 峰（无序石墨结构）和 G 峰（石墨化碳结构），二者的强度比（I_D/I_G）通常用来表示碳的石墨化程度。基于此，复合材料 FeNi/C/FA 对应的 I_D/I_G 值列于表 6.1，观察发现，I_D/I_G 值随热处理温度的升高逐渐增大。考虑到淀粉热解产物为无定形碳，结合典型的“三步模型”理论，本研究中碳的转变过程归属于步骤二，即随煅烧温度的升高，无定形碳转化为纳米晶石墨，这说明复合材料 FeNi/C/FA 中碳的石墨化程度随热处理温度的升高而逐渐提高，这一结论在前一章也已经提到。

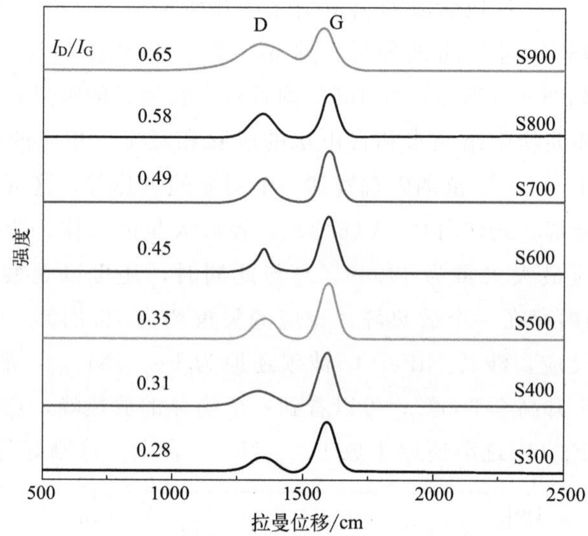

图 6.4　试样 FeNi/C/FA 的 Raman 图谱

6.3.2 负载 FeNi 复合材料在不同煅烧温度下的微观形貌

根据热处理过程中复合材料物相组成的不同，将热处理过程分为三个阶段，并从中选取 S300、S500 和 S800 作为代表性试样，进而观察分析物相演变对复合材料 FeNi/C/FA 的微观形貌和结构的影响。复合材料 S300、S500 和 S800 的微观形貌如图 6.5 所示。显然，从试样 S300 的形貌中可以看出，粉煤灰基体表面覆盖了一层由无定形碳和负载物颗粒混合形成的絮凝层［见

图 6.5(a_1) 和 (b_1)]，这主要是由于硝酸盐和淀粉的热解产物形貌较差，主要为无定形状态，均匀分散在粉煤灰基体上。随着温度升高至 500℃ [见图 6.5(a_2) 和 (b_2)]，基体表面的絮凝层中的颗粒逐渐长大，并且可以看到絮凝层逐渐被消耗，这主要归因于碳热还原反应的持续进行，消耗大量的碳。当温度进一步升高至 800℃ [见图 6.5(a_3) 和 (b_3)]，可以看到负载物颗粒周围的碳层被消耗掉，形成了碳层网络，与此同时，负载物颗粒尺寸明显增大，这主要是由于 Fe_3O_4 颗粒进一步被碳热还原生成 $Ni_{0.64}Fe_{0.36}$ 合金。

图 6.5　复合材料 FeNi/C/FA 的扫描电镜照片

(a_1) (a_2) S300；(b_1) (b_2) S500；(c_1) (c_2) S800

图 6.6 为试样 S800 表面的元素 mapping 图。可以观察到 S800 中元素 Fe、Ni、O、Al、Si 和 C 呈现不同的分布情况，这主要是由基体和负载颗粒的化学组成不同造成的。根据上述 XRD 结果可知，基体主要由物相莫来石和 SiO_2 组成，因此，元素 Si、Al 和 O 呈现相似的元素分布。而 Fe 和 Ni 则表现出相

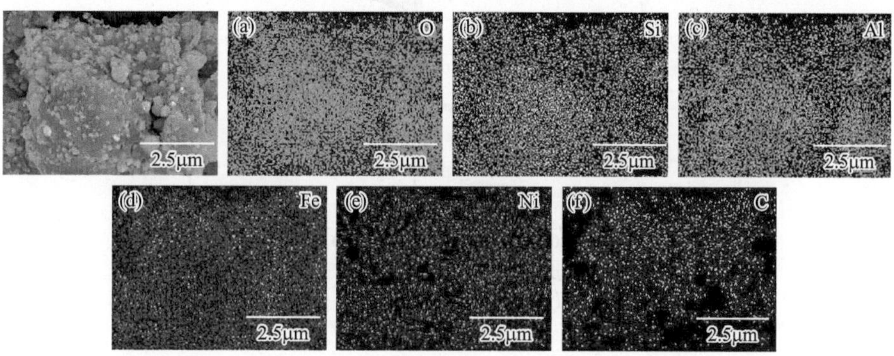

图 6.6　试样 S800 表面的元素 mapping 图（见文后彩图）

似的分布，Fe元素的分布密度明显高于Ni元素，这归因于前驱体混合溶液的浓度。同时，还可以观察到C元素均匀地分布在复合材料表面，基于以上分析，这与SEM结果恰好一致。

6.4 负载FeNi复合材料的静态磁性能

通常，材料的静态磁性能主要与磁性组分的种类、结晶度和晶粒尺寸有关[13,14]。结合上述XRD和SEM结果可知，复合材料的负载物组分及微观形貌的变化直接影响了材料的静态磁性能。基于此，利用VSM测试手段对室温下代表性试样S300、S500及S800进行研究分析。如图6.7所示，三个代表性试样对应的饱和磁化强度（M_s）和矫顽力（H_c）的值分别为19.96emu/g、29.93emu/g、40.98emu/g和196.52Oe、108.80Oe、85.51Oe。显然，复合材料的M_s值随热处理温度的升高而增加，这主要是由于合金相$Fe_{0.64}Ni_{0.36}$的产生及晶粒的长大造成的。相比之下，试样的H_c值呈现相反的变化趋势，随热处理温度的升高H_c值逐渐降低。根据先前的报道[15]，H_c值的大小主要与畴壁钉扎模型理论、晶粒尺寸和磁晶各向异性有关。在整个热处理过程中，伴随着非磁性组分含量的不断降低以及磁性组分（$Fe_{0.64}Ni_{0.36}$）含量的增加，磁性组分颗粒表面缺陷随之减少，相应的H_c值也逐渐降低。此外，由于组分$NiFe_2O_4$、Fe_3O_4和$Fe_{0.64}Ni_{0.36}$不具有独特的形态和高晶面指数，H_c值的降低也应归因于Fe_3O_4和$Fe_{0.64}Ni_{0.36}$晶粒尺寸的增长。

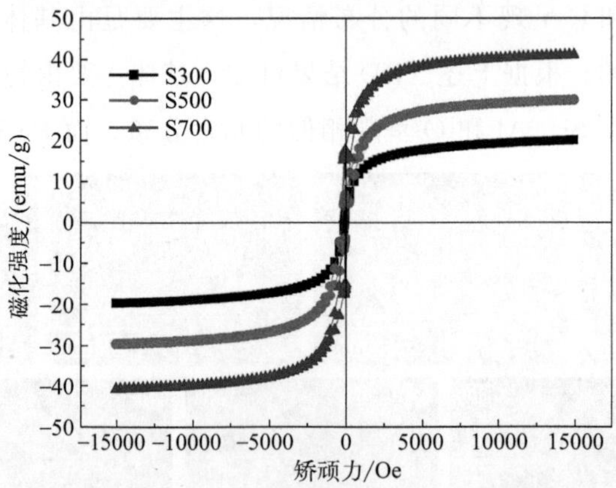

图6.7 试样S300、S500和S800在室温下的磁滞回线

6.5 负载 FeNi 复合材料的微波吸收性能评价及机理探讨

6.5.1 负载 FeNi 复合材料的微波吸收性能评价

根据上述的磁性能分析，S300、S500 和 S800 作为代表性试样具有不同的磁化能力，因此我们继续选择这三个代表性试样来探讨它们的微波吸收性能。通常，RL 值作为评价微波吸收性能的重要参数，可通过式(1.1) 和式(1.2) 计算得到。规定 RL 值低于－10dB 的吸收频带称之为有效吸收带宽，该频段范围内的吸收效率高达 90%[16,17]。我们设定模拟涂层厚度分别为 1.0mm、1.5mm、2.0mm、2.5mm、3.0mm、3.5mm 和 4.0mm，并以频率 f（2～18GHz）和涂层厚度 d（1.0～4.0mm）作为两个独立变量，复合材料 S300、S500 以及 S800 的三维反射损耗曲线如图 6.8(a)～(c) 所示。显然，随热处理温度的升高，试样的整体微波吸收性能呈现增强的趋势。对于 S300 而言，任一涂层厚度下的 RL 值均高于－10dB，表现出较差的微波吸收能力，离实际应用相差较远。相比之下，试样 S500 和 S800 的微波吸收能力显著增强，当涂层厚度分别为 4.0mm 和 3.5mm 时，它们的 RL_{min} 值分别达到－13.2dB 和－38.3dB。当调节涂层厚度为 3.0mm 和 2.0mm，最大有效吸收带宽分别达到 1.7GHz（8.2～9.9GHz）和 3.6GHz（10.7～15.3GHz）。总的来说，试样 S800 具有最佳的微波吸收性能，其优异的吸波性能覆盖在 4.9～18GHz 频率范围内。相比于其它价格高昂的碳基材料，该复合材料 FeNi/C/FA 是一种价格低廉、轻质高效的微波吸收材料。

众所周知，阻抗匹配是决定微波吸收性能的重要因素之一，反映了入射电磁波在空气-吸收剂界面处的反射情况。为了进一步探讨复合材料的阻抗匹配特性，通过标准化输入阻抗模值 $|Z|=|Z_{in}/Z_0|$ 的大小来进行评价。一般而言，当吸收剂的 Z_{in} 值等于 Z_0 值，即 $|Z|=|Z_{in}/Z_0|=1$，则表示入射电磁波能够最大限度地进入到材料内部，而减少在材料界面处的反射[18]。观察图 6.8(d)～(f) 可以看出，各个试样在任一厚度下的反射损耗峰分别对应一个 $|Z|$ 值。对于试样 S300 而言，任一厚度下的反射损耗峰对应的 $|Z|$ 值均明显大于 1，数值保持在 3～5 之间，即说明 $|Z_{in}|$ 大约是 $|Z_0|$ 的 3～5 倍，整体表现出较差的阻抗匹配特性，使得大量的入射电磁波不能进入复合材料内。相比之下，试样 S500 在不同涂层厚度下的 $|Z|$ 值均保持在 1.5 左右，$|Z|$ 值逐

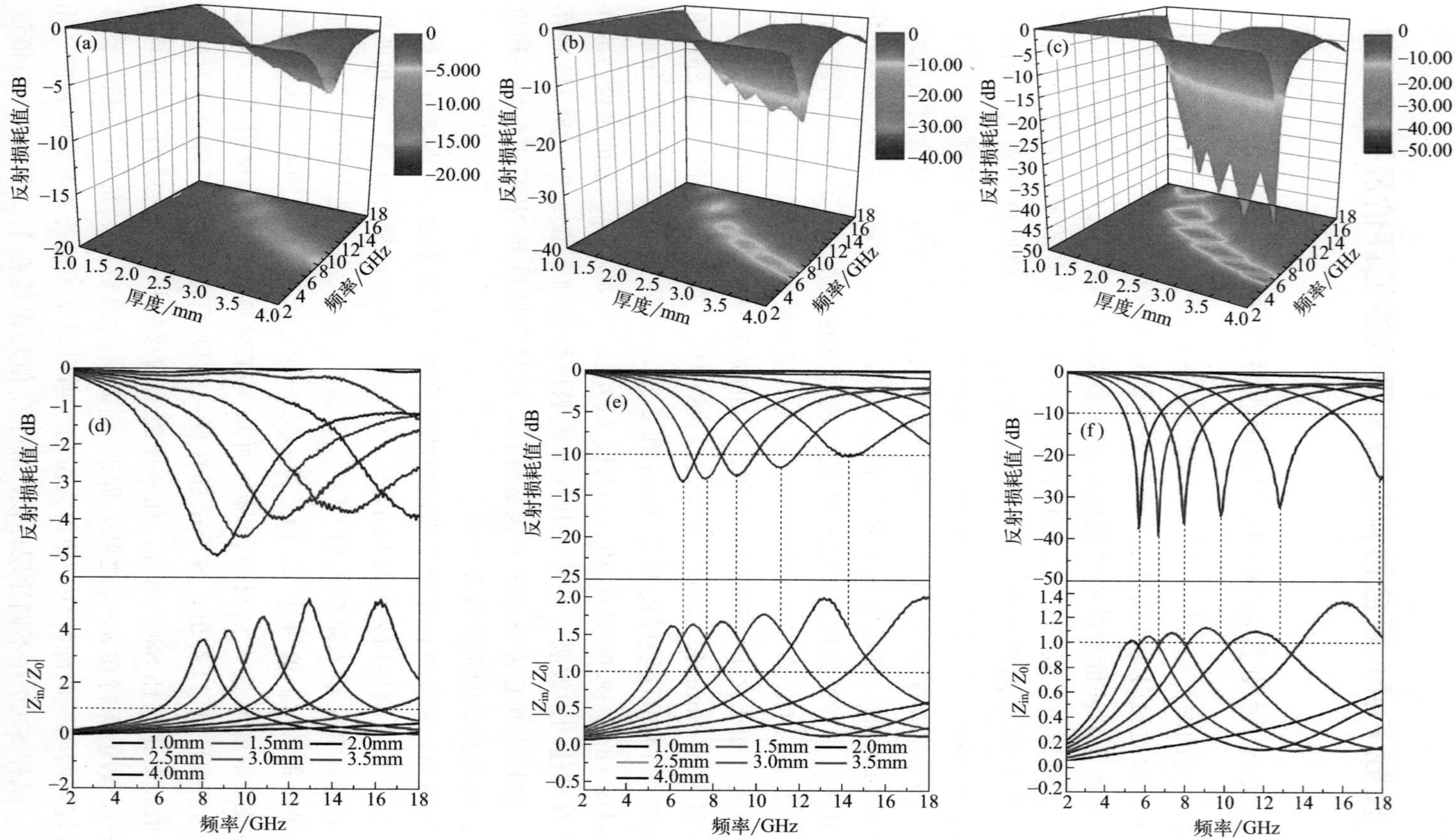

图 6.8 试样 S300、S500 以及 S800 的三维反射损耗图(a)～(c)以及反射损耗与阻抗匹配特性（$Z=Z_{in}/Z_0$）的关系曲线图（见文后彩图）

渐趋向于 1，对应的微波吸收性能也逐渐提高。而对于 S800 而言，当涂层厚度为 1.5mm、2.0mm、2.5mm、3.0mm、3.5mm 和 4.0mm 时，对应的 $|Z|$ 值分别为 0.97、0.98、0.98、1.06、1.01 和 1.10，整体表现出良好的阻抗匹配特性。特别是对于涂层厚度 2.0mm 下的 $|Z|$ 值最接近于 1，具有最为优异的阻抗匹配特性，呈现最宽的有效吸收带宽，这恰好与上述的吸波性能结果相一致。

此外，观察图 6.8 还可以看出，最小反射损耗峰位所对应的频率和涂层厚度存在一定的关系。参照第 3 章的式(3.9)，即 1/4 波长理论模型，随涂层厚度的增加，复合材料的反射损耗峰向低频区移动。与此同时，进一步计算式(3.9) 得到各个试样的理论涂层厚度，分别标定为 t_{m}^{cal}，进而与对应的实验涂层厚度（t_{m}^{exp}）相对比，结果如图 6.9 所示。显然，二者在不同的频率下呈现良好的匹配效果，即验证了本次实验的可行性。总的来说，通过调控复合材料的涂层厚度，可以实现对不同频段电磁波的有效吸收。相比于其他复杂的多层次结构的吸收剂，本研究提出的利用固体废物粉煤灰作为原材料来制备微波吸收材料，不仅满足"薄、轻、宽、强、易"的优异吸波特性，而且实现了固

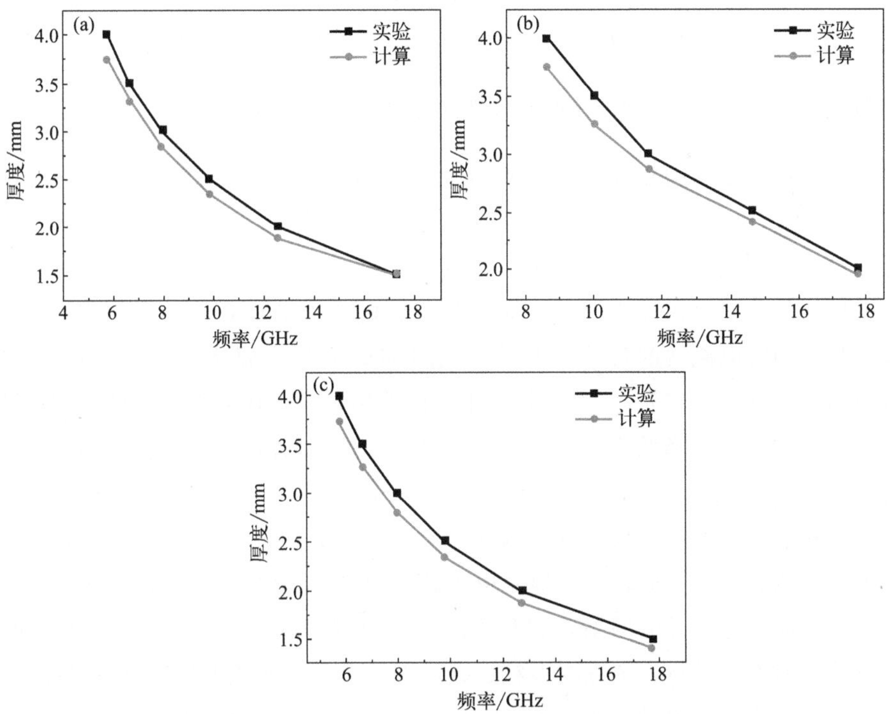

图 6.9　复合材料 FeNi/C/FA 的 λ/4 匹配结果

(a) S300；(b) S500；(c) S800

体废物的有效循环利用。

一般而言，衰减常数（α）作为评价吸收剂对入射电磁波衰减能力的重要指标，直接反映试样的固有衰减属性，其计算公式详见式(1.3)。图 6.10 为试样 S300、S500 和 S800 的 α 值变化曲线图，可以看出，随热处理温度的升高，复合材料 FeNi/C/FA 的衰减能力逐渐增强，相比于试样 S300 和 S500，S800 在整个测试频段内具有最强的衰减常数，这刚好与上述 RL 结果相一致。

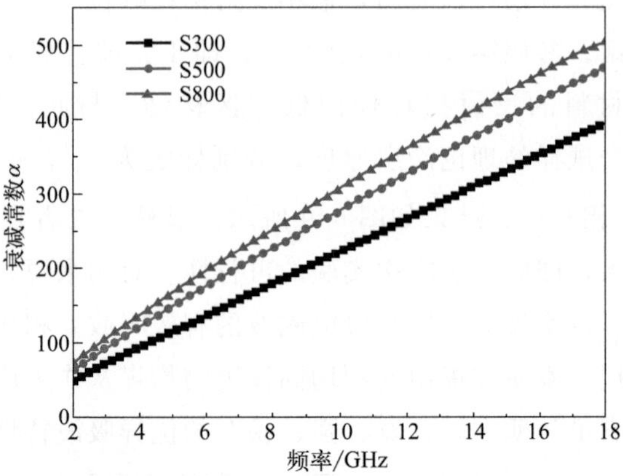

图 6.10　试样 S300、S500 和 S800 的衰减常数变化曲线图

6.5.2　负载 FeNi 复合材料的微波吸收机理探讨

为了进一步阐明复合材料 FeNi/C/FA 的微波吸收机制，三个代表性试样 S300、S500 和 S800 对应的电磁参数（$\varepsilon_r=\varepsilon'-j\varepsilon''$，$\mu_r=\mu'-j\mu''$）随频率变化的曲线分别进行讨论分析。众所周知，$\varepsilon_r$ 和 μ_r 的变化直接影响吸波材料的介电损耗能力和磁损耗能力，ε'和 μ'代表着电磁能的储存能力，而 ε''和 μ''则代表吸收剂对电磁波的衰减能力[19]。基于此，我们主要从以下几个方面进行机理的讨论分析。首先，观察图 6.11 可以看出，三个代表性试样的 ε_r 曲线随频率的增加呈现先降低后趋于稳定的趋势，这种“频散现象”代表着偶极子极化的发生[20]。相比于 S300，试样 S500 和 S800 在 7.5GHz 和 13.5GHz 附近处存在明显的共振峰，代表着导电损耗能力和多重界面极化弛豫，呈现增强的介电损耗能力。一方面，这主要是由于碳层导电网络覆盖在基体和磁性颗粒表面上，形成良好的导电网络，有利于改善导电损耗能力[21]；另一方面，随着原位反应的不断进行，负载物颗粒、碳层网络与基体形成大量的有效界面，三者之间导电能力的差异，使得大量自由电荷在界面处产生聚集，诱发产生多重界面极化弛豫。

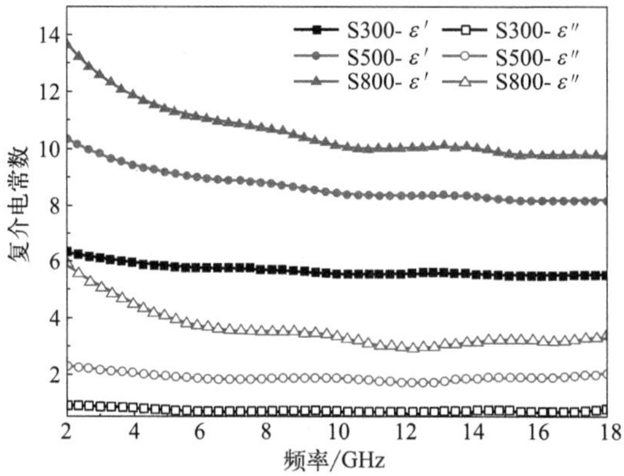

图 6.11 试样 S300、S500 和 S800 的相对复介电常数实部（ε′）和虚部（ε″）变化曲线图

多重界面弛豫作为介电损耗机制中重要的组成部分之一，通常由 Debye 理论进行解释，故也称之为德拜弛豫效应[22]。由公式(3.13) 计算得出，ε′和 ε″的关系曲线理论上为一个半圆（Cole-Cole 弧），代表一个德拜极化弛豫过程。图 6.12 为复合材料 S300、S500 和 S800 的 Cole-Cole 半圆，可以看出，

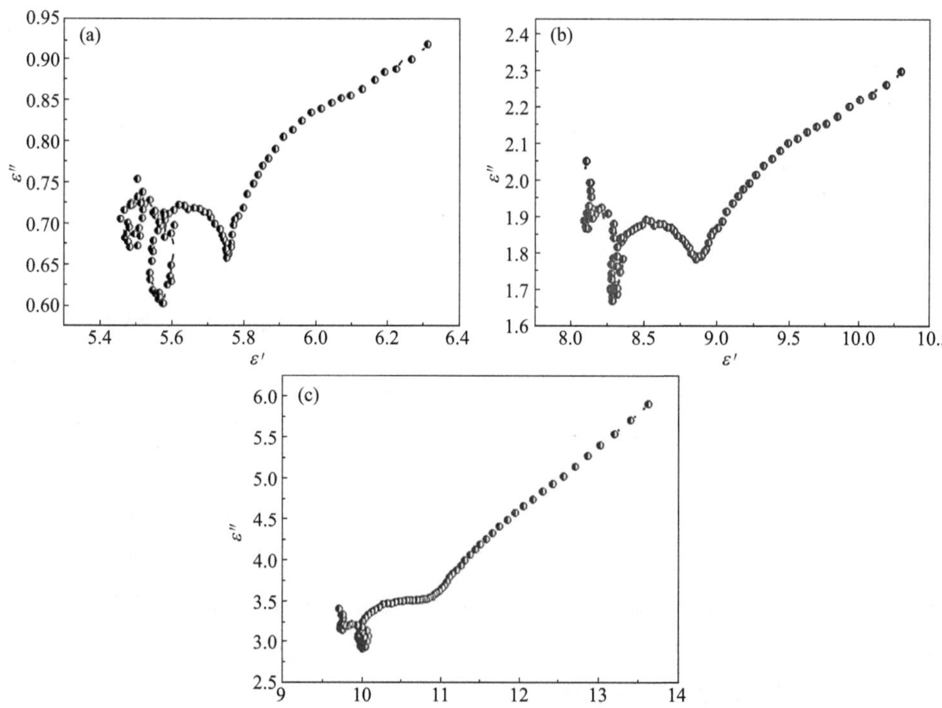

图 6.12 试样的 ε′和 ε″关系曲线图（Cole-Cole 半圆）

(a) S300；(b) S500；(c) S800

三个试样均呈现出四个 Cole-Cole 半圆，意味着存在四个 Debye 极化弛豫过程，这证实界面弛豫效应存在于三个代表性试样内，对吸波性能具有一定的贡献。

图 6.13(a) 为复合材料 FeNi/C/FA 的相对复磁导率（μ_r）随频率变化的关系曲线。试样 S300、S500 和 S800 的相对复磁导率实部（μ'）变化范围分别在 1.06～0.95、1.09～0.94 和 1.07～0.92，而虚部（μ''）则从 0.06、0.07 和 0.06 降低至－0.01、－0.02 和－0.04。可以看出，三个代表性试样的 μ_r 值在整个测试频段范围内变化趋势几乎一致，且三者的值差异不明显。同时，观察到 μ'' 曲线在 6.4GHz、11.6GHz 和 16.5GHz 存在明显的波动峰，根据 Aharoni 理论[23]，低频区的波动峰（6.4GHz）归因于自然共振，而高频区的共振峰（11.6GHz 和 16.5GHz）是由交换共振引起的。图 6.13(b) 为复合材料 FeNi/C/FA 的 $C_0=\mu''(\mu')^{-2}f^{-1}$ 值随频率变化的关系曲线图，三个试样的 $\mu''(\mu')^{-2}f^{-1}$ 值随频率的增加呈现先降低（2～14GHz）后趋于稳定（14～18GHz）的变化趋势。基于此，则说明 2～14GHz 频率范围内磁损耗主要来源于自然共振和交换共振，而 14～18GHz 频率范围内则由涡流损耗起主导作用。

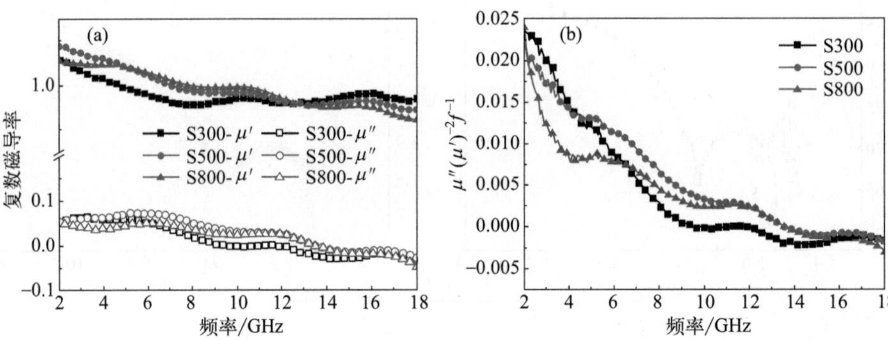

图 6.13 试样 S300、S500 和 S800 的相对复磁导率（a）以及 $\mu''(\mu')^{-2}f^{-1}$(b) 变化曲线图

损耗因子（$\tan\delta$）是评估吸波材料衰减能力的重要因素，通常由介电损耗和磁损耗的正切角（$\tan\delta_e$，$\tan\delta_m$）来表示[24]。图 6.14 为复合材料 S300、S500 和 S800 的损耗因子随频率变化的曲线图，可以看出，所有试样的介电损耗因子均大于磁损耗因子，这说明介电损耗在复合材料中起主导作用，相比于磁损耗能力，介电损耗的贡献最大。此外，基体独特的空心微球以及蜂窝状孔隙的存在，拓展了入射电磁波在材料内部的传播途径，形成多次反射以及散射，这也有助于提高材料的衰减能力。

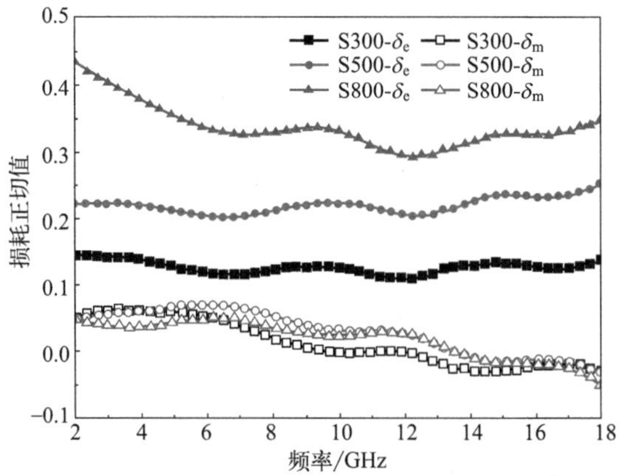

图 6.14 试样 S300、S500 和 S800 的损耗因子曲线图

参考文献

[1] Wen F S, Zhang F, Xiang J Y, et al. Microwave absorption properties of multiwalled carbon nanotube/FeNi nanopowders as light-weight microwave absorbers [J]. Journal of Magnetism and Magnetic Materials, 2013, 343: 281-285.

[2] Shen Y Q, Wei Y P, Ma J Q, et al. Self-cleaning functionalized FeNi/$NiFe_2O_4$/NiO/C nanofibers with enhanced microwave absorption performance [J]. Ceramics International, 2020, 46 (9): 13397-13406.

[3] Zhang H X, Shi C, Jia Z R, et al. FeNi nanoparticles embedded reduced graphene/nitrogen-doped carbon composites towards the ultra-wideband electromagnetic wave absorption [J]. Journal of Colloid and Interface Science, 2021, 584: 382-394.

[4] Kuchi R, Nguyen H M, Dongquoc V, et al. Optimization of FeNi/SWCNT composites by a simple co-arc discharge process to improve microwave absorption performance [J]. Journal of Alloys and Compounds, 2021, 852: 156712.

[5] Kuang D T, Wang S L, Hou L Z, et al. Facile synthesis and influences of Fe/Ni ratio on the microwave absorption performance of ultra-small FeNi-C core-shell nanoparticles [J]. Materials Research Bulletin, 2020, 126: 110837.

[6] Yang E Q, Qi X S, Xie R, et al. Core@shell@shell structured carbon-based magnetic ternary nanohybrids: Synthesis and their enhanced microwave absorption properties [J]. Applied Surface Science, 2018, 441: 780-790.

[7] Li G M, Wang L C, Li W X, et al. $NiFe_2O_4$, Fe_3O_4-Fe_xNi_y or Fe_xNi_y loaded porous activated carbon balls as lightweight microwave absorbents [J]. RSC Advances, 2015, 5 (11): 8248-8257.

[8] Sato T, Kurumada M, Kamitsuji K, et al. Influence of plasma on formation of crystalline Fe_2SiO_4 grains [J]. Planetary and Space Science, 2006, 54: 612-616.

[9] Li Y J, Song C M, Chen J C, et al. Sulfur and nitrogen Co-doped activated $CoFe_2O_4$@C nanotubes as an efficient material for supercapacitor applications, Carbon, 2020, 162: 124-135.

[10] Liu W J, Tian K, Jiang H. One-pot synthesis of Ni-$NiFe_2O_4$/carbon nanofibers composites from

biomass for selective hydrogenation of aromatic nitro compounds [J]. Green Chemistry, 2015, 17 (2): 821-826.

[11] Aslam M A, Ding W, Rehman S U, et al. Low cost 3D bio-carbon foams obtained from wheat straw with broadened bandwidth electromagnetic wave absorption performance [J]. Applied Surface Science, 2021, 543: 148785.

[12] Jiang Y L, Fu X Y, Zhang Z D, et al. Enhanced microwave absorption properties of Fe_3C/C nanofibers prepared by electrospinning [J]. Journal of Alloys and Compounds, 2019, 804: 305-313.

[13] Liu Q H, Xu X H, Xia W X, et al. Dependency of magnetic microwave absorption on surface architecture of $Co_{20}Ni_{80}$ hierarchical structures studied by electron holography [J]. Nanoscale, 2015, 7 (5): 1736-1743.

[14] Zhao X, Yan J, Huang Y, et al. Magnetic porous CoNi@C derived from bamboo fiber combined with metal-organic-framework for enhanced electromagnetic wave absorption [J]. Journal of Colloid and Interface Science, 2021, 595: 78-87.

[15] Wang Y H, Li X D, Han X J, et al. Ternary $Mo_2C/Co/C$ composites with enhanced electromagnetic waves absorption [J]. Chemical Engineering Journal, 2020, 387: 124159.

[16] Chu W L, Wang Y, Du Y C, et al. FeCo alloy nanoparticles supported on ordered mesoporous carbon for enhanced microwave absorption [J]. Journal of Materials Science, 2017, 52 (23): 13636-13649.

[17] Zhu K, Chen C L, Xu M W C, et al. In situ carbothermal reduction synthesis of Fe nanocrystals embedded into N-doped carbon nanospheres for highly efficient U (VI) adsorption and reduction [J]. Chemical Engineering Journal, 2018, 331: 395-405.

[18] Zhang N, Huang Y, Wang M Y. 3D ferromagnetic graphene nanocomposites with ZnO nanorods and Fe_3O_4 nanoparticles co-decorated for efficient electromagnetic wave absorption [J]. Composites Part B, 2018, 136: 135-142.

[19] Che R C, Peng L M, Duan X F, et al. Microwave absorption enhancement and complex permittivity and permeability of Fe encapsulated within carbon nanotubes [J]. Advanced Materials, 2004, 16: 401-405.

[20] Wang Y H, Han X J, Xu P, et al. Synthesis of pomegranate-like Mo_2C@C nanospheres for efficient microwave absorption [J]. Chemical Engineering Journal, 2019, 372: 312-320.

[21] Wu T, Liu Y, Zeng X, et al. Facile hydrothermal synthesis of Fe_3O_4/C core-shell nanorings for efficient low-frequency microwave absorption [J]. ACS Applied Materials & Interfaces, 2016, 8: 7370-7380.

[22] Yang M L, Yuan Y, Yin W L, et al. Co/CoO@C nanocomposites with a hierarchical bowknot-like nanostructure for high performance broadband electromagnetic wave absorption [J]. Applied Surface Science, 2019, 469: 607-616.

[23] Aharonis. Exchange resonance modes in a ferromagnetic sphere [J]. Journal of Applied Physics, 1991, 69: 7762-7764.

[24] Qiao M T, Lei X F, Ma Y, et al. Application of yolk-shell Fe_3O_4@N-doped carbon nanochains as highly effective microwave-absorption material [J]. Nano Research, 2018, 11: 1500-1519.

第7章

负载CoNi粉煤灰基复合微波吸收材料

7.1 引言

在第5章和第6章提到以粉煤灰直接作为基体，硝酸盐混合溶液（Fe^{2+}、Co^{2+}/Ni^{2+}）作为前驱体溶液，利用简单的“一锅法”来制备得到负载$CoFe_2O_4$-Co_xFe_y或Co_3Fe_7以及$NiFe_2O_4$、Fe_3O_4-$Fe_{0.64}Ni_{0.36}$或$Fe_{0.64}Ni_{0.36}$的陶瓷复合吸波材料。显然，相比于单体系的磁性组分负载的陶瓷复合材料，双体系的磁性组分负载的复合材料的磁性能以及热稳定性得到一定的提升。与此同时，通过调控原位碳热还原温度可以改变复合材料的物相组成，进而影响其微波吸收性能。另一方面，通过调节试样涂层的厚度进而实现在不同频段的吸收效果。结果证实复合材料Fe-Co、Fe-Ni体系陶瓷基复合材料是一种热稳定性强、成本低廉的轻质高效微波吸收材料。

基于此，大量关于CoNi合金与各类基体复合来制备微波吸收材料的研究也已经被报道。研究发现，CoNi合金相比于Fe-Ni、Fe-Co合金，兼具较高的介电损耗、适度的磁损耗、低磁晶各向异性和Snock's极限，与碳基材料有效复合后可以获得性能优异的新型吸波材料，在微波吸收领域受到了极大关注[1-3]。李嘉欣[4]利用溶剂热制备CoNi纳米合金，在无磁场诱导的环境下生成零维颗粒状CoNi合金，在有磁场诱导的环境下生成一维链状CoNi合金。再将CoNi与RGO气凝胶相结合，通过热压法形成RGO/CNP/RGO夹心结构，研究层数对性能的影响。结果表明，3+2夹心层型结构具有更好的吸波性能，其最小反射损耗值高达－51.91dB，有效吸收带宽为6.6GHz，对应的涂层厚度为3.0mm。Wang等人[5]报道了一种CoNi@C纳米胶囊，具有比先前报道的纳米复合材料更好的电磁波吸收性能；当吸收层厚度在2～4.8mm之间时，在5～17GHz的宽频率范围内，最小反射损耗超过－25dB；对于2mm的吸波层，在12～18GHz的宽频范围内，可达到超过－10dB的反射损耗值，能够覆盖整个 Ku 波段。Quan 等人[6]合成一种 Co_xNi_y@C 复合材料具有高度发达的多孔结构，当填充比例为 50%时，样品的微波吸收性能低于 −35.0dB。经过深入研究发现，采用碳材料包裹金属纳米颗粒的方法能够有效地防止它们被氧化，同时还能够提升它们的导电性，从而改善其吸波性能。因此，CoNi 合金纳米颗粒作为一种理想的材料，因为具有较小的尺寸和增强的界面性能，并且具有较好的可塑性，被认为是很有前景的微波吸收材料候选者。Li 等人[7]首次报道了一种经过精心设计和优化的静电自组装方法制备的磁化 MXene-RGO/CoNi 薄膜。在 RGO 纳米片上装饰着高度分散的 CoNi 纳米粒子，有效地抑制了 Mxene 纳米层，从而导致高介电常数降低。此外，由于磁性 CoNi 合金纳米颗粒在 RGO 衬底上具有很强的磁耦合性，整个 MXene-RGO/CoNi 薄膜表现出较强的磁损耗能力。在二维 MXene 与 RGO 的连续异质界面处存在局域介电极化场，进一步提高了微波损耗。因此，合成的复合薄膜具有良好的微波吸收性能，在 13.28GHz 时的最大反射损耗为 −54.1dB。

本章继续沿用第 5 章和第 6 章的设计思路，直接以粉煤灰作为基体，区别在于将前驱体溶液换为硝酸钴和硝酸镍的混合溶液（Co^{2+} ∶ Ni^{2+} =1 ∶ 1），后经旋转蒸发工艺以及烧结工艺，制备得到负载 CoNi 合金的陶瓷复合吸波材料（Co/C/FA）。通过研究不同煅烧温度下复合物的物相组成、微观形貌、静态磁性能和微波吸收性能，进而分析负载物组分和微观形貌演变对吸波机理的影响。

7.2 负载 CoNi 粉煤灰基复合微波吸收材料的制备

（1）粉煤灰的预处理

详见第 3 章 3.2 部分的粉煤灰酸洗工艺。

（2）负载 CoNi 陶瓷复合材料的制备

分别称取 $Co(NO_3)_3 \cdot 6H_2O$ 和 $Ni(NO_3)_2 \cdot 6H_2O$ 依次加入去离子水中，经不断搅拌、超声处理至溶质完全溶解。随后，将一定质量的可溶性淀粉分散于 100mL 沸腾的去离子水中，持续搅拌 1h，直至淀粉完全溶解。将上述两种溶液混合在一起，并不断搅拌至完全混合均匀。

预处理好的粉煤灰加入上述硝酸盐和淀粉混合溶液中，不断进行搅拌并伴随超声处理，使得 Co^{2+}、Ni^{2+} 及淀粉分子分散到粉煤灰基体表面和内部。然后，将混合物移入到旋转蒸发器中去除大部分的液体，残留的黑色固体置于

75℃±5℃烘箱中干燥。接着，将烘干后的固体粉末放入瓷舟中，并移至管式炉，在 Ar 保护气氛下进行热处理，烧结制度分别设置为：温度分别为 300℃、400℃、500℃、600℃、700℃、800℃和 900℃，升温速率保持 5℃/min，保温时间为 2h，制备得到不同温度下的复合材料 CoNi@FA，制备示意图如图 7.1 所示。为了便于下文描述，特以不同烧结温度对复合材料分别命名为：CoNi@ FA300、CoNi @ FA400、CoNi @ FA500、CoNi @ FA600、CoNi @ FA700 和 CoNi@FA800。

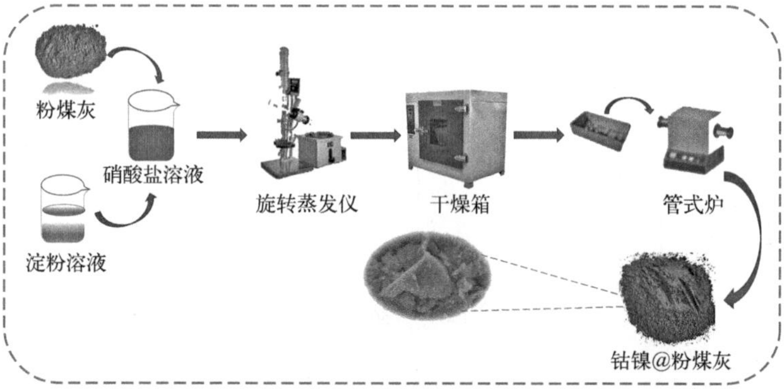

图 7.1 复合材料 CoNi@FA 合成制备流程图（见文后彩图）

7.3 负载 CoNi 复合材料的晶相及形貌演变

为了探讨复合材料 CoNi@FA 的物相演变规律，利用 XRD 测试手段来表征材料的晶相组成，考虑到低温阶段（≤300℃）物相的非晶特性，因此我们选择 300℃作为起始温度，不同热处理温度下的 XRD 图谱如图 7.2 所示。观察试样 CoNi@FA 的衍射图谱可以看出，莫来石（JCPDS No. 15-077）和 SiO_2（JCPDS No. 77-1060）的衍射峰出现在所有样品上，表明粉煤灰基体的主要成分是由莫来石和石英组成。此外，观察试样 CoNi@FA300 的衍射图谱可以看出，在 $2\theta=36.5°$、$42.4°$、$61.5°$、$73.7°$及 $77.5°$处存在 5 个明显的衍射峰，对应于 CoO（JCPDS No. 48-1719）的（111）、（200）、（220）、（311）及（222）晶面。与此同时，在 $2\theta=37.2°$、$43.3°$、$62.9°$、$75.4°$及 $79.4°$处的特征峰则归属于 NiO（JCPDS No. 33-0664）的（101）、（012）、（110）、（113）及（202）晶面。CoO 和 NiO 物相的出现可归因于 $Co(NO_3)_2\cdot6H_2O$ 和 $Ni(NO_3)_3\cdot6H_2O$ 的分解，相关的反应式如下：

$$2Co(NO_3)_2\cdot6H_2O \longrightarrow 2CoO+4NO_2\uparrow+12H_2O\uparrow+O_2\uparrow \quad (7.1)$$

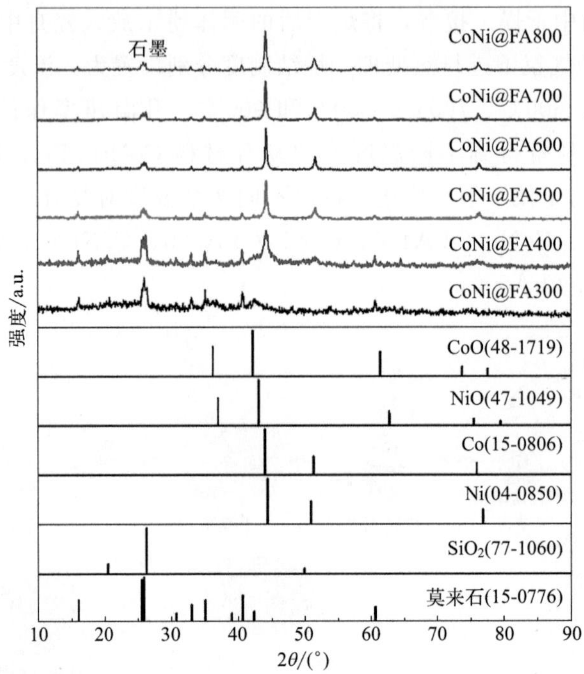

图 7.2　复合材料 FeNi@FA 在不同煅烧温度下的 XRD 图谱

$$2Ni(NO_3)_2 \cdot 6H_2O \longrightarrow 2NiO + 4NO_2\uparrow + 12H_2O\uparrow + O_2\uparrow \quad (7.2)$$

随着温度升高至 400℃，Co、Ni 的合金相衍射峰开始出现，观察到峰值较弱的 CoO 和 NiO 的衍射峰已经消失。这主要归因于淀粉热分解的碳作为还原剂将金属氧化物逐渐还原为 Co 和 Ni 的合金相。同时，通过 XRD 衍射图谱可以看到，与金属单质 Co（JCPDS No. 15-0806）和 Ni（JCPDS No. 04-0850）相比，在 $2\theta=44.3°$、$51.7°$及 $76.1°$处的衍射峰具有一定的偏差，这证实 CoNi 合金相已生成。在 400～800℃温度区间内，观察发现，CoNi 合金的特征峰显著增强，窄而尖锐的峰意味着 CoNi 晶相在较高温度下高度结晶。此外，XRD 图谱中位于 $2\theta=26.5°$的特征峰应归属于石墨碳的（002）晶面。考虑到 SiO_2 和碳的峰在 $2\theta=26.5°$处重叠，则进一步采用拉曼光谱验证相组成，并研究不同温度下碳的石墨化程度（见图 7.3）。拉曼光谱结果表明，随着 I_D/I_G 比值的增加，残余碳的状态从无定形碳变为纳米晶石墨，这一现象在之前的文献中已有报道[8]。

为了进一步证实复合材料 CoNi@FA 的物相成分，将样品 CoNi@FA300、CoNi@FA400 以及 CoNi@FA800 作为代表进行 XPS 测试分析。如图 7.4(a) 所示，三个样品的高分辨光谱图均呈现出 Al 2p、Si 2p、C 1s、O 1s、Ni 2p

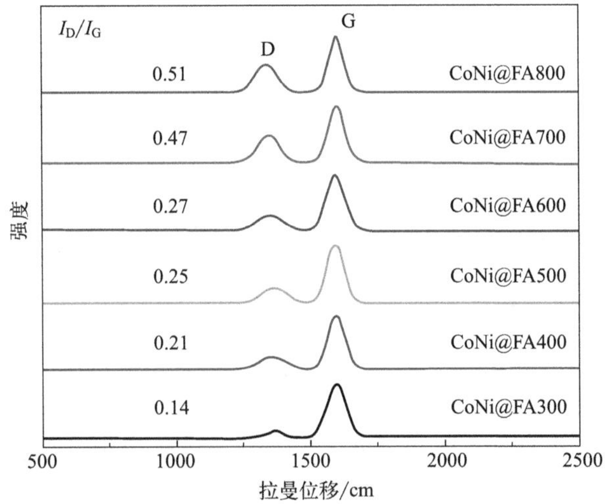

图 7.3 复合材料 FeCo/C/FA 的 Raman 图谱

和 Co 2p 的六个特征峰，这表明 Al、Si、C、O、Co 和 Ni 元素在复合材料 CoNi@FA 中共存。在 C 1s 高分辨光谱中［见图 7.4(b)］，拟合成三个结合能

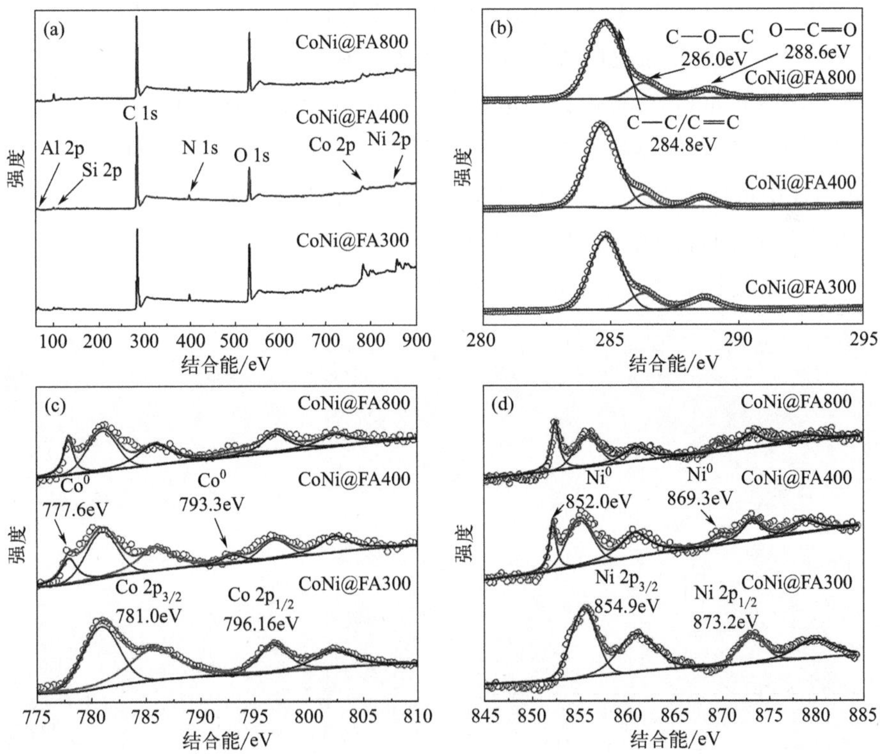

图 7.4 试样 CoNi@FA300、CoNi@FA400 和 CoNi@FA800 的 XPS 光谱（见文后彩图）

(a) 全谱图；(b) C 1s；(c) Co 2p；(d) Ni 2p

分别为 284.8eV、286.0eV 和 288.6eV 的特征峰，分别对应于 C—C/C═C、C—O—C 和 O—C═O，它们应该归因于淀粉的热解[9]。与此同时，图 7.4 (c) 和 (d) 呈现出拟合后的样品 CoNi@FA 的 Co 2p 和 Ni 2p 高分辨光谱图。观察发现在 781.0eV、796.16eV、854.9eV 和 873.2eV 处有四个峰值，分别对应于 Co^{2+} 和 Ni^{2+} 的 Co $2p_{3/2}$、Co $2p_{1/2}$、Ni $2p_{3/2}$ 和 Ni $2p_{1/2}$ 峰[10,11]。此外，还可以在 Co $2p_{3/2}$、Co $2p_{1/2}$、Ni $2p_{3/2}$ 和 Ni $2p_{1/2}$ 的结合能为 6eV 处观察到相关的卫星峰，该结果表明，Co 和 Ni 的价态是二价的，证实 CoNi@FA300 的物相为 CoO 和 NiO。此外，通过比较发现，在样品 CoNi@FA400 和 CoNi@FA800 的高分辨光谱中分别出现两个新的特征峰。根据先前报道可知[12]，在 777.6 和 793.3eV 的特征峰与 CoNi 合金中的 Co 物种有关，而 Ni 2p 高分辨光谱中显示的 852.0 和 869.3eV 的峰则与 CoNi 合金中的 Ni 物种相关[12]。因此，我们将这种转变归因于 CoO 与 NiO 的合金化效应以及 CoNi 合金颗粒长期暴露在空气中被氧化的结果[13]。

为了观察分析复合材料 CoNi@FA 的微观形貌和结构，选取样品 CoNi@FA300、CoNi@FA400 以及 CoNi@FA800 作为代表性样品，利用扫描电子显微镜（SEM）观察样品微观结构的演变规律。图 7.5 为 CoNi@FA300、CoNi@FA400 以及 CoNi@FA800 的扫描电镜照片。可以看出，样品 CoNi@FA300 中存在大量的不均匀球体和不规则的块状形态［见图 7.5(a_1)］。对应的高分辨 SEM 图片中可以看出，这些球体和不规则块体的表面被无定形碳、CoO 和 NiO 颗粒组成的混合层所覆盖。当温度升高到 400℃时［见图 7.5(b_1) 和 (b_2)］，大量絮状 CoNi 合金相分布在这些球形和不规则块体的表面，碳层被

图 7.5　复合材料 CoNi@FA 的扫描电镜照片

(a_1) (a_2) CoNi@FA300；(b_1) (b_2) CoNi@FA400；(c_1) (c_2) CoNi@FA800

部分消耗，这可能是由于原位碳热还原反应消耗部分碳造成的。进一步将煅烧温度升高至 800℃ [见图 7.5(c_1) 和 (c_2)]，可以看到基体表面的絮状 CoNi 合金转化为不同尺寸的 CoNi 颗粒。

为了进一步证实 CoNi@FA800 中晶粒的物相组成，我们利用 EDS 光谱进行面扫描表征，从图 7.6 中可以看出，主要的元素组成为 Ni、Co、Si、Al、O 以及 C，即证明基体表面存在的晶体颗粒为 CoNi。与此同时，可以观察到复合材料中 Ni、Co、O、Si、Al 和 C 的分布不同，这主要归因于基体和负载组分的化学组成不同。根据第 3 章的 XRD 结果可知，基体主要物相组成为墨来石、SiO_2 及 Al_2O_3，因此，元素 Si、Al 和 O 呈现相似的元素分布。而 Co 和 Ni 则表现出相似的分布。此外，还可以观察到 C 元素均匀分布在复合材料表面，基于以上分析，这与 SEM 结果分析恰好一致。

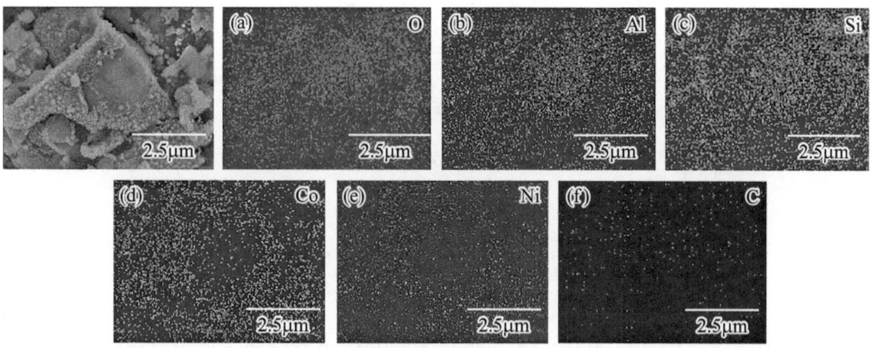

图 7.6 样品 CoNi@FA800 的元素 mapping 图（见文后彩图）

7.4 负载 CoNi 复合材料的静态磁性能

图 7.7 显示了 VSM 在室温下测试得到的试样 CoNi@FA400 和 CoNi@FA800 的磁滞回线。由图可知，两个代表性试样对应的饱和磁化强度（M_s）和矫顽力（H_c）的值分别为 8.15emu/g、58.42emu/g 和 38.7Oe、17.2Oe。通常，M_s 和 H_c 是定义磁损耗的重要参数，如式(7.3) 所示[14,15]：

$$\mu_i=\frac{M_s^2}{akH_cM_s+b\lambda\xi} \tag{7.3}$$

式中，a 和 b 分别为材料本身特有的常数；λ 和 ξ 分别为材料的磁致伸缩常数和弹性应变常数；k 为比例常数。从图中可以看出，复合材料的 M_s 值随煅烧温度的升高而增加，这主要是由于 CoNi 的产生及晶粒的长大造成的。同时，与块体 CoNi 合金的磁性能对比发现，其较低的 M_s 值则归因于材料中非磁性组分碳和基体的存在[16]。根据畴壁定扎模型[17]，磁性颗粒表面的无序缺陷通常作为磁畴壁运动的钉扎点，有效地阻碍畴壁运动并导致较高的 H_c。在整个热处理过程中，伴随着非磁性组分含量的不断降低以及磁性组分含量的增加，磁性组分颗粒表面缺陷随之减少，相应的 H_c 值也逐渐降低。另一方面，磁性颗粒的晶粒尺寸和磁晶各向异性对 H_c 也起着重要作用[18]。然而，由于 CoNi 颗粒不呈现独特的形态和高晶面指数，H_c 值的降低应归因于 CoNi 晶粒尺寸的增加。综上所述，与试样 CoNi@FA400 相比，CoNi@FA800 表现出更高的 M_s 和更低的 H_c 值，这种现象有利于提高磁损耗能力[19]。

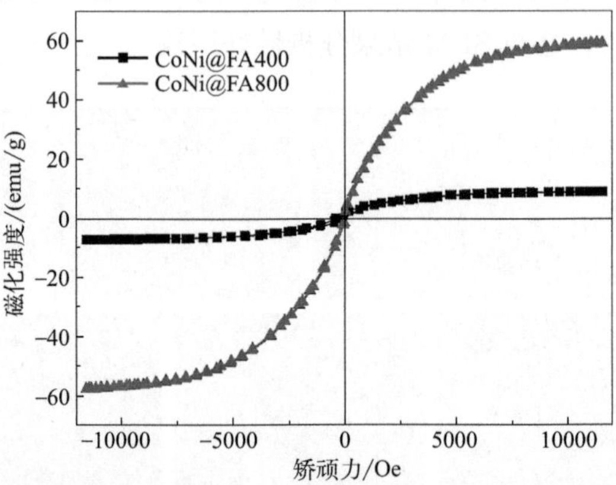

图 7.7　样品 CoNi@FA400 和 CoNi@FA800 在室温下的磁滞回线

7.5　负载 CoNi 复合材料的微波吸收性能及机理探讨

7.5.1　负载 CoNi 复合材料的微波吸收性能分析

为了进一步探究复合材料 CoNi@FA 的微波吸收性能，复合材料的反射损耗值（RL）可通过公式(1.1) 和式(1.2) 计算得到。根据上述复合材料的物相组成，我们选择代表性试样 CoNi@FA400 和 CoNi@FA800 作为微波吸收性能的研究对象，并分别设定模拟涂层厚度为 1.0mm、1.5mm、2.0mm、2.5mm、3.0mm、3.5mm 和 4.0mm，基于此，以频率 f(2～18GHz) 和涂层厚度 d(1.0～4.0mm) 作为两个独立变量，CoNi@FA400 和 CoNi@FA800 的二维和三维反射损耗曲线如图 7.8(a)～(d) 所示。可以看出，试样 CoNi@

FA400 在 4.0mm 涂层厚度下的 RL_{min} 值仅为－12.67dB，表现出较差的微波吸收性能，且其较窄的有效吸收带宽不能满足实际应用的要求[20,21]。相比之下，随着热处理温度的进一步升高，试样 CoNi@FA800 的 RL 值显著提高，其 RL_{min} 值在 6.6GHz 处达到－39.8dB，其对应的涂层厚度为 3.5mm。此外，规定 RL 值低于－10dB 的带宽称之为有效吸收带宽，该频段范围内的吸收效率高达 90%，通常是用来评估吸波性能的另一个重要指标[22,23]。对于试样 CoNi@FA800 而言，固定涂层厚度为 2.0mm，其对应的有效吸收带宽更是高达 3.4GHz（11.0～14.4GHz）。鉴于上述结果，可以得出试样 CoNi@FA800 具有最佳的微波吸收性能。通过调节试样的涂层厚度，这种良好的微波吸收性能可以扩展到 Ku 波段和 X 波段，整体的吸收频段可以覆盖 4.5～18GHz 频率范围。考虑到试样 CoNi@FA800 具有较强的吸收强度（－39.8dB）、较宽的频带（3.4GHz）、较薄的厚度（2mm）、较低的密度（1.69g/cm^3），因此复合材料 CoNi@FA800 是一种满足“薄、轻、宽、强”要求的轻质高效微波吸收材料。此外，与其他 CoNi/C 复合材料[24,25]相比，复合材料 CoNi@FA 在电磁损耗特性、重量轻、成本低、制备策略简单等方面具有一定的竞争优势。

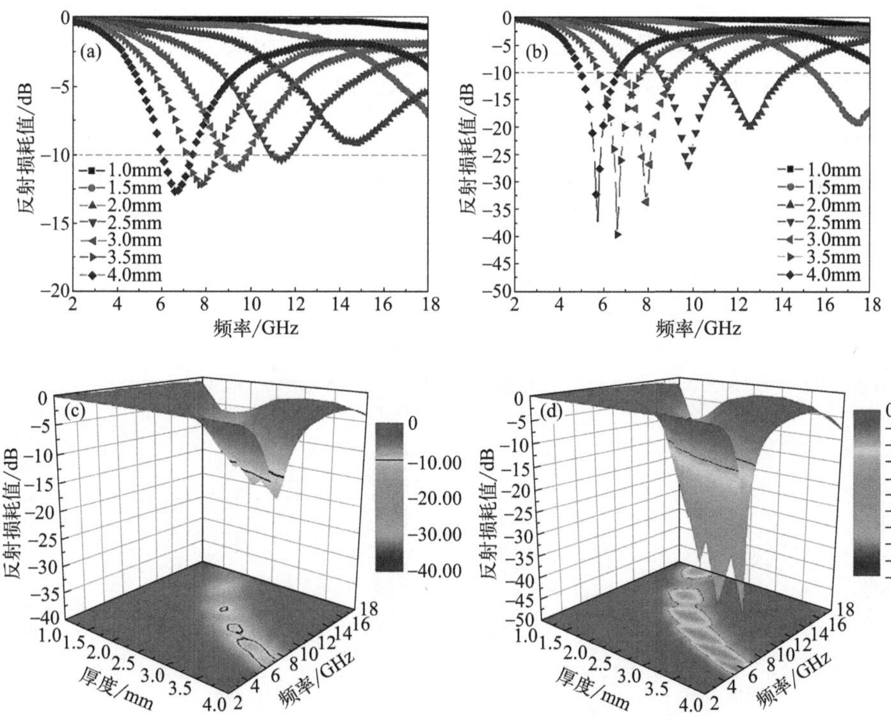

图 7.8 试样 CoNi@FA400 和 CoNi@FA800 的二维[(a)(b)]和三维[(c)(d)]反射损耗值曲线图（见文后彩图）

7.5.2 负载 CoNi 复合材料的吸波机理探讨

此外，阻抗匹配特性和衰减常数是评价材料微波吸收性能的两个重要参数，前者主要描述自由空间（377Ω）和吸波材料之间界面处的边界条件。具体表现为：若界面处的阻抗失配，电磁波无法进入材料内部而被反射掉，尽管材料本身具有较强的衰减能力，但仍表现出较差的微波吸收能力。后者则代表了吸收剂在介电损耗和磁损耗共同作用下的电磁损耗能力。基于此，为了评价材料的阻抗匹配特性，采用一种增量函数法进行计算，其相应的公式如下[26]：

$$|\Delta|=|\sinh^2(Kfd)-M| \tag{7.4}$$

式中，K 和 M 的值可以通过复介电常数和复磁导率计算得到：

$$K=\frac{4\pi\sqrt{\mu_r'\varepsilon_r'}\sin\frac{\delta_e+\delta_m}{2}}{c\cos\delta_e\cos\delta_m} \tag{7.5}$$

$$M=\frac{4\mu_r'\cos\delta_e\varepsilon_r'\cos\delta_m}{(\mu_r'\cos\delta_e-\varepsilon_r'\cos\delta_m)^2+\left[\tan\left(\frac{\delta_m}{2}-\frac{\delta_e}{2}\right)\right]^2(\mu_r'\cos\delta_e+\varepsilon_r'\cos\delta_m)^2} \tag{7.6}$$

由上式可知，良好阻抗匹配允许的最大$|\Delta|$值通常定义为 0.4，如果复合材料的阻抗匹配越好，则计算的$|\Delta|$值应越小，即对应$|\Delta|\leqslant 0.4$ 的区域面积越大越好[27]。如图 7.9 所示，给出了试样 CoNi@FA400 和 CoNi@FA800 在相应频率下的$|\Delta|$值。通过对比，试样 CoNi@FA400 的$|\Delta|\leqslant 0.4$ 对应的区域较小，表现出较差的阻抗匹配。而试样 CoNi@FA800 的$|\Delta|\leqslant 0.4$ 对应的区域较大，且该区域向左移动，这说明试样良好的阻抗匹配对应的区域逐渐向较小厚度转移，这一结论恰好与上述 RL 结果相一致。

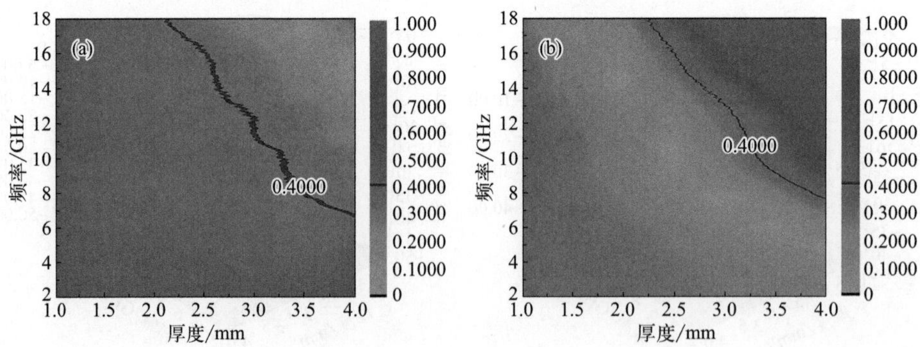

图 7.9 试样 CoNi@FA400（a）和 CoNi@FA800（b）的阻抗匹配（见文后彩图）

此外，为了进一步探讨复合材料 CoNi@FA 微波吸收性能的差异，还进行了相关的衰减常数（α）的计算，来反映两个代表性试样的固有损耗能力，详见式(1.3)。试样 CoNi@FA400 和 CoNi@FA800 的相关 α 变化曲线如图 7.10 所示。可以看出，S800 在整个测试频段范围内的 α 值远大于其他试样，即说明复合材料 CoNi@FA800 具有较强的固有衰减能力，这刚好与上述微波吸收结果一致。

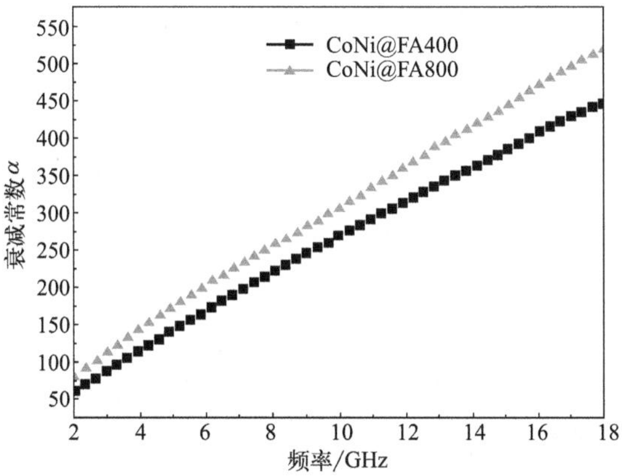

图 7.10　试样 CoNi@FA400 和 CoNi@FA800 的衰减常数变化曲线图

介电损耗和磁损耗作为吸波材料重要的衰减机制，直接影响材料的微波吸收性能。因此，通过测定相对复介电常数（$\varepsilon_r=\varepsilon'-j\varepsilon''$）和相对复磁导率（$\mu_r=\mu'-j\mu''$）来探讨材料的微波吸收机制。其中，相对复介电常数实部（ε'）和虚部（ε''）分别代表对电能的储存以及消耗能力，这在前一章中也已经提到。图 7.11(a) 为复合材料 CoNi@FA400 和 CoNi@FA800 的相对复介电常数随频率变化的关系曲线。观察 CoNi@FA400 和 CoNi@FA800 的相对复介电常数曲线可以看出，二者对应的 ε'值分别从 14.0、9.8 降低至 9.7、7.8，而相关的 ε''值则从 6.1、2.1 降低至 2.8、0.5。它们的相对复介电常数值随频率的增加，先降低后逐渐趋于稳定，呈现出典型的“频散”现象，即说明存在偶极子极化，类似现象解释见第 6 章，这有利于提高材料的介电损耗能力。此外，观察 ε''值可以看出，CoNi@FA400 介电常数虚部值在整个测试频段基本保持在 2 附近，呈现出较弱的介电损耗能力。相反地，试样 CoNi@FA800 的介电常数虚部呈现出下降趋势，分别在约 9.0GHz 和 14.3GHz 处有两处波动峰，且整个测试频段内介电常数虚部的值显著高于 CoNi@FA400，该现象的出现主要是由于 CoNi 颗粒和碳网络的共存造成的。材料内部 CoNi 颗粒和非晶态转变的纳米晶石墨层锚定在 FA 基体上，形成 CoNi 和碳之间的自由电荷传输网络。根据自由电子理论[28-30]，$\varepsilon''=1/(2\pi\rho f\varepsilon_0)$，其中 ρ 为电阻率，ε_0 为真空介电常数。较高的 ε''值意味着 CoNi@FA800 的电导率明显提升，进而有助于其导电损耗能力的提高。另一方面，CoNi 颗粒、碳和基体之间形成了大量的界面，并引发了多重界面极化，直接导致电子在 CoNi/C、CoNi/基体和 C/基体的界面处聚集。此外，图 7.11 中呈现的代表多个德拜偶极弛豫过程的相应 Cole-Cole 半圆，这与上述分析非常吻合。总体而言，CoNi@FA 吸波性能归因于偶极极化、界面极化以及电导率损失。

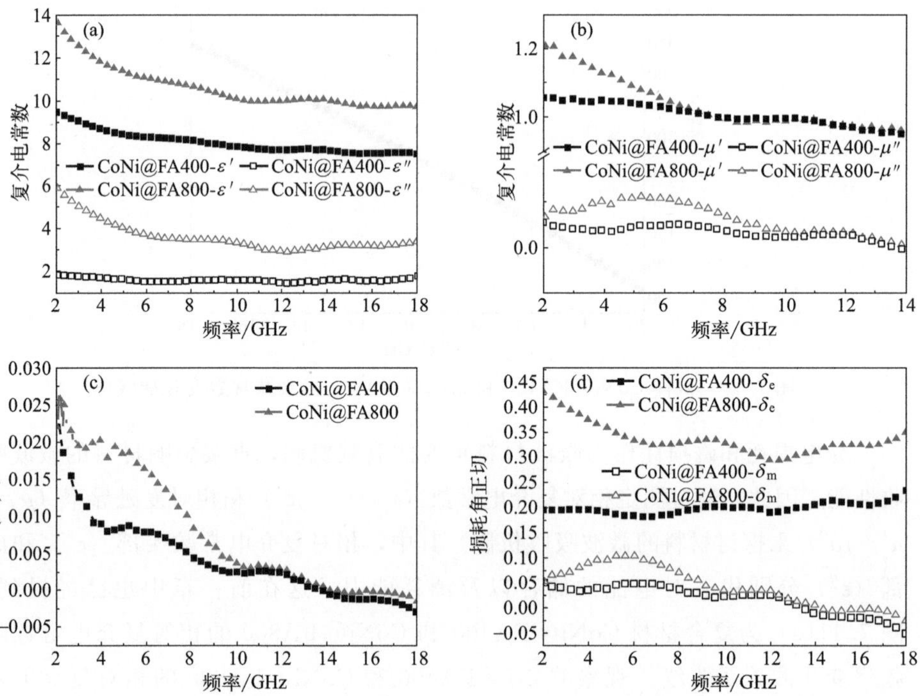

图 7.11　试样 CoNi@FA400 和 CoNi@FA800 的电磁参数变化曲线图

(a) 相对复磁导率；(b) 相对复介电常数；(c) $\mu''(\mu')^{-2}f^{-1}$ 值；(d) 损耗因子

磁损耗能力作为吸波材料另一重要的损耗机制，直接影响材料的微波吸收性能[31-33]。图 7.11(b) 为试样 CoNi@FA400 和 CoNi@FA800 的相对复磁导率（μ_r）随频率变化的曲线图。可以看出，CoNi@FA400 的 μ'和 μ''在整个测试频段范围内几乎保持恒定，且具有较低的值。我们知道，相对复磁导率实部（μ'）和虚部（μ''）分别表示材料在交变磁场中对于磁能的储存能力以及衰减能力。显然，CoNi@FA400 具有较差的磁损耗能力。相比之下，试样 CoNi-@FA800 的 μ'和 μ''显著提高，相应的 μ'值变化范围在 1.2～0.97，而 μ''值则从 0.1 降低至−0.02。同时，注意到 μ''曲线在 6.5GHz 和 12.1GHz 位置处出现明显的波动峰，主要是由于磁共振效应引起的[34]。众所周知，磁损耗机制主要由涡流损耗、畴壁共振、磁滞损耗、自然共振以及交换共振组成[35,36]，然而，考虑到较强的电磁场以及较高的测试频段，故畴壁共振以及磁滞损耗的贡献均可排除，这在前一章也已经提到。根据 Aharoni 的理论[37]，自然共振通常发生在低频区，而高频区的共振峰则归因于交换共振。因此，μ''曲线在 6.5GHz 处的波动峰归因于自然共振，12.1GHz 处的波动峰为交换共振。此外，就涡流损耗而言，其在磁损耗机制中的作用通常根据 $\mu''(\mu')^{-2}f^{-1}$ 值的变化情况来判断，如果 $\mu''(\mu')^{-2}f^{-1}$ 值恒定不变，且保持为一常数值，则涡流损耗在磁损耗机制中起到至关重要的作用。从图 7.11(c) 中可以看出，两个代表性试样的 $\mu''(\mu')^{-2}f^{-1}$ 值呈现相似的变化趋势，分别在 2～4GHz 频率范围内快速降低，在 4～14GHz 范围内存在明显的波动峰，而在 14～18GHz 范围内保持恒定。基于此，则说明 2～14GHz 频率范围内的磁损耗并非由涡流损耗起主导作用，而在高频区（14～18GHz）则主要来源于涡流损耗的贡献。

一般而言，介电损耗和磁损耗对于吸波材料的贡献，通常用二者的正切值（$\tan\delta_e=\varepsilon''/\varepsilon'$，$\tan\delta_m=\mu''/\mu'$）来表示[38-40]。图 7.11(d) 为复合材料 CoNi@FA400 和 CoNi@FA800 的损耗因子的变化曲线图，可以看出，两个试样的 $\tan\delta_e$ 值和 $\tan\delta_m$ 值在整个测试频段范围内呈对称分布，且相应的介电损耗因子明显高于磁损耗因子，这说明介电损耗在损耗机制中起到主导作用。此外，相比于试样 CoNi@FA400，合金相（CoNi）存在的复合材料 CoNi@FA800 的磁损耗能力明显增强，这主要归因于 CoNi 较高的磁性能。试样的 ε'和 ε''的关系见图 7.12。

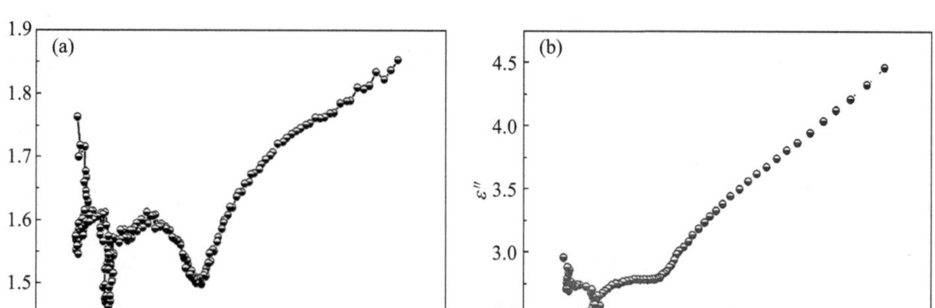

图 7.12　试样的 ε'和 ε''关系曲线图

(a) CoNi@FA400；(b) CoNi@FA800

参考文献

［1］ Cao M S，Wang X，Zhang M，et al. Electromagnetic response and energy conversion for functions and devices in low-dimensional materials ［J］. Advanced Functional Materials，2019，29：1807398.

［2］ Cui L R，Wang Y H，Han X J，et al. Phenolic resin reinforcement：A new strategy for hollow NiCo@C microboxes against electromagnetic pollution ［J］. Carbon，2021，174：670-682.

［3］ Liu Q，Cao Q，Bi H，et al. CoNi@SiO_2@TiO_2 and CoNi@Air@TiO_2 microspheres with strong wideband microwave absorption ［J］. Advanced Materials，2016，28：486-490.

［4］ 李嘉欣．CoNi/RGO 复合材料的结构设计与吸波性能研究 ［D］．西安：西安建筑科技大学，2023.

［5］ Wang H，Dai Y Y，Gong W J，et al. Broadband microwave absorption of CoNi@C nanocapsules enhanced by dual dielectric relaxation and multiple magnetic resonances ［J］. Applied Physics Letters，2013，102（22）.

［6］ Quan B，Liang X，Ji G，et al. Cross-linking-derived synthesis of porous Co_xNi_y/C nanocomposites for excellent electromagnetic behaviors ［J］. ACS Applied Materials and Interfaces，2017，9（44）：38814-38823.

［7］ Li X，Wu Z，You W，et al. Self-assembly MXene-rGO/CoNi film with massive continuous heterointerfaces and enhanced magnetic coupling for superior microwave absorber ［J］. Nanomicro Letters，2022，14（1）：73.

［8］ Ferrari A C，Robertson J. Interpretation of raman spectra of disordered and amorphous carbon ［J］. Physical Review B，2000，51（20）：14095-14107.

［9］ Li S，Huang Y，Ling D，et al. Enhanced microwave-absorption with carbon-encapsulated Fe-Co particles on reduced graphene oxide nanosheets with nanoscale-holes in the basal plane ［J］. Journal of Colloid and Interface Sicence，2019，544：188-197.

［10］ Li Y，Song C，Chen J，et al. Sulfur and nitrogen co-doped activated $CoFe_2O_4$@C nanotubes as an efficient material for supercapacitor applications ［J］. Carbon，2020，162：124-135.

［11］ Li X，Wang Z，Xiang Z，et al. Biconical prisms Ni@C composites derived from metal-organic frameworks with an enhanced electromagnetic wave absorption ［J］. Carbon，2021，184：115-126.

［12］ Lu C，Wu E，Li C，et al. CoNi bimetallic alloy cocatalyst-modifed g-C_3N_4 nanosheets for efficient photocatalytic hydrogen production ［J］. Journal of Physics and Chemistry of Solids，2021，158：110228.

［13］ Pan G，Zhu J，Ma S，et al. Enhancing the electromagnetic performance of Co through the phase-controlled synthesis of hexagonal and cubic Co nanocrystals grown on graphene ［J］. ACS Applied Materials & Interfaces，2013，5：12716-12724.

［14］ Zhao X，Yan J，Huang Y，et al. Magnetic porous CoNi@C derived from bamboo fiber combined with metal-organic -framework for enhanced electromagnetic wave absorption ［J］. Journal of Colloid and Interface Sicence，2021，595：78-87.

[15] Wang F, Sun Y, Li D, et al. Microwave absorption properties of 3D cross-linked Fe/C porous nanofibers prepared by electrospinning [J]. Carbon, 2018, 134: 264-273.

[16] Li Z N, Han X J, Ma Y, et al. MOFs-derived hollow Co/C microspheres with enhanced microwave absorption performance [J]. ACS Sustainable Chemistry & Engineering, 2018, 6: 8904-8913.

[17] Wang Y H, Li X D, Han X J, et al. Ternary Mo_2C/Co/C composites with enhanced electromagnetic waves absorption [J]. Chemical Engineering Journal, 2020, 387: 124159.

[18] Cui L R, Wang Y H, Han X J, et al. Phenolic resin reinforcement: A new strategy for hollow NiCo@C microboxes against electromagnetic pollution [J]. Carbon, 2021, 174: 673-682.

[19] Wu M Z, Zhang Y D, Hui S. et al. Microwave magnetic properties of Co_{50}/ $(SiO_2)_{50}$ nanoparticles [J]. Applied Physics Letters, 2002, 80: 4404-4406.

[20] Zhang X C, Zhang X, Yuan H R, et al. CoNi nanoparticles encapsulated by nitrogen-doped carbon nanotube arrays on reduced graphene oxide sheets for electromagnetic wave absorption [J]. Chemical Engineering Journal, 2020, 383: 123208.

[21] Yan J, Huang Y, Chen C, et al. The 3D CoNi alloy particles embedded in N-doped porous carbon foams for high-performance microwave absorbers [J]. Carbon, 2019, 152: 545-555.

[22] Min W X, Xu D W, Chen P, et al. Synthesis of novel hierarchical CoNi@NC hollow microspheres with enhanced microwave absorption performance [J]. Journal of Materials Science-Materials in Electronics, 2021, 32 (6): 8000-8016.

[23] Chen J P, Jia H, Liu Z, et al. Construction of C-Si hetero junction interface in SiC whisker/reduced graphene oxide aerogels for improving microwave absorption [J]. Carbon, 2020, 164: 59-68.

[24] Zhang X, Yan F, Zhang S, et al. Hollow n-doped carbon polyhedron containing CoNi alloy nanoparticles embedded within few-layer n-doped graphene as high-performance electromagnetic wave absorbing material [J]. Applied Materials & Interface, 2018, 10: 24920-24929.

[25] Ni C, Wu D, Xie X, et al. Microwave absorption properties of microporous CoNi@(NiO-CoO) nanoparticles through dealloying [J]. Journal of Magnetism and Magnetic Materials, 2020, 503: 166631.

[26] Wang S, Wang Y, Liu Y, et al. Preparation and characterization of nanocomposites of MoS_2 nano flowers and palygorskite nanofibers as lightweight microwave absorbers [J]. Applied Clay Science, 2021, 211: 106169.

[27] Ding D, Wang Y, Li X D, et al. Rational design of core-shell Co@C microspheres for high-performance microwave absorption [J]. Carbon, 2017, 118: 722-732.

[28] Wen F S, Zhang F, Liu Z Y, et al. Investigation on microwave absorption properties for multiwalled carbon nanotubes/Fe/Co/Ni nanopowders as lightweight absorbers [J]. Journal of Physical Chemistry C, 2011, 115: 14025-14030.

[29] Li G M, Wang L C, Li W X, et al. Mesoporous Fe/C and Coree-Shell Fe-Fe_3C@C composites as efficient microwave absorbents [J]. Microporous and Mesoporous Materials, 2015, 211: 97-104.

[30] Liu Y, Chen Z, Xie W H, et al. Enhanced microwave absorption performance of porous and hol-

low CoNi@C microspheres with controlled component and morphology [J]. Journal of Alloys and Compounds, 2019, 809: 151837.

[31] Wang C X, Chen M J, Lei H S, et al. Frequency-selective-surface based sandwich structure for both effective loadbearing and customizable microwave absorption [J]. Composite Structures, 2020, 235: 111792.

[32] Zheng Q, Fan H L, Liu J, et al. Hierarchical lattice composites for electromagnetic and mechanical energy absorptions [J]. Composites Part B: Engineering, 2013, 53: 152-158.

[33] Shu R, Wan Z, Zhang J, et al. Facile design of three-dimensional nitrogen-doped reduced graphene qxide/multi-walled carbon nanotube composite foams as lightweight and highly efficient microwave absorbers [J]. ACS Applied Materials and Interfaces, 2020, 12 (4): 4689-4698.

[34] Xu X, Wang G, Wan G, et al. Magnetic Ni/graphene connected with conductive carbon nanoonions or nanotubes by atomic layer deposition for lightweight and low-frequency microwave absorption [J]. Chemical Engineering Journal, 2020, 382: 122980.

[35] Wu C, Chen Z, Wang M, et al. Confining tiny MoO_2 clusters into reduced graphene oxide for highly efficient low frequency microwave absorption [J]. Small, 2020, 16 (30): e2001686.

[36] Song P, Ma Z, Qiu H, et al. High-efficiency electromagnetic interference shielding of rGO@Fe-Ni/epoxy composites with regular honeycomb structures [J]. Nano-micro Letters, 2022, 14 (1): 51.

[37] Wang F Y, Sun Y Q, Li D R, et al. Microwave absorption properties of 3D cross-linked Fe/C porous nanofibers prepared by electrospinning [J]. Carbon, 2018, 134: 264-273.

[38] Duan W J, Li X D, Wang Y, et al. Surface functionalization of carbonyl iron with aluminum phosphate coating toward enhancedanti-oxidative ability and microwave absorption properties [J]. Applied Surface Science, 2018, 427: 594-602.

[39] Xu X, Ran F, Fan Z, et al. Bimetallic metal-organic framework-derived pomegranate-like nanoclusters coupled with CoNi-doped graphene for strong wideband microwave absorption [J]. ACS Applied Materials & Interfaces, 2020, 12 (15): 17870-17880.

[40] Shao W, Liu M M, Tong G X, et al. Adjusting shell composition and content of Co-based bimetal core-shell microspheres toward the broadband microwave absorption [J]. Journal of Materials Science, 2021, 56 (17): 10293-10311.

第8章 微波吸收材料的应用及发展

8.1 引言

在21世纪的信息化浪潮中，电磁波作为信息传递的核心载体，其广泛应用在推动社会进步的同时，也带来了复杂的电磁环境挑战[1,2]。从军事装备的隐身需求到民用电子设备的电磁兼容问题，再到太空探索中的高能粒子防护，微波吸收材料作为电磁波能量调控的关键介质，正成为跨学科研究的焦点[3-5]，其核心功能在于通过材料内部的介电损耗、磁损耗或复合损耗机制，将入射电磁波转化为热能或其他形式的能量，从而实现电磁波的“无痕化”处理。这一特性不仅关乎国家安全与军事优势，更与民生福祉、绿色可持续发展紧密相连。

目前，微波吸收材料产业化进程加速推进，全球市场规模预计2025年达78亿美元。日本TDK公司开发的Flexield系列柔性吸波片已实现0.1mm超薄厚度，在可穿戴设备领域获得广泛应用[6]。我国企业如深圳飞荣达开发的金属-有机框架（MOF）基吸波材料，介电损耗角正切达0.8，性能指标达到国际先进水平[7]。在环保领域，中国科学院宁波材料所研制的生物基聚乳酸/碳纳米管复合材料，在X波段吸收性能优于－20dB的同时，可实现自然环境下6个月完全降解。不同频段下电磁波的分类以及应用领域总结如表8.1所示。

表8.1 不同频段下电磁波对应的频段名称、频率、波长和应用领域

波段名称	频率范围/GHz	波长范围/mm	应用领域
L波段	1.0～2.0	150.0～300.0	短距离通信、气象雷达和飞机导航
S波段	2.0～4.0	75.0～150.0	远距离通信和雷达探测
C波段	4.0～8.0	37.5～75.0	雷达、通信和卫星导航

续表

波段名称	频率范围/GHz	波长范围/mm	应用领域
X 波段	8.0～12.0	25.0～37.5	军事和民用通信
Ku 波段	12.0～18.0	16.7～25.0	卫星通信和雷达探测
K 波段	18.0～26.5	11.1～16.7	卫星通信和地球观测
Ka 波段	26.5～40.0	7.5～11.1	卫星通信、雷达探测和医疗成像

8.2 微波吸收材料的应用现状

电磁波吸波材料具有广泛的应用，不仅是在军事领域，在人体的安全防护、通信和导航系统的抗电磁干扰、提高电磁兼容性、改善设备性能和提高信息保密性等方面都有重要作用，下面对电磁波吸波材料的应用进行探讨。

8.2.1 微波吸收材料在军事隐身领域应用

在电磁波吸波材料的应用版图中，军事领域始终占据核心地位（图 8.1）。随着现代战争形态向信息化、智能化方向演进，雷达、红外、激光等多频谱探测技术的飞速发展，使得传统军事目标的生存空间被极大压缩。据统计，未采用隐身技术的战斗机在敌方雷达探测范围内的暴露概率高达 90%，而隐身技术的应用可将这一概率降低至 10%以下。在此背景下，吸波材料作为隐身技术的物质载体，已成为大国军事博弈的战略性技术高地。

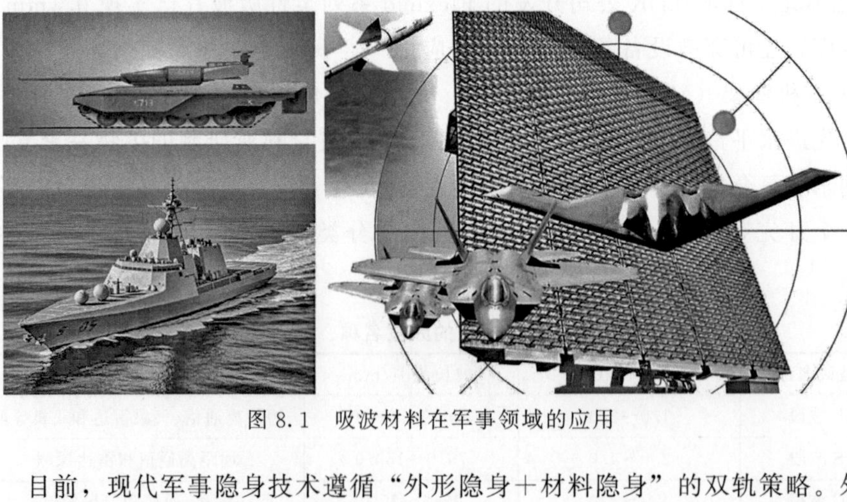

图 8.1　吸波材料在军事领域的应用

目前，现代军事隐身技术遵循“外形隐身＋材料隐身”的双轨策略。外形隐身通过流体力学设计与多面体结构（如 F-117 攻击机的菱形机身、B-2 轰炸机的飞翼布局）使雷达波反射方向偏离探测源，可将雷达散射截面（RCS）降低 1～2 个数量级。但单纯依靠外形设计存在极限——美国 F-22 战斗机的菱形机身仅能实现 RCS 0.1m^2，而通过涂覆新型吸波材料后，其 RCS 进一步降至 0.001m^2，相当于一只蜂鸟的反射强度。材料隐身的核心在于吸波材料的电磁参数调控，目前主流技术包括以下几部分。

① 磁性吸波材料：以铁氧体、羰基铁为代表的磁性损耗型材料，通过磁滞损耗与自然共振吸收低频雷达波（1～8GHz）[8-10]。日本三菱重工为 F-35 开发的 Fe-Si-Al 合金涂层，在 2～6GHz 频段反射损耗达－25dB，厚度仅 1.2mm。

② 介电型吸波材料：碳纤维、碳化硅纤维等通过介电损耗吸收高频电磁波（8～40GHz）[11,12]。美国雷神公司为 AGM-158 导弹开发的 SiC 纤维/环氧树脂复合材料，在 X 波段（8～12GHz）吸收率超 95%，耐温达 600℃。

③ 超材料与智能涂层：基于人工微结构的超材料可突破自然材料极限，如洛克希德·马丁公司的“频率选择表面”（FSS）超材料，通过亚波长谐振结构实现对特定频段的动态调谐，已在 F-35 进气道隐身设计中应用。

尽管吸波材料在军事领域已取得显著进展，但仍面临三大瓶颈：首先，存在宽频兼容性不足的问题，现役材料多在特定频段高效（如 F-22 侧重 X 波段），难以应对 L-Ka 全频段（1～40GHz）威胁；其次，在环境耐受性上存在局限，舰载涂层在盐雾环境中易腐蚀，超音速飞行导致的热障效应（>300℃）会破坏材料结构；与此同时，材料成本居高不下，据统计 F-35 的单机隐身维护费用高达 20 万美元/年。

8.2.2 微波吸收材料在民用领域应用

随着信息技术的爆炸式发展，人类已全面迈入“电磁时代”。从 5G 通信基站到新能源汽车充电桩，从智能家居设备到医疗成像系统，电磁波作为信息与能量的双重载体，深刻重塑了现代社会的运行方式。然而，无处不在的电磁辐射在提升生活便利性的同时，也带来了复杂的电磁污染问题。世界卫生组织（WHO）研究指出，长期暴露于低强度电磁场可能引发神经系统紊乱、免疫抑制等健康风险。在此背景下，微波吸收材料（microwave absorbing materials，MAMs）作为电磁环境治理的核心介质，正从军事专用技术向民用领域加速渗透，成为保障人类健康、推动绿色发展的战略性材料。其应用场景已突破传统认知边界，在通信、建筑、新能源、医疗等领域的创新实践中展现出巨大的社会价值与技术潜力。

① 电磁污染治理——从被动防护到主动调控　民用领域对微波吸收材料的需求，最早源于电子设备的电磁兼容（EMC）需求。例如，通信基站密集布设导致的电磁辐射超标问题，通过涂覆3D石墨烯气凝胶等吸波材料，可将Ku波段（12～18GHz）电磁辐射吸收率提升至90%以上，显著降低周边环境中的电磁干扰。随着城市化进程加速，建筑空间的电磁污染问题日益凸显。西安建筑科技大学的研究表明，采用军民两用复合吸波涂层的高层建筑外墙，在5G频段（2.5GHz）的吸收损耗可达−20dB，有效抑制城市电磁反射形成的“二次污染”。更值得关注的是，微波吸收材料的功能正从单一吸波向多模态调控演进。例如，仿变色龙可调谐超材料通过机械形变实现电磁波吸收与传输模式的动态切换，在智能建筑窗户中同时满足隐私保护与信号传输的双重需求。

② 新能源革命中的隐形推手　在碳中和目标的驱动下，微波吸收材料成为新能源技术迭代的关键支撑。碳化硅（SiC）半导体材料凭借高导热性与微波吸收特性，被广泛应用于新能源汽车快充系统。特斯拉Model 3采用SiC模块后，充电效率提升30%，设备体积缩小50%，其核心机理在于SiC材料既能吸收高频电磁噪声，又能快速导出器件热量。此外，风力发电机组中雷达散射截面积（RCS）的优化需求，催生了轻量化吸波复合材料的应用。安徽工业大学开发的硅锆陶瓷纤维气凝胶[13]，密度仅0.16mg/mL，抗压强度达335.5kPa，在吸收风机叶片表面电磁反射的同时，还可耐受极端温变环境（见图8.2）。这些创新案例表明，微波吸收材料正从“功能辅助”升级为新能源系统的“性能倍增器”。

③ 智能医疗与物联网的电磁安全屏障　医疗设备的精密化与物联网的普及，对电磁安全提出了更高要求。核磁共振成像（MRI）设备中，微波吸收橡胶通过抑制射频线圈的电磁泄漏，可将图像信噪比提升15%以上。在植入式医疗器件领域，有机硅基吸波材料因其生物相容性，被用于降低心脏起搏器等设备受外部电磁脉冲干扰的风险。更具前瞻性的是，石墨烯-聚酰亚胺复合薄膜的研发（见图8.3），实现了0.1mm厚度下对6GHz频段99%的电磁波吸收率，为可穿戴设备的微型化与电磁安全提供了新路径。这些突破性进展，标志着微波吸收材料正从宏观工程向微观生命科学领域深度拓展。

民用领域的应用同样呈现多元化发展趋势（图8.4）。在5G通信基站建设中，中兴通讯开发的复合型吸波贴片有效解决了28GHz频段的天线互耦问题，将信道容量提升15%。医疗设备方面，西门子医疗在3.0T MRI系统中采用

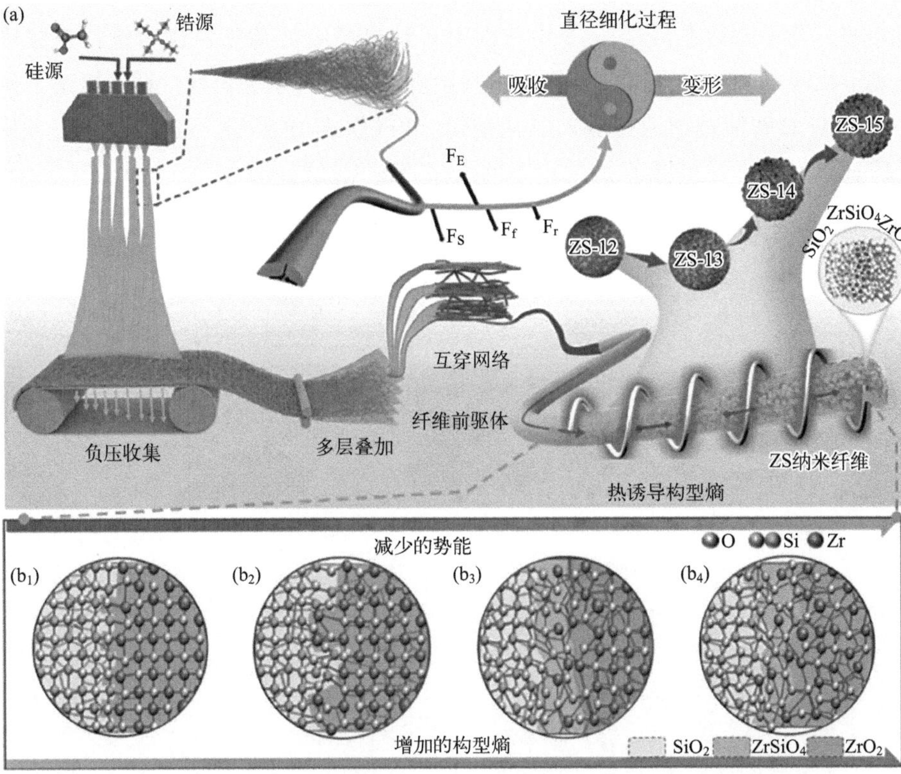

图 8.2 硅锆纳米纤维气凝胶的多尺度结构设计与性能调控原理（见文后彩图）

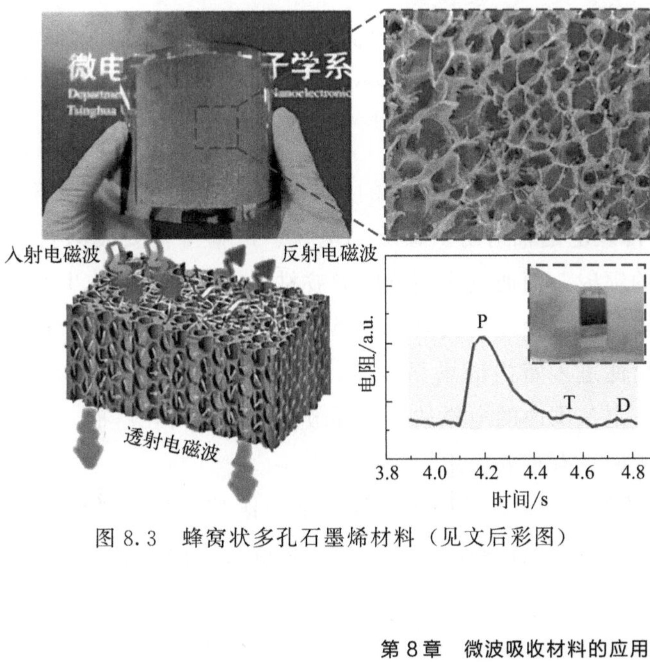

图 8.3 蜂窝状多孔石墨烯材料（见文后彩图）

磁滞损耗型铁氧体材料，使设备周边电磁辐射强度降低至 10μT 以下。电子消费领域，苹果公司在 iPhone13 中首次引入纳米晶吸波薄膜，成功将特定频段电磁干扰降低 40%，为 5G 天线模组腾出设计空间。建筑领域，日本旭硝子研发的 Low-E 智能玻璃通过嵌入氧化铟锡（ITO）导电膜层，在保持 80%可见光透过率的同时，可屏蔽 95%以上的 2.4GHz 无线信号。

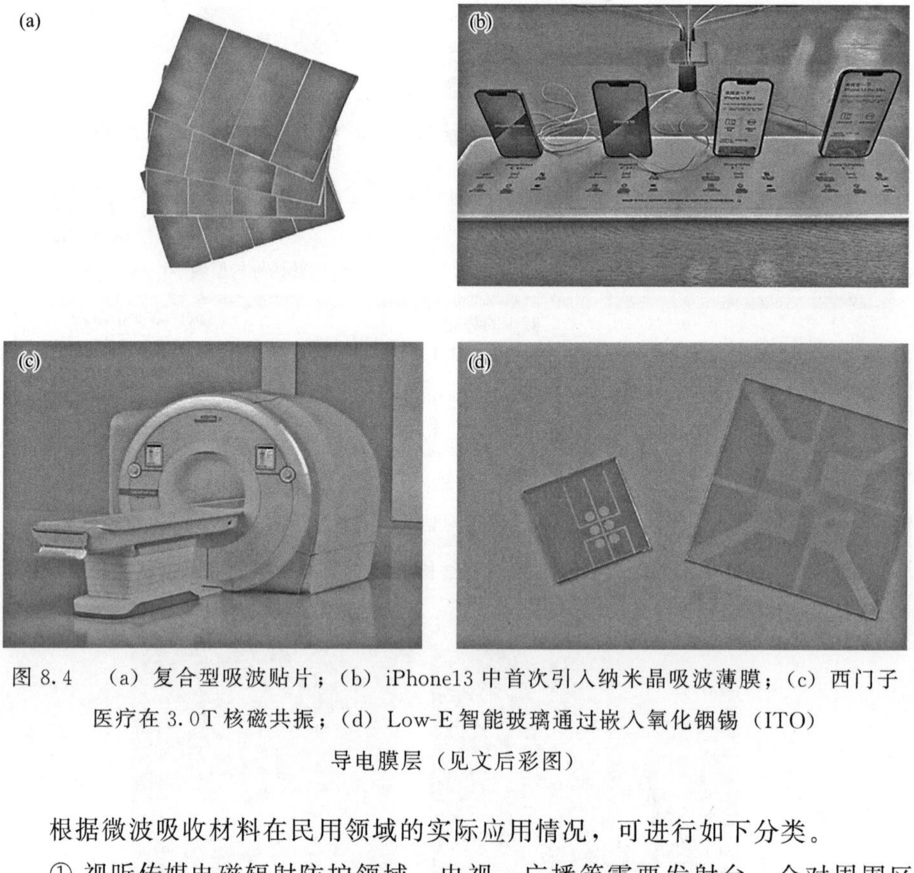

图 8.4 (a) 复合型吸波贴片；(b) iPhone13 中首次引入纳米晶吸波薄膜；(c) 西门子医疗在 3.0T 核磁共振；(d) Low-E 智能玻璃通过嵌入氧化铟锡 (ITO) 导电膜层（见文后彩图）

根据微波吸收材料在民用领域的实际应用情况，可进行如下分类。

① 视听传媒电磁辐射防护领域　电视、广播等需要发射台，会对周围区域造成一定的辐射，而通过应用电磁吸波材料，可以对其产生的电磁辐射进行防护。根据辐射频率较高的波段来选择具有良好吸波效果的涂料，涂覆在建筑物表面，从而使进入室内的场强衰减。此外，还有兼具吸波和屏蔽性能的涂料，可以对一定范围内的电磁波进行屏蔽，这些材料在广播、电视发射台的电磁辐射防护领域具有重要应用。

② 专业设备电磁辐射的防护　在工业、医疗以及科学研究等领域，会应用到很多产生大量电磁辐射的设备，若不采取有效措施来进行防护，会破坏自

身的工作环境，同时干扰周围设备的正常运行。举例来说，机器内的二次杂波问题就是由于电磁辐射导致的，其会导致设备的程序混乱，从而影响试验、检测结果的准确性，进而导致检测结果存在较大的偏差，影响到科研、医疗和工业生产等的正常运行，甚至影响到工作人员的安全。此外，这些电磁设备产生的辐射，会影响到工作人员的身体健康，因此在这些领域应用吸波材料，对设备产生的电磁辐射进行防护，具有重要的意义，可以提高设备运行的稳定性，同时降低对工作人员身体的伤害。

③ 家用电器的电磁辐射防护　随着人们生活水平提高，在家居生活中应用到的电器越来越多，如电冰箱、电视机等，这些设备在运行过程中都会产生电磁辐射，只是由于电磁波不可见，因此人凭感觉不能够感受到，这也增加了其危害性和危险性。当前，对于家用电器等设备的电磁辐射防护要求不断提高，对于家用电器等设备进行电磁辐射防护是比较简单的，只需要在生产制作过程中喷涂吸波材料就可以起到良好的电磁辐射防护效果，不过需要注意的是，需要根据电器产生辐射的频段来选择吸波材料。

④ 电子产品的电磁辐射防护　当今社会，在人们的生产和生活过程中，手机和电脑的应用越来越广泛，而手机和电脑的电磁辐射防护也越来越受到人们的重视。降低手机和电脑的电磁辐射，一方面要降低手机的辐射功率，另一方面要采用辐射防护措施，如生产过程中在手机外壳、电脑显示器内侧、电脑主机机箱上喷涂吸波材料，就可以有效地吸收电磁波，从而起到对手机、电脑的电磁辐射防护作用，更好地保护人体健康。

⑤ 生活空间的电磁辐射防护　在人们日常生活中，在办公、居室内喷涂吸波材料，也可以有效地降低电磁辐射。通过在这些区域喷涂吸波材料，可以将家用电器、办公设备等发出的电磁辐射吸收，并且隔绝外界的电磁波，营造出干净的电磁环境空间。

8.3　微波吸收材料的发展趋势

随着人们对电磁辐射防护的要求不断提升，以及军事领域的需求，使得人们非常重视吸波材料的研究。目前国内对吸波材料的研究紧紧围绕“薄、轻、宽、强”的要求，并且取得很大的进展，有着较完备的理论基础和实践经验。然而，随着雷达技术不断发展，对吸波材料的发展提出更高的要求。

8.3.1 组分上复合化

随着人们对吸波材料性能的要求越来越高，单一材料很难同时满足阻抗匹配和衰减特性，尤其在军事领域，对吸波材料具有非常高的要求，需要其具备“薄、宽、轻、强”的特点，因此为了满足实际需求，通常会采用将各种材料进行复合的方式，提高其吸波能力和综合性能。如通过对有机/无机纳米复合技术进行调节，可以改进复合材料的吸波能力，同时降低材料的质量，更好地满足实际需求。因此，复合材料将成为吸波材料发展的重要方向，复合吸波材料在未来仍然是开发吸波材料的必然趋势。

8.3.2 形态上低维化

随着对材料吸波机理研究的不断深入，以及为了提高吸波性能，纳米微粒、纤维和薄膜等低维材料越来越受到研究人员的关注。吸波材料由最初的炭黑等发展到今天以纳米复合材料为主，当前研究人员对磁性纳米材料、颗粒膜、纳米纤维和多层膜等材料的吸波能力进行了大量的研究。这些材料不仅具有吸收频带宽、吸收能力强和兼容性好等特点，而且很轻，适用范围广，因此具有良好的发展潜力和应用前景。

8.3.3 吸波宽频化

从当前的研究情况来看，在反雷达探测隐身技术领域，主要的研究方向针对厘米波雷达，频率段的范围比较窄。具体来说，通过应用谐振型的吸波材料，一般只能够吸收一种至几种频率的雷达波；而应用介电型吸波材料与磁性吸波材料也只能够实现厘米波段的低端和高端的电磁波吸收，覆盖的频率范围窄，不能够完全满足实际需求。随着探测技术的发展，米波段雷达、毫米波段雷达和红外/紫外探测器等不断发展，并且在军事领域获得了重要应用，给隐身技术造成了非常大的挑战。因此，未来隐身材料需要拓宽覆盖的频率范围，才能对多种波段的电磁波源探测起到良好的防护效果。

8.3.4 功能上多样化

目前吸波材料主要作用是吸收电磁波，对机体起到隐身作用。然而，吸波材料如果在兼具吸波功能的同时具备优良的力学、导热、导电、绝缘等性能，势必推动军用隐身飞机迈上新的里程碑。

参考文献

[1] Sun H，Zhang M Y，Ji D X，et al. Resin-free aramid honeycombs with extraordinary microwave absorption，thermal insulation，flame retardant and mechanical performance [J]. Journal of Materials Science & Technology，2025，233：132-143.

[2] Shi Y N，Li X A，Yang J J，et al. Controlling of pseudo-graphite proportion in amorphous carbon to enhance dipole polarization for microwave absorption [J]. Journal of Colloid and Interface Science，2025，691：137422.

[3] Liu Q，Cao Q，Bi H，et al. CoNi@SiO_2@TiO_2 and CoNi@Air@TiO_2 microspheres with strong wideband microwave absorption [J]. Advanced Materials，2016，28：486-490.

[4] Zhao H Q，Yang X，Sun J C，et al. Biomass-derived oriented carbon aerogels with integrated high-performance microwave absorption and thermal insulation [J]. Journal of Materials Science & Technology，2025，226：196-204.

[5] Peng J，Wang D W，Chen Z Y，et al. Improving microwave absorption performance of carbonyl iron powder by regulating geometric dimensions and electromagnetic-dielectric synergism [J]. Composites：Part A，2025，190：108719.

[6] Japan Chemical Week Group. TDK's Soft Magnetic Sheets to Offer Higher Permeability [J]. Japan Chemical Week，2009，50 (2503)：1-5.

[7] Miao P，Chen J X，Tang Y S，et al. Highly efficient and broad electromagnetic wave absorbers tuned via topology-controllable metal-organic frameworks [J]. Science China-Materials，2020，63 (10)：2025-2061.

[8] Yin P F，Zhang L M，Feng X，et al. Recent progress in ferrite microwave absorbing composites [J]. Integrated Ferroelectrics，2020，211：82-101.

[9] Houbi A，Aldashevich Z A，Atassi Y，et al. Microwave absorbing properties of ferrites and their composites：A review [J]. Journal of Magnetism and Magnetic Materials，2021，529：167839.

[10] Sista K S，Dwarapudi S，Kumar D，et al. Carbonyl iron powders as absorption material for microwave interference shielding：A review [J]. Journal of Alloys and Compounds，2020，853：157251.

[11] Gunwant D，Vedrtnam A. Microwave absorbing properties of carbon fiber based materials：A review and prospective [J]. Journal of Alloys and Compounds，2021，881：160572.

[12] Liu C Y，Yu D W，Kirk D W，et al. Electromagnetic wave absorption of silicon carbide based materials [J]. RSC Advances，2018，7 (2)：595-605.

[13] Cao W，Jiang J F，Dong C Y，et al. Remarkably enhancing the stealth/resistance/mechanical properties of silica-zirconia ceramic aerogel by phase transitions and interface evolution [J]. Advanced Functional Materials，2025，202505742.

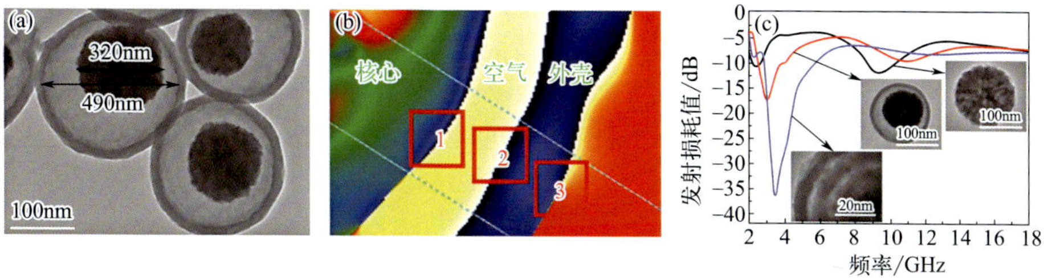

图 2.1　Fe_3O_4@$mSiO_2$ 复合物

(a) 透射电镜图片；(b) 重建相位图；(c) 吸波曲线

1～3—边界层

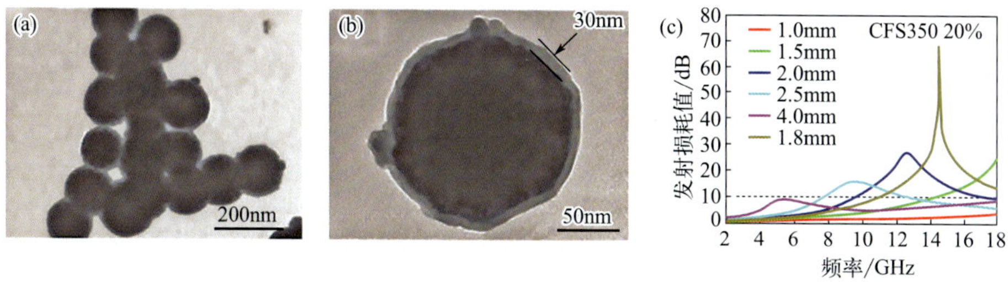

图 2.3　Co_7Fe_3@SiO_2 的透射电镜照片 (a)(b) 和反射损耗曲线图 (c)[21]

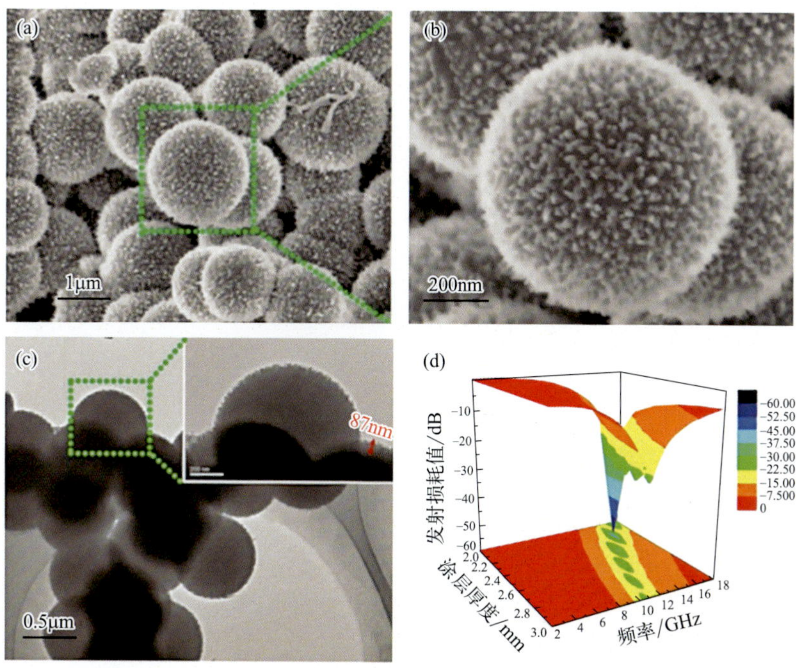

图 2.5　C@PANI 微球[37]

(a)(b) 扫描电镜照片；(c) 透射电镜照片；(d) 吸波曲线

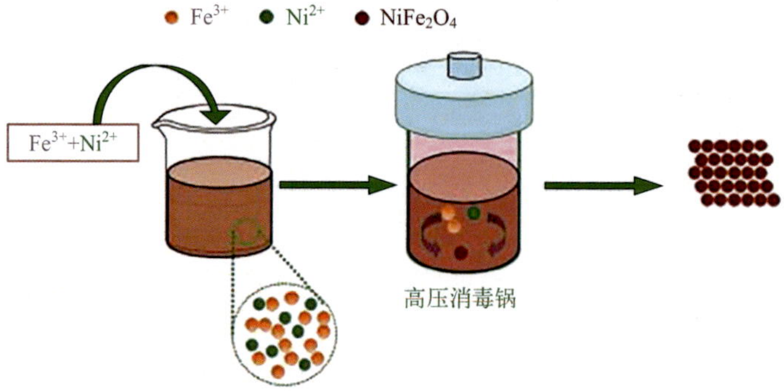

图 2.8　水热法/溶剂热法合成示意图

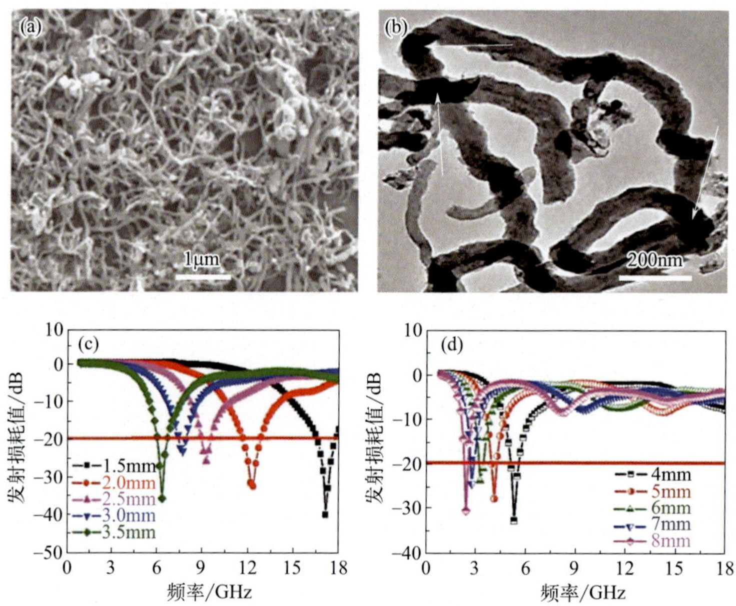

图 2.9　Fe/CNTs 复合材料

(a) 扫描电镜图；(b) 透射电镜图；(c)(d) 不同厚度下最小反射损耗值曲线图

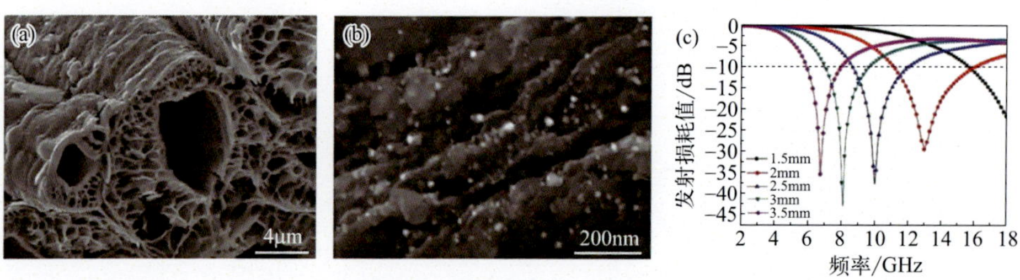

图 2.10　Ni/C-0.2 的扫描电镜图 (a)(b) 和最小损耗值曲线图 (c)

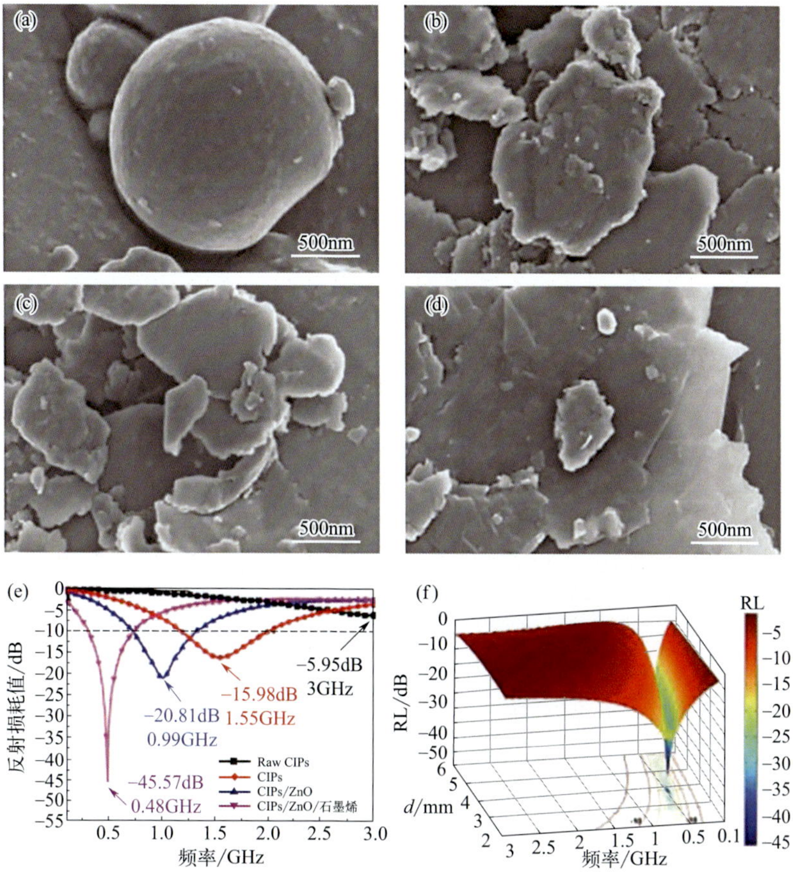

图 2.11 原始 CIP(a)、球磨 CIP (b)、CIPs/ZnO (c)、CIP/ZnO/石墨烯 (d) 的扫描电镜照片，以及二维 (e) 和三维 (f) 反射损耗值曲线图

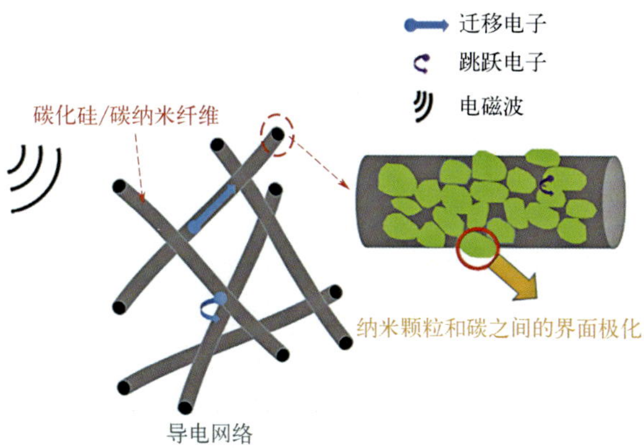

图 2.12 SiC/C 杂化纳米纤维中电磁波衰减示意图

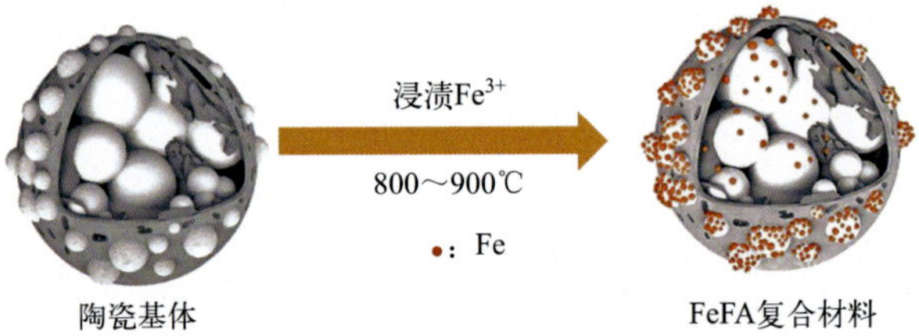

图 3.1　复合材料 FeFA 负载工艺示意图

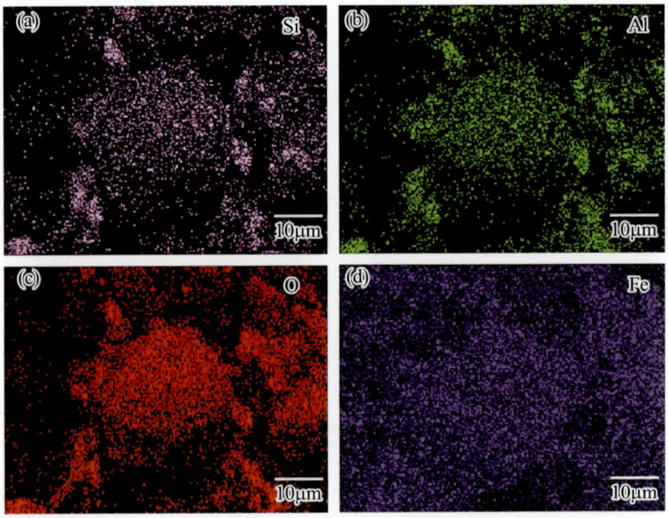

图 3.10　试样 FeFA800 的元素 mapping 照片

(a) Si；(b) Al；(c) O；(d) Fe

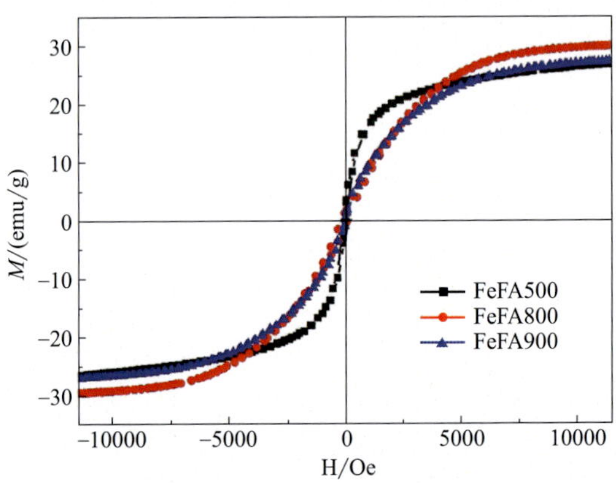

图 3.11　代表性试样 FeFA500、FeFA800 和 FeFA900 在室温下的磁滞回线

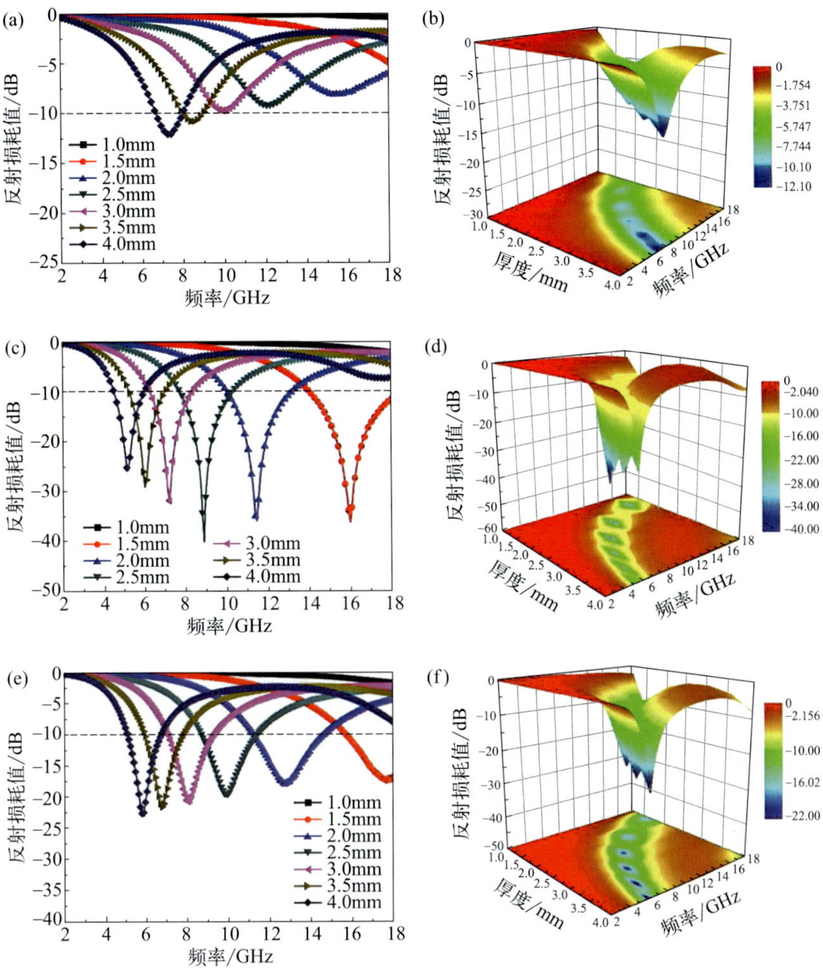

图 3.12　试样在不同涂层厚度下的 RL 曲线图以及相应的三维图

(a)(b) FeFA500；(c)(d) FeFA800；(e)(f) FeFA900

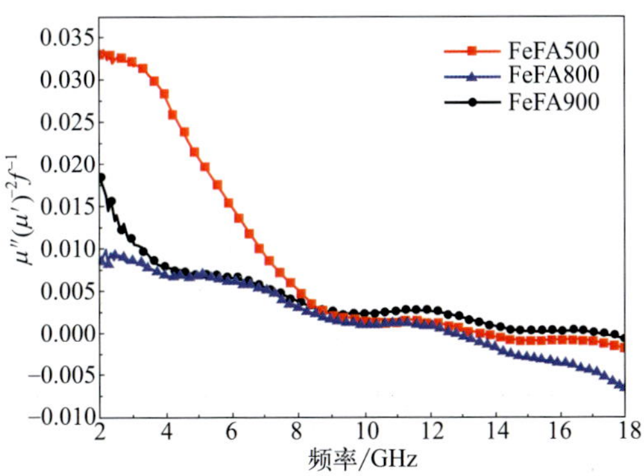

图 3.15　试样 FeFA500、FeFA800 和 FeFA900 的 $\mu''(\mu')^{-2}f^{-1}$ 值

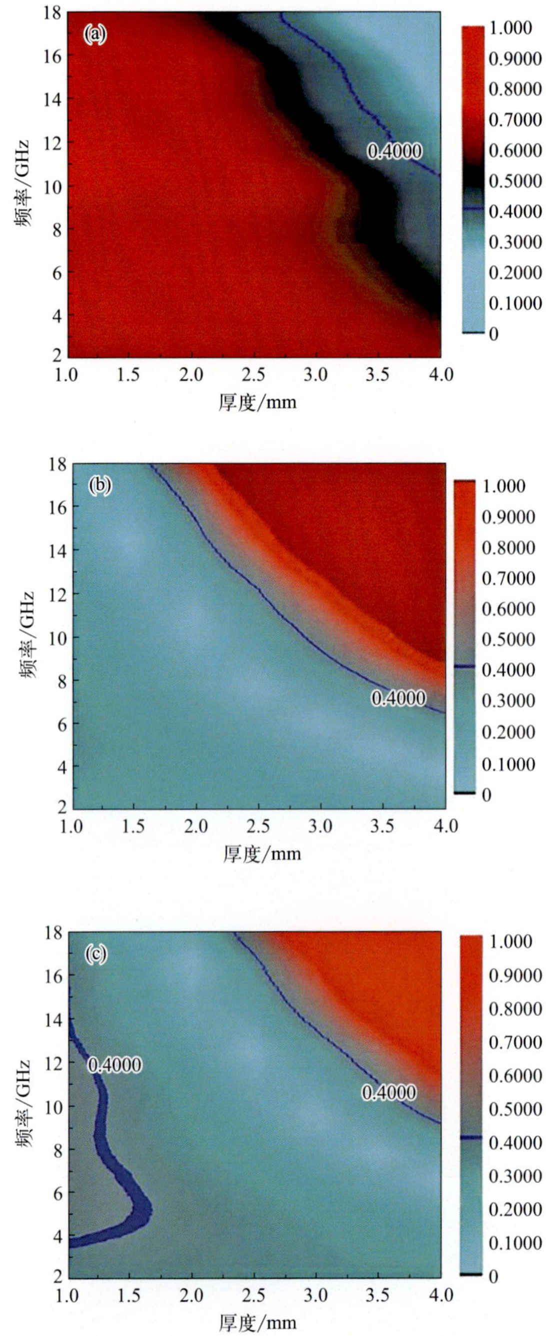

图 3.18 试样 FeFA500（a）、FeFA800（b）和 FeFA900（c）的阻抗匹配

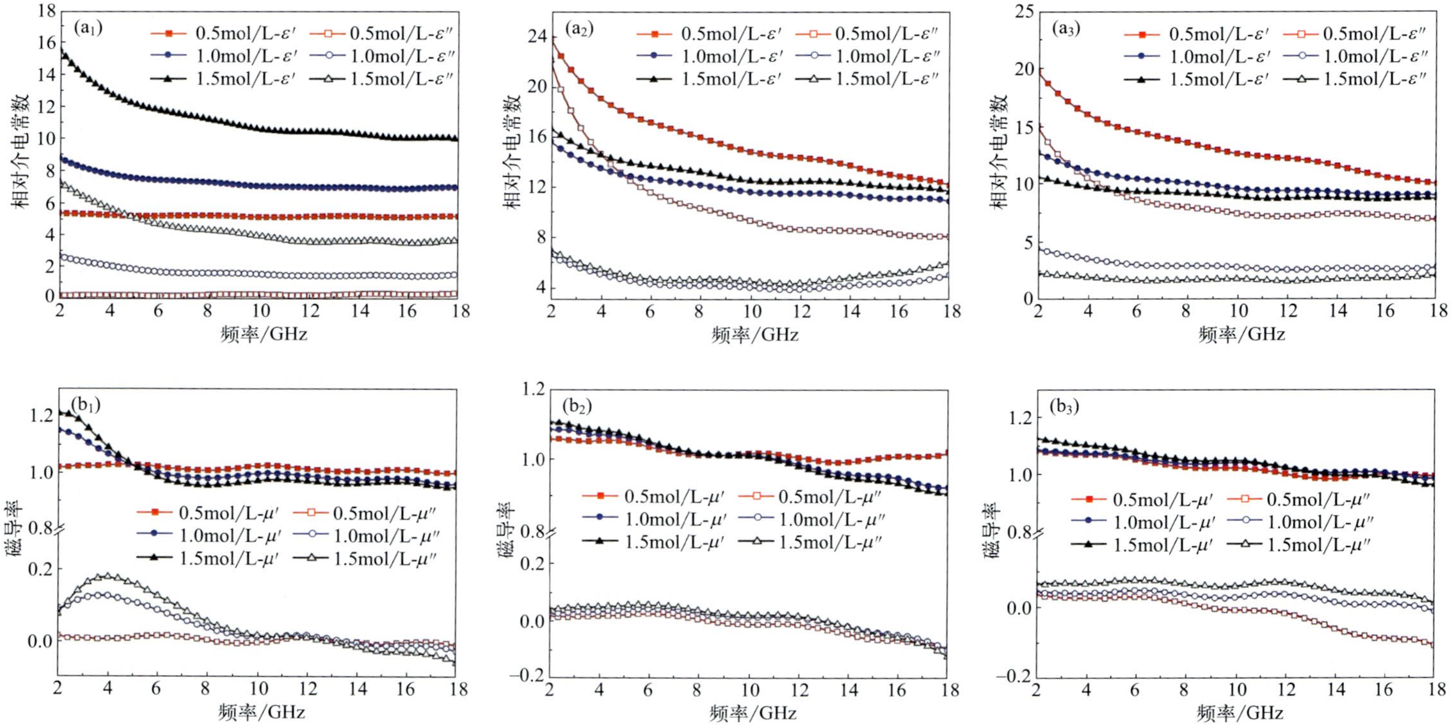

图 3.22 试样 FeFA500、FeFA800 和 FeFA900 在不同前驱体溶液浓度下的相对复介电常数[$(a_1)\sim(a_3)$]和复磁导率[$(b_1)\sim(b_3)$]

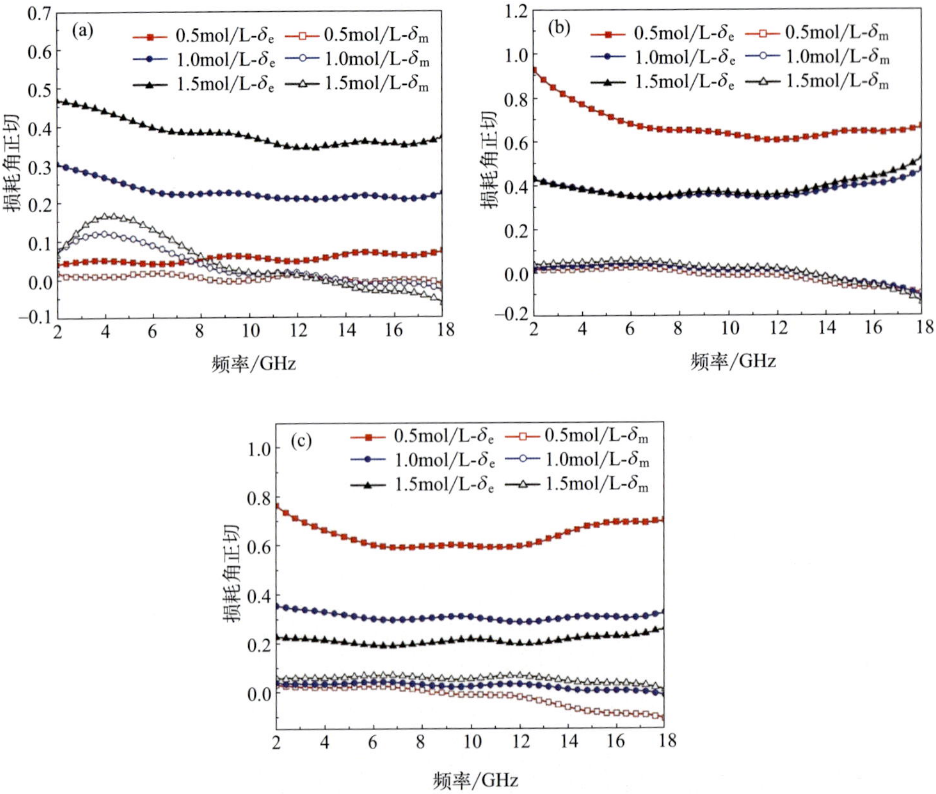

图 3.23　试样 FeFA 在不同前驱体溶液浓度下的损耗因子

(a) FeFA500；(b) FeFA800；(c) FeFA900

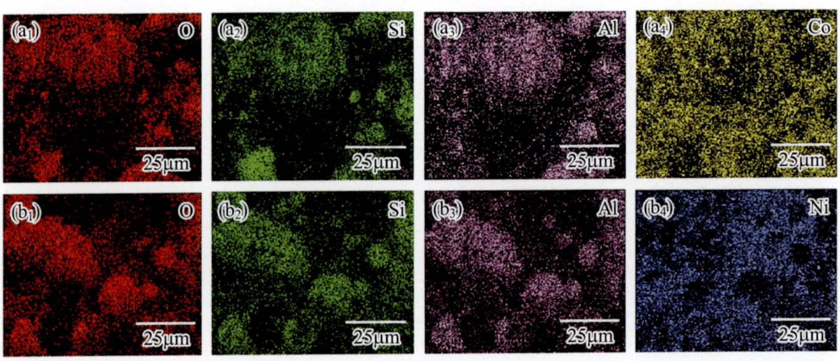

图 4.6　试样 CoFA700[(a_1)～(a_4)]和 NiFA700[(b_1)～(b_4)]的元素 mapping 图

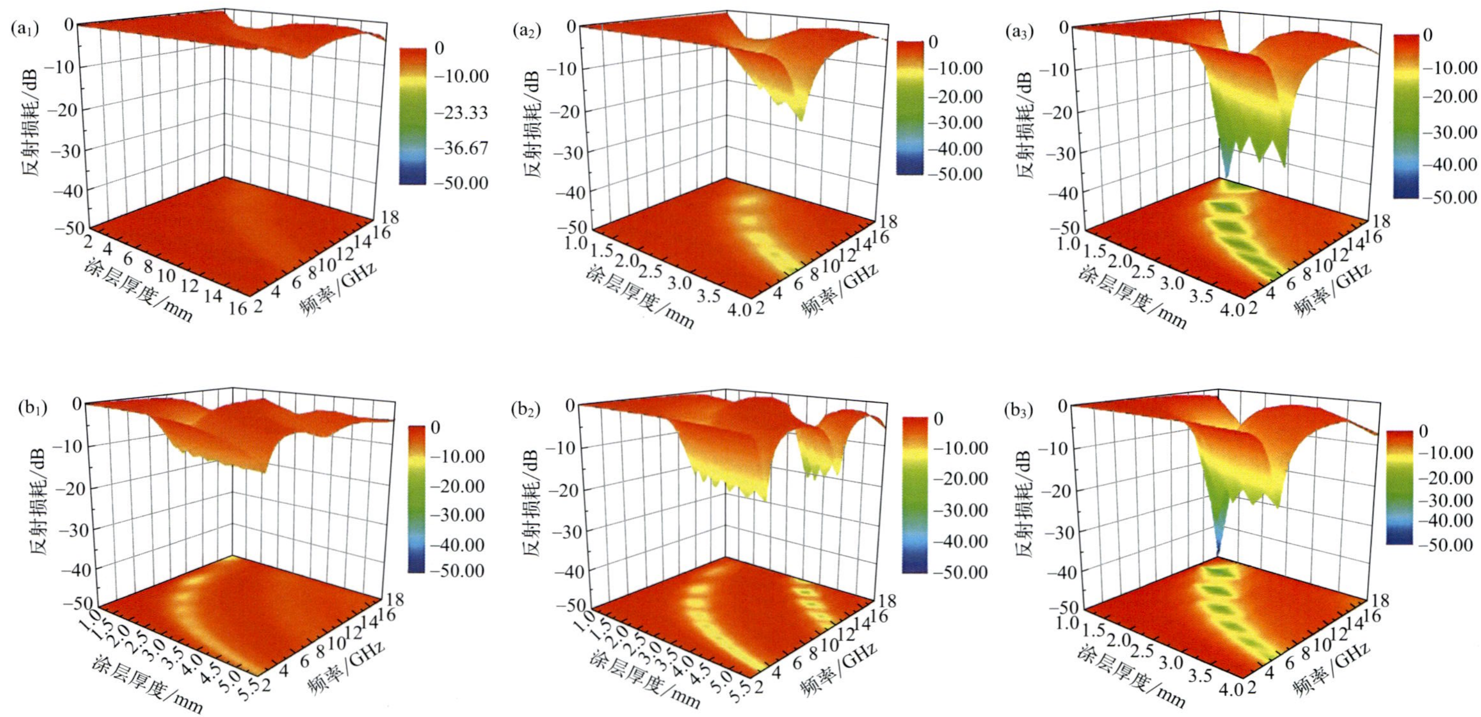

图 4.7 试样在不同涂层厚度下的反射损耗曲线三维图

$(a_1)\sim(a_3)$ CoFA300、CoFA500、CoFA700；$(b_1)\sim(b_3)$ NiFA300、NiFA500、NiFA700

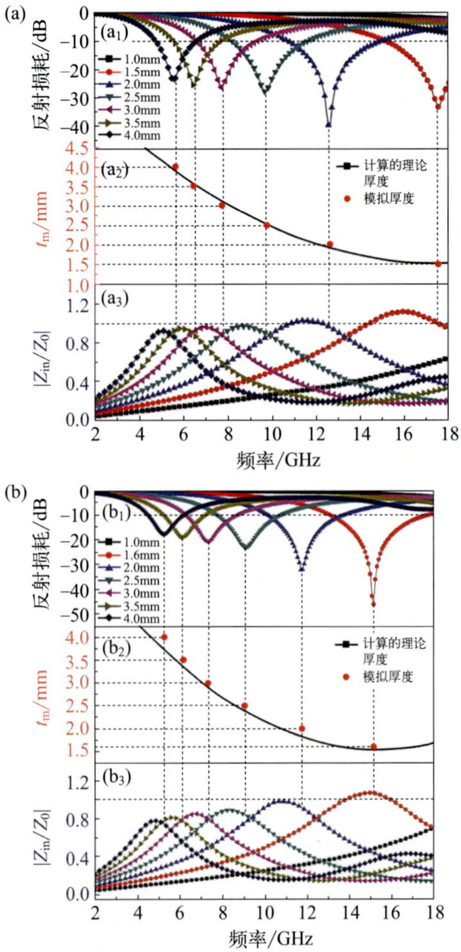

图 4.8 试样 CoFA700（a）和 NiFA700（b）的 RL 值、$\lambda/4$ 模型下的匹配涂层厚度以及标准化输入阻抗模 $|Z_{in}/Z_0|$ 与频率的关系曲线图

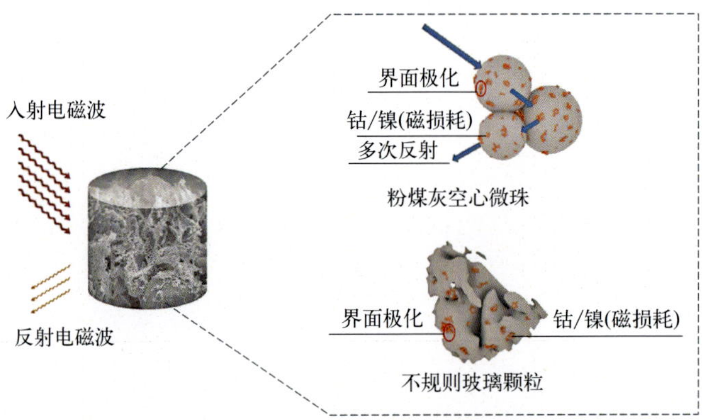

图 4.14 试样 CoFA700 和 NiFA700 微波吸收示意图

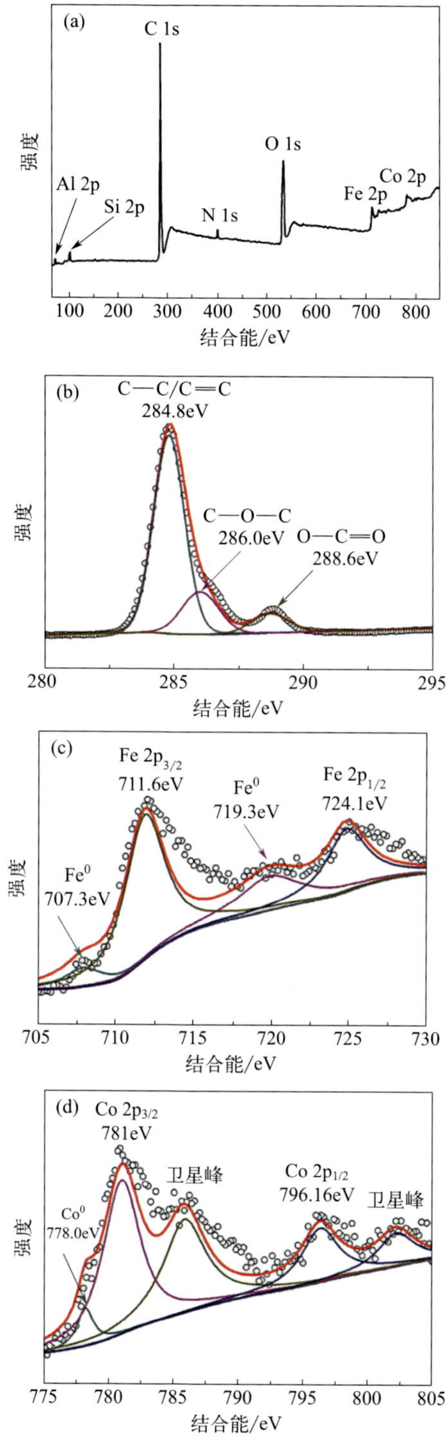

图 5.2 试样 S300 的 XPS 光谱

(a) 全谱图；(b) Fe 2p；(c) C 1s；(d) O 1s

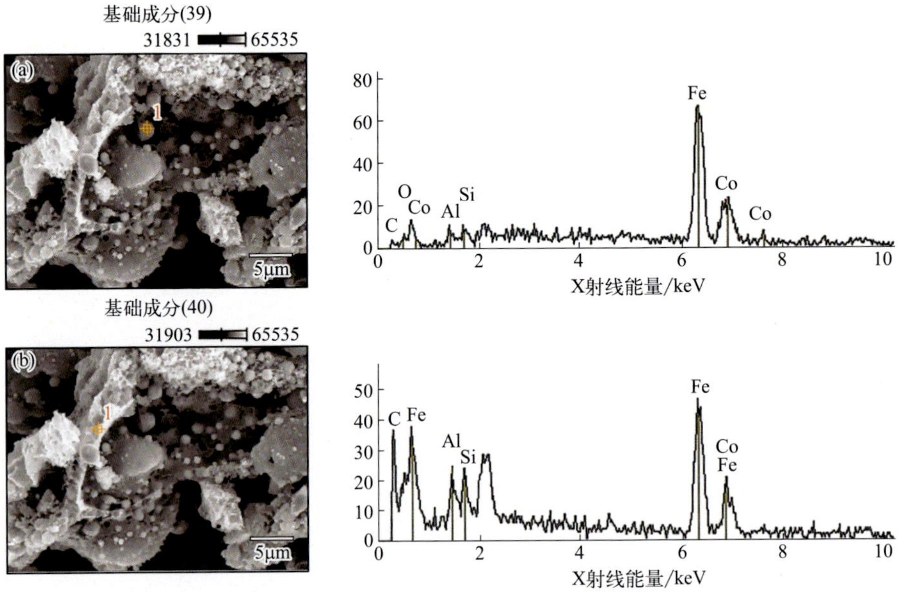

图 5.7　试样 S800 的 EDS 光谱图

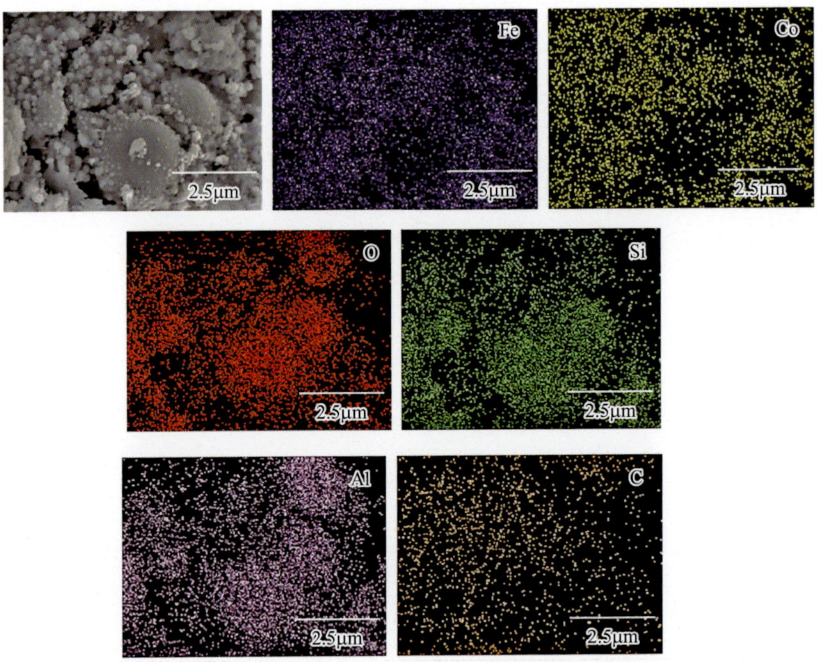

图 5.8　试样 S800 表面的元素 mapping 图

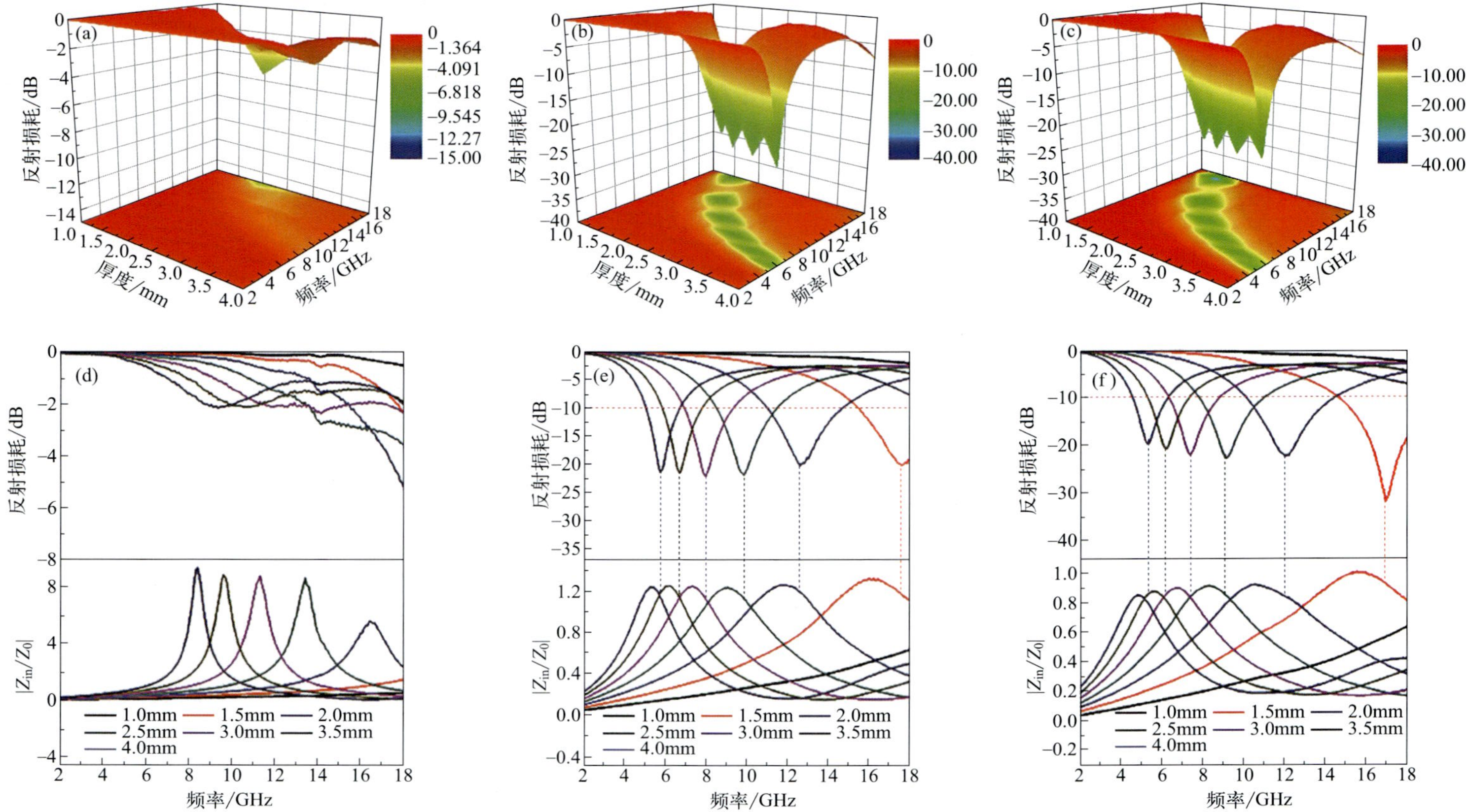

图 5.10 试样 S300、S600 以及 S800 的三维反射损耗图（a）～（c）以及反射损耗与阻抗匹配特性（$Z=Z_{in}/Z_0$）的关系曲线图

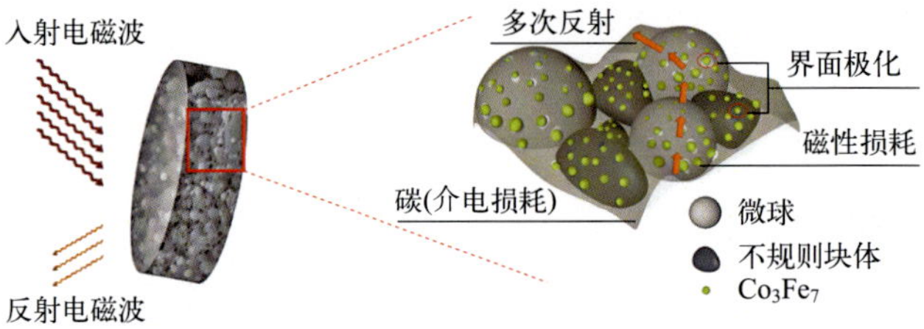

图 5.16　试样 S800 微波吸收示意图

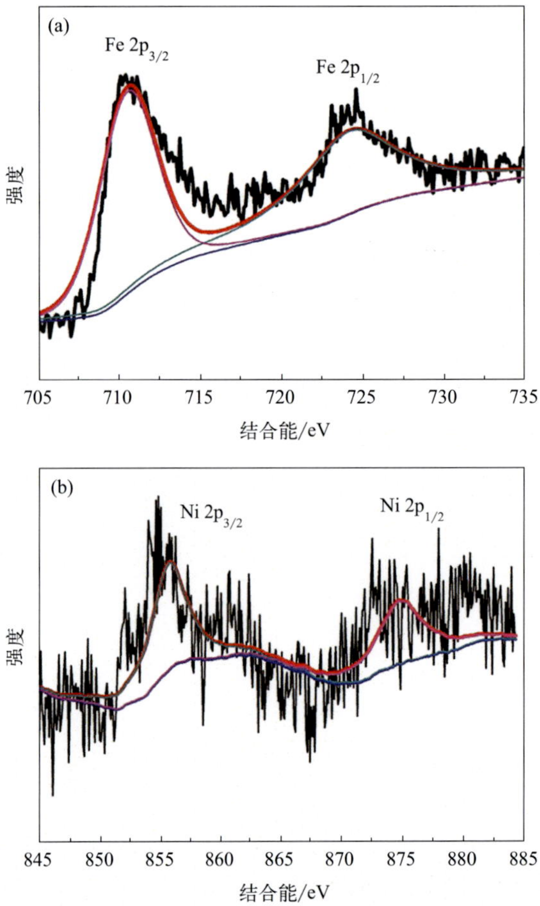

图 6.2　试样 S300 的 XPS 光谱

(a) Fe 2p；(b) Ni 2p

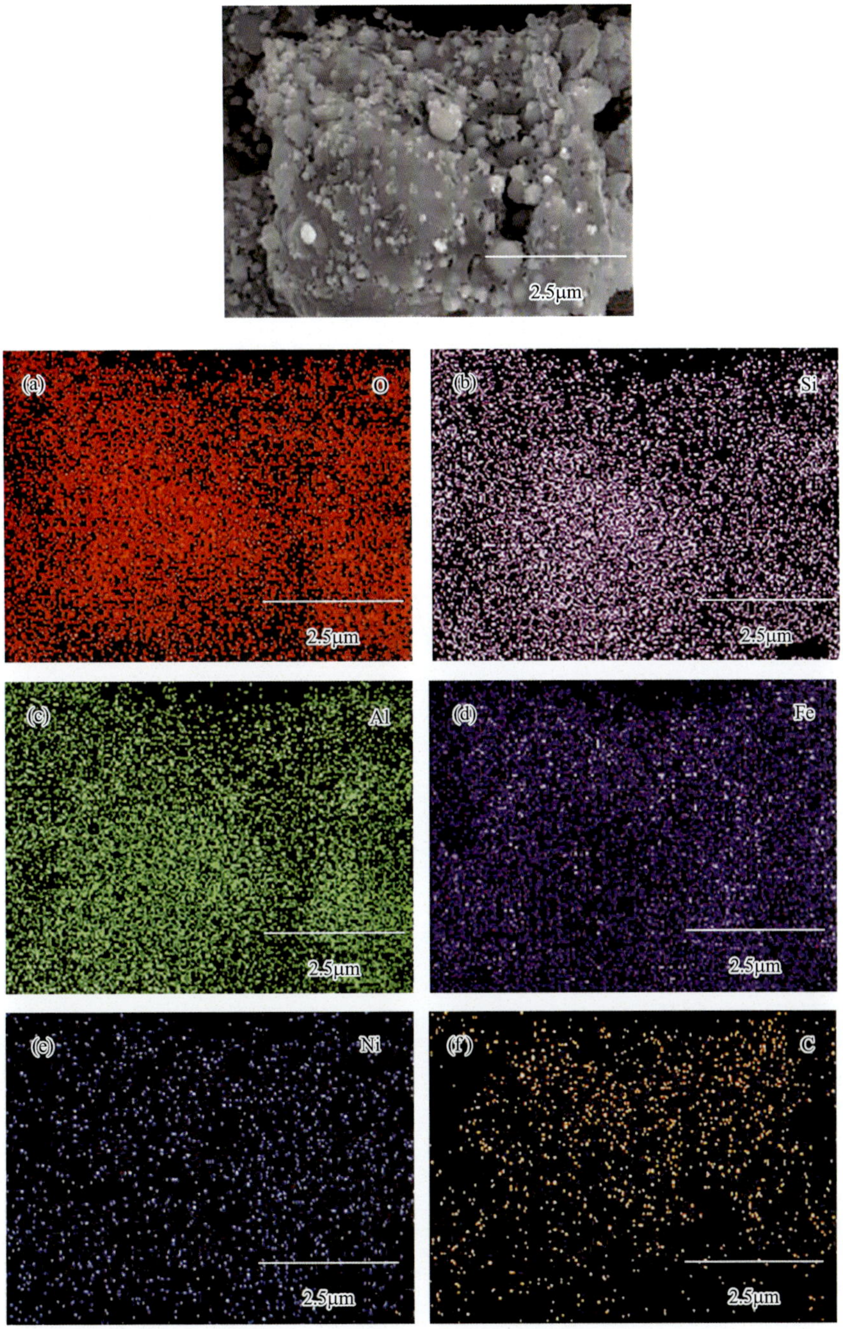

图 6.6 试样 S800 表面的元素 mapping 图

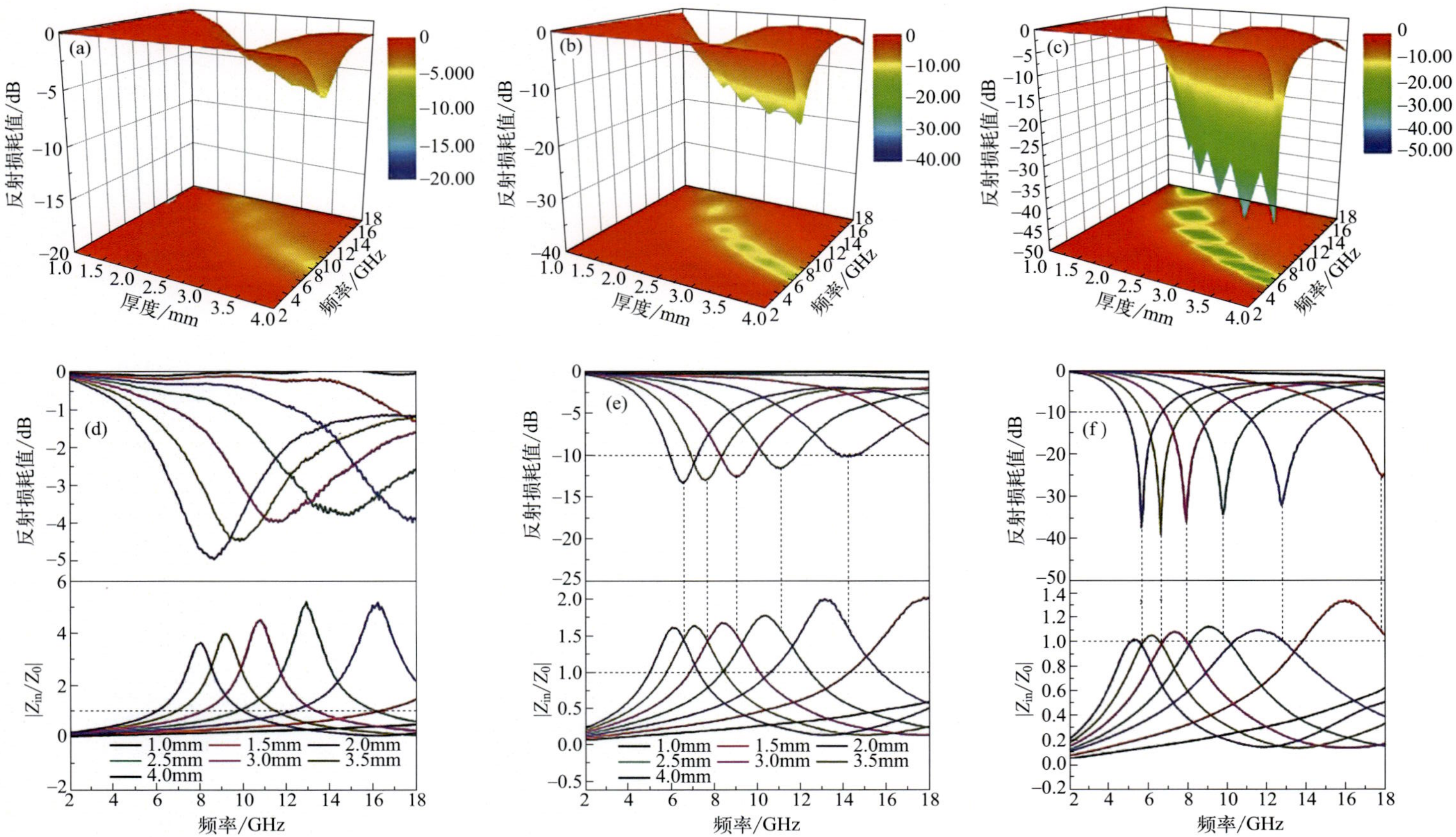

图 6.8 试样 S300、S500 以及 S800 的三维反射损耗图(a)～(c)以及反射损耗与阻抗匹配特性（$Z=Z_{in}/Z_0$）的关系曲线图

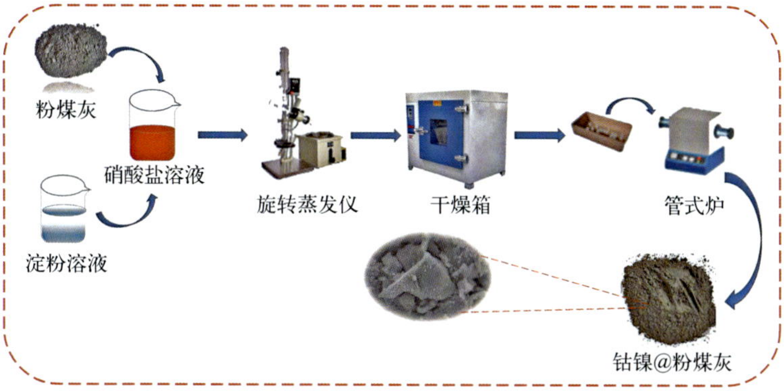

图 7.1　复合材料 CoNi@FA 合成制备流程图

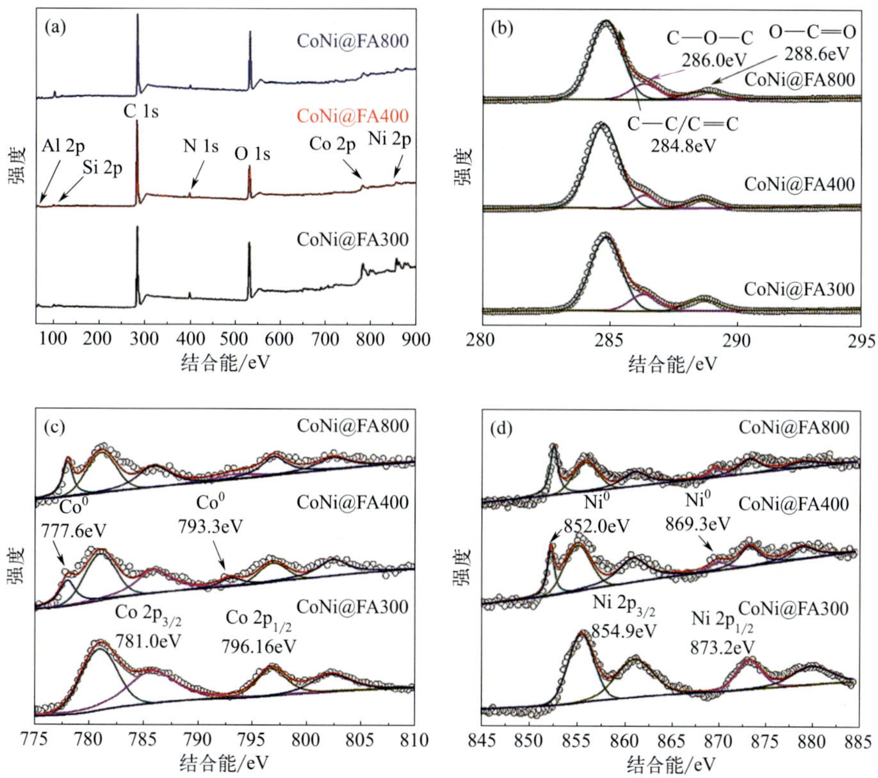

图 7.4　试样 CoNi@FA300、CoNi@FA400 和 CoNi@FA800 的 XPS 光谱

(a) 全谱图；(b) C 1s；(c) Co 2p；(d) Ni 2p

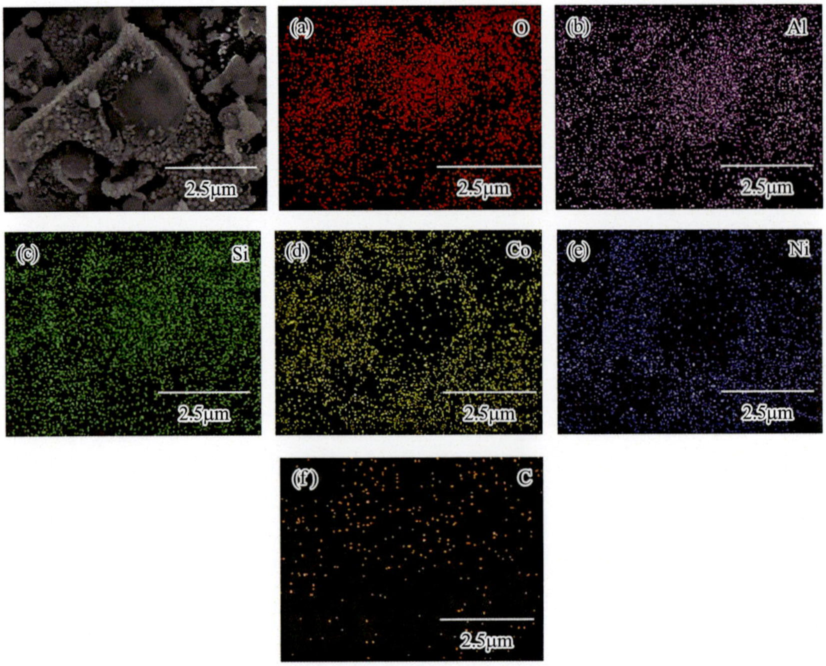

图 7.6　样品 CoNi@FA800 的元素 mapping 图

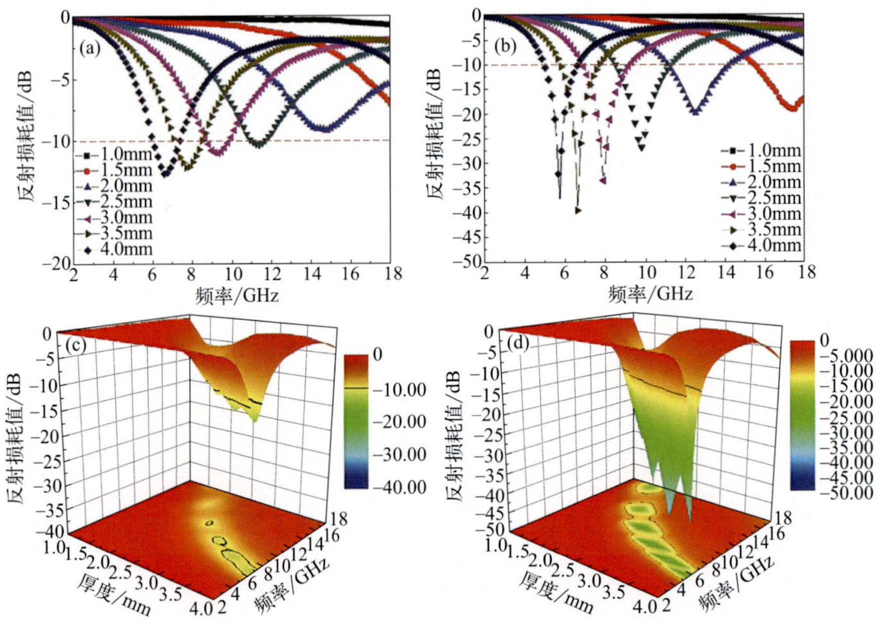

图 7.8　试样 CoNi@FA400 和 CoNi@FA800 的

二维[(a)(b)]和三维[(c)(d)]反射损耗值曲线图

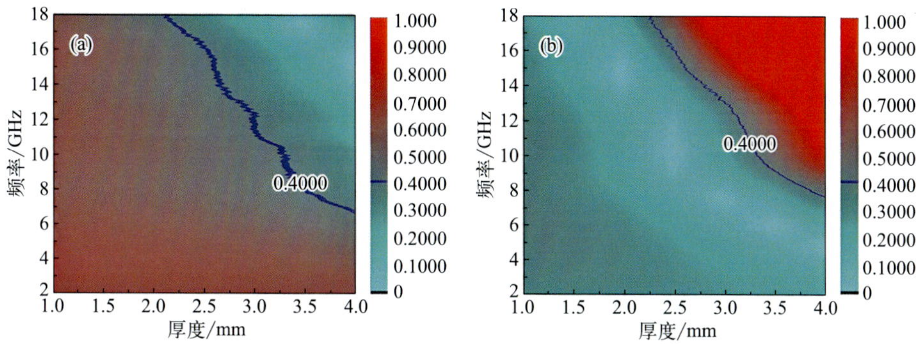

图 7.9　试样 CoNi@FA400（a）和 CoNi@FA800（b）的阻抗匹配

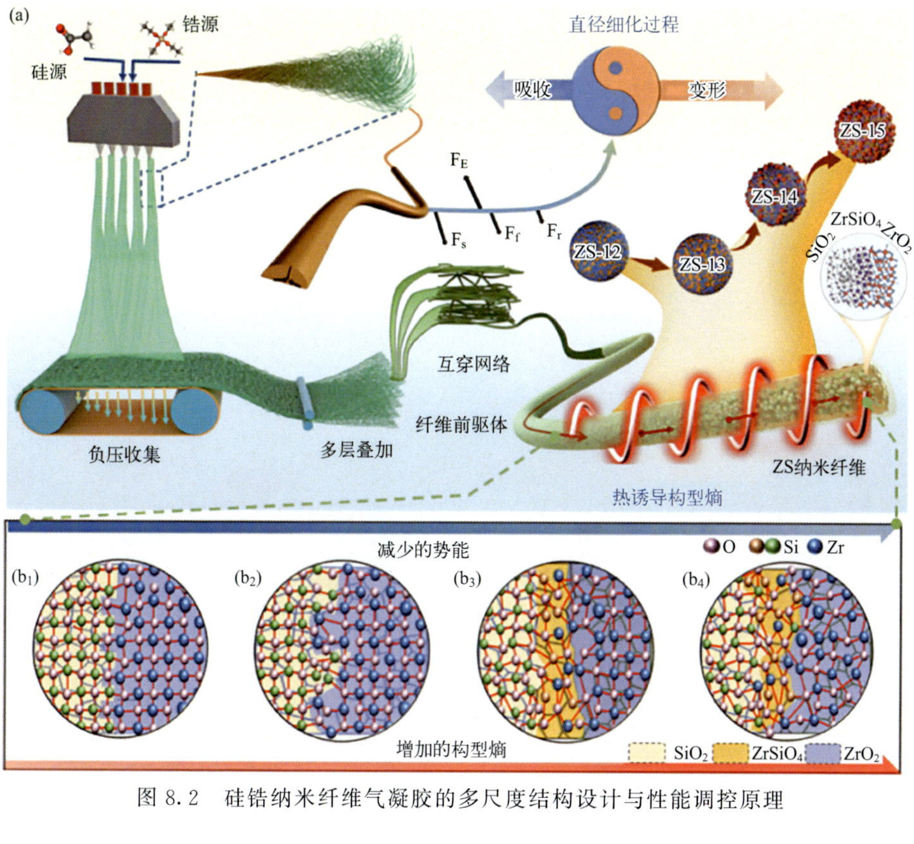

图 8.2　硅锆纳米纤维气凝胶的多尺度结构设计与性能调控原理

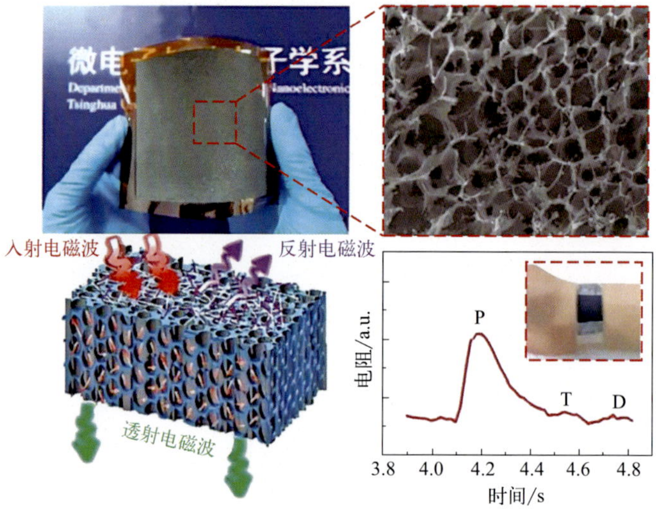

图 8.3　蜂窝状多孔石墨烯材料

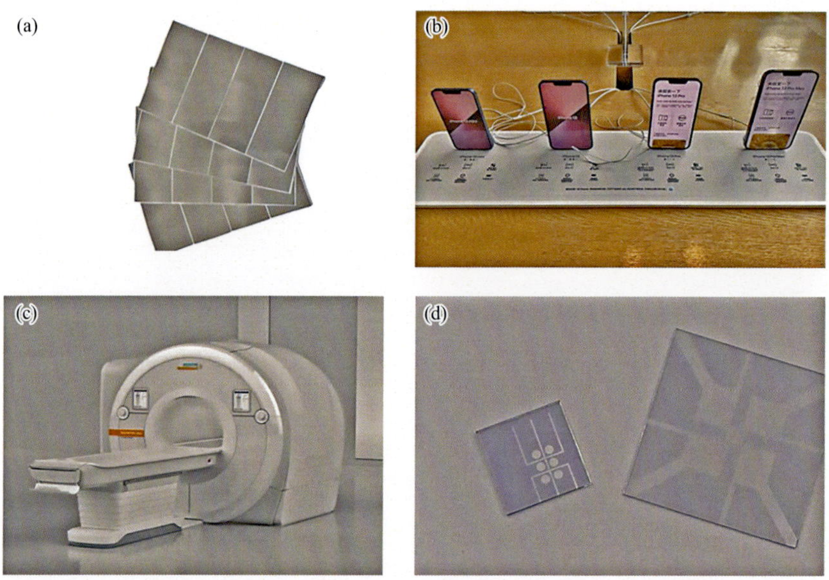

图 8.4　(a) 复合型吸波贴片；(b) iPhone13 中首次引入纳米晶吸波薄膜；(c) 西门子医疗在 3.0T 核磁共振；(d) Low-E 智能玻璃通过嵌入氧化铟锡 (ITO) 导电膜层